# 餐飲管理

## Food & Beverage Management Concept and Operation

### 蘇芳基 著

國家圖書館出版品預行編目（CIP）資料

餐飲管理 / 蘇芳基著. -- 初版. -- 新北市：揚智
文化, 2012.05
　　面；　公分

ISBN 978-986-298-039-2（平裝）

1.餐飲業管理

483.8　　　　　　　　　　　101006963

# 餐飲管理

作　　者／蘇芳基
出 版 者／揚智文化事業股份有限公司
發 行 人／葉忠賢
總 編 輯／閻富萍
特約執編／鄭美珠
地　　址／22204 新北市深坑區北深路三段 260 號 8 樓
電　　話／(02)8662-6826
傳　　真／(02)2664-7633
網　　址／http://www.ycrc.com.tw
 E-mail ／ service@ycrc.com.tw
印　　刷／鼎易印刷事業股份有限公司
 I S B N ／ 978-986-298-039-2
初版一刷／2012 年 5 月
初版五刷／2018 年 2 月
定　　價／新台幣 500 元

# 序

　　近年來，政府積極發展觀光餐旅產業，推展台灣美食文化之藍海策略，乃不斷舉辦臺灣美食及地方小吃特展，使得國內餐飲業如雨後春筍般到處林立，跨國餐飲連鎖集團也陸續問世，整個餐飲市場呈現一片欣欣向榮的美景，二十一世紀餐飲業的黃金時代已來臨。

　　餐飲業雖然被公認為本世紀最具發展潛力的明星產業，但並不意味著沒有營運風險。由於目前市場競爭激烈，消費需求多樣化，今天的熱門產品，並不代表是明天的明星產品。面對此瞬息萬變的經營環境，餐飲經營者若想要脫穎而出，務必要精研餐廳規劃及經營管理技巧，以營造出餐廳差異性特色，始能擁有一間可以築夢的成功餐廳。唯「餐飲管理」涉及的領域極為浩瀚，坊間各類版本所論述的主軸不一。為使讀者對整個餐廳，自創業規劃理念確立、創業規劃籌備，一直到餐廳開店的營運管理等能有正確體認，乃據此作為本書編寫的主要架構。

　　本書共計分為三篇十八章，先介紹緒論篇的餐飲業特性及餐飲管理策略，再探討餐廳創業規劃及餐廳經營管理實務之核心主題，最後於總結篇針對餐飲業之未來發展及應努力方向來分析，並作為全書之結尾。本書每篇章均附有餐飲小百科、專論、案例討論、學習目標及評量。為便於研讀，全書為彩色版並輔以相關圖表及圖片，期以增進學習之宏效。

　　本書得以順利付梓，首先要感謝揚智文化事業葉總經理忠賢兄的熱心觀光餐旅教育，總編輯閻富萍小姐之熱心支持，以及公司全體工作夥伴之辛勞，特此申謝。本書雖經嚴謹校正，唯餐飲管理涉及範圍甚廣，若有疏漏欠妥之處，尚祈觀光餐飲賢達不吝賜正，俾供日後再版修訂。

蘇芳基　謹識

2012年4月

# 目　錄

# 第一篇
## 餐飲管理緒論

Chapter

餐飲業的基本概念

單元學習目標

- 瞭解國內外餐飲業的發展
- 瞭解餐飲業的行業特性及其因應措施
- 瞭解國內外餐飲業的分類方式
- 瞭解各種餐廳的營運特色
- 瞭解餐廳營運成敗的原因
- 培養正確的餐飲經營理念

「民以食為天」，我國古代社會很早就有餐廳之設立，如酒肆、旗亭，只是當時並無餐廳之名詞而已，至於歐美餐飲業之發展，早在古希臘羅馬時代，地中海沿岸餐館已到處林立。餐飲業之所以能迄今歷久彌新，乃因飲食是吾人賴以維生的基本生理需求，也是日常生活中不可或缺的最重要一環。早期人們係為活而吃（eat to live），現代人則是為吃而活（live to eat），希望吃得好、吃得健康，因此凡有人群聚集的地方，即有餐飲業之需求。

近年來，社會工商業發達，家庭結構改變，外食人口激增，再加上休閒時間增加，生活品質大為提升，使得餐飲業不斷蓬勃成長著，且被公認為最具發展潛力的現代企業。本章將為各位詳細介紹餐飲業的源起、餐廳的產品、特性與類別，並將餐飲業營運成敗的原因深入淺出逐加分析，期使各位對整個餐飲業有基本的認識與瞭解。

#  第一節　餐飲業的發展史

餐廳的起源與人類的旅行有密不可分之關係，因為餐廳係為供應外出旅遊者的飲食需要而設置，不論古今中外皆然，但是唯一不同點，乃早期的餐廳均為家族式經營，設備十分簡陋，談不上什麼服務與管理，然而現代的餐廳，不但設備完善、服務親切，氣氛更宜人，並且講究企業化的經營與管理，追求服務品質之提高。

## 一、餐廳的起源

餐廳（Restaurant）一詞，依照《法國大百科辭典》之解釋：為使恢復元氣，給予營養食物與休息的場所。由是觀之，餐廳是提供餐食與休憩之場所，使顧客恢復元氣的地方。西元1765年，法國廚師蒙西爾‧布蘭傑（Monsieur Boulanger）在巴黎開了一家餐館，供應一道以羊腳煮成的湯，名為「恢復之神」（Le Restaurant Divin），並以神祕營養餐食作為號召，吸引了當地大量顧客，因而名噪一時，之後他就以此湯名作為餐廳的名稱，後來逐漸廣為人所沿用迄今。

## 二、餐廳的定義

所謂「餐廳」，係指為設席待客，提供餐飲、設備與服務，以賺取合理利潤的一種服務性企業。其應備條件為：

1. 餐廳是以營利為目的之企業。
2. 提供餐食與服務等商品，其中包括人力與機械的服務。
3. 具備固定的營業場所。

## 三、餐廳的產品

餐廳係一種提供餐飲、設備與服務之組合性產品，以賺取合理利潤的服務業。餐廳所提供的產品，有些是有形的，如餐飲、設備等，至於服務或氣氛則是無形的，但無論是有形或無形的產品，均要透過親切的服務才能彰顯產品的價值。茲分述如下：

### (一)有形的產品（Tangible Products）

所謂「有形的產品」，係指餐廳外表造型、內部裝潢設計（圖1-1）、精緻餐飲美食（Food & Beverage）、菜單、餐廳餐具座椅、餐廳人員制服、完善餐飲設備、地點適中便於停車等等可由顧客直接觸知，且看得見感受得到之產品。餐廳此類有形產品的服務又稱「外顯服務」（Explicit Service）。

### (二)無形的產品（Intangible Products）

所謂「無形的產品」，係指餐廳所提供的溫馨進餐氣氛、親切的餐飲服務、清潔衛生與安全感，以及整個進餐體驗等均是。易言之，舉凡能提供顧客人性化、溫馨貼切的優質接待服務，使其有備受禮遇及彰顯尊榮之感的一切人性化服務均屬之。餐廳此類無形產品的服務又稱「內隱服務」（Implicit Service）。

圖1-1　餐廳內部裝潢為有形產品

## 四、餐飲業的發展

由於社會經濟繁榮，社會結構改變，雙薪家庭及外食人口增加，使得全球觀光餐旅產業不斷茁壯，謹就國內外餐飲業的發展概況，分述如下：

### (一)我國餐飲業的發展

古代希伯來語「貿易者」乃與「旅行者」有相同的意義，由此可見今日的旅行，是由古老通商貿易行為逐漸演變而來，當時人們為供應這些離鄉背井、離家在外的出外人之飲食需要，開始有餐館之設立，所以說餐飲業自古以來，早就存在於我們上古社會裡，只是當時我國並無「餐廳」之名而已。

根據歷代典籍資料可知，我國古代為方便少數過往迎來的官宦、官商、行旅，多在通都大邑，或交通要道設置「驛」、「亭」，以供膳食與休息。至於一般旅客則都以寺廟作為膳宿之所，後來商旅愈多，交通愈方便，許多鄉鎮、城市乃逐漸開設所謂廬、逆旅、私館、店、旗亭、酒樓或客棧，以供應這些外鄉人膳食與休息。不過當時之餐館其設備相當簡陋，根本談不上現

代餐廳企業化經營與管理,只是今日餐廳之雛型而已。

目前在臺灣,餐飲業已遍布全臺各角落,餐廳的功能不僅是填飽、補充營養而已,事實上它已成為今日社會之交誼廳。此外,在經營管理上已走向現代化、國際化與連鎖化之經營管理。謹將我國餐飲業的發展,分述如下:

## ◆古代時期

1. 《周禮・地官司徒第二・遺人》云:「凡國野之道,十里有廬,廬有飲食。」可見我國古代即有相當完備之餐飲制度。
2. 古代餐廳早已存在,只是並無「餐廳」之名。當時的餐廳如廬、逆旅、私館、旗亭、酒樓、客棧均是例。惟古代餐飲業真正普遍流行,係在秦漢時代,當時社會繁榮,一片昇平,長安大街熟食店及酒店到處林立,但仍僅具今日餐廳雛型而已。

## ◆近代時期

1. 清朝乾隆年間,詩人袁枚所撰的《隨園食單》內載三百四十道名菜,是文學與美食兼具的經典之作。
2. 珠江流域因開埠通商較早,烹調時大量運用外來香料、調味料,以迎合西方人的口味,因此廣東菜成為歐化最早的中國菜系。
3. 清末民初,我國第一家西餐廳在上海出現,當時上海將西餐稱為大菜。開放通商口岸,西方餐飲文化逐漸在各大港埠興起。
4. 臺南市度小月擔仔麵於民國前11年成立;波麗路西餐廳也於民國23年成立,為臺灣第一家西餐廳。

## ◆啟蒙初創期(民國36～45年)

1. 農業社會的經濟結構,當時外食人口不多,消費能力不高。
2. 餐飲業停滯於小吃、小餐館之型態。

## ◆萌芽奠基期(民國46～55年)

此階段臺灣的餐飲係以原住民、客家菜、福州菜以及日本料理為主。

1. 民國50年代則以北方菜、江浙菜為主流,其中江浙菜為國宴官方菜,江浙餐廳因而盛行。
2. 民國54年圓山飯店成立「空中廚房」,為我國空廚之肇始。
3. 此時期來臺觀光客以日本人為最,因此新北投一帶的餐館所提供為滿足其口味的台菜則成為當時的酒家菜。

◆ **成長發展期**(民國56～65年)

此階段臺灣餐飲業成長快速,咖啡廳林立,虹吸壺咖啡調製(Syphon)咖啡出現。

1. 餐飲業正式步入國際連鎖經營方式。
2. 民國61年上島咖啡於臺北成立;臺灣本土第一家炸雞店頂呱呱炸雞也於民國63年成立。

◆ **蛻變轉型期**(民國66～75年)

此階段餐飲業正式脫離傳統家族式經營方式,並進入企業化、連鎖化及國際化的現代經營管理;本土化飲料及連鎖餐廳崛起,並重視服務品質的提升。

1. 民國69年臺灣鼎泰豐正式由油行轉為經營小籠包小吃店,進而成為著名品牌連鎖店。
2. 民國72年中式速食連鎖餐廳如三商巧福正式開幕;臺灣本土化飲料——泡沫紅茶,也在民國72年於臺中陽羨茶行(今改為春水堂茶行)(圖**1-2**)研發推出,掀起國人對臺灣最早期本土傳統三大飲料,如冬瓜茶、青草茶、甘蔗汁等飲料業之重視,如臺灣冬瓜茶以臺南市義豐冬瓜茶最具盛名。
3. 民國73年「國際速食業巨人」麥當勞來臺設立第一家分店,使得國際餐飲速食文化及連鎖企業興起,餐廳經營方式開始步入企業化、國際化之經營型態。
4. 國際連鎖速食餐飲,如肯德基、必勝客、漢堡王也陸續進入臺灣市場。

◆ **成熟創新期**(民國76～85年)

此階段餐飲業不斷致力產品創新、品質提升,並且加強策略聯盟及連鎖

圖1-2　春水堂人文茶館

經營管理。此外,異國風味餐廳、特色美食餐館陸續出現。

1. 民國79年,羅多倫平價咖啡也正式由日本引進臺灣,此類櫃檯式服務的咖啡對臺灣本土飲料店造成相當的震撼。
2. 民國79年,泰式料理也正式由瓦城餐廳引進臺灣,正式揭起臺灣餐飲業南洋風味餐廳之熱潮。
3. 民國79年,舉辦第一屆臺北中華美食展(現改為臺灣美食展),推展美食文化,同年王品牛排餐廳也正式開幕,如今已成為臺灣本土連鎖餐廳之著名品牌典範。

### ◆多元化e時代期(民國86年迄今)

此階段餐飲業呈現多元化、百家爭鳴的風潮。

1. 民國86年西雅圖極品咖啡正式成立,此為國人自創咖啡品牌專賣店。次年統一企業也引入美國知名品牌星巴克咖啡,迄今臺灣已有多家咖啡連鎖專賣店,如85度C咖啡、曼咖啡、丹堤咖啡,以及便利商店的平價咖啡。

2. 本土地方小吃、國人自創品牌咖啡、異國風味餐廳興起。此外，大型婚宴廣場、主題特色餐廳、環保餐廳、速食餐廳，以及一價吃到飽的自助餐廳已成為目前發展趨勢。

3. 中國大陸知名餐飲集團陸續來台設點營運，如「俏江南」已在民國101年元月在台正式開幕。

4. 今後餐飲業的規模將朝極小化與極大化發展，平價速簡餐廳與豪華高級主題餐廳將是主流。此外，外送、外賣餐廳也逐漸盛行。

## (二)歐洲餐飲業發展

### ◆古希臘羅馬時代（前九世紀～五世紀初）

地中海——西方文明的古發源地，古代希臘羅馬人均喜愛觀光旅行，其觀光之動機主要有：宗教、療養、酒食、體育、運動等，所到之處如地中海附近之神廟、海濱浴場及溫泉區，其沿岸餐館林立，溫泉療養區更經常舉行歌舞表演、節慶活動以及各式的宴會。

羅馬時代的餐飲業，已粗具規模，尚稱完備，不過仍以大眾供食方式之食堂為多，當時觀光之風氣已漸開，且逐漸普及社會各階層，可惜到了第五世紀之後，羅馬帝國崩潰，使得歐洲餐旅業之發展如曇花一現。

### ◆文藝復興時代（十六～十八世紀）

文藝復興運動，人文主義抬頭，自由旅行之風漸開，文人雅士等知識份子常聚集在咖啡屋喝咖啡論新知。西元1645年在義大利威尼斯出現不僅供應咖啡，尚講究烹調美食以招徠顧客之咖啡屋，堪稱為現代餐廳的前身（圖1-3），英國牛津也於西元1650年開設第一家咖啡屋。一直到西元1765年，法國巴黎蒙西爾·布蘭傑先生，以其神祕之湯「恢復之神」為店名，餐廳"Restaurant"一詞始正式被沿用迄今。

到了17世紀末葉，歐洲各大都市均有餐廳與旅館之設立，只是設備十分簡陋，唯有瑞士此觀光王國，在當時已有稍具完善之餐飲、住宿等服務設備，提供遊客一種親切家庭式招待服務，但真正有現代設備之餐飲設施與服務，則以西元1850年在巴黎建成的"Grand Hotel"為始。

**圖1-3　義大利威尼斯的咖啡屋為現代餐廳的前身**

◆**產業革命後時代（十九～二十世紀）**

　　由於十八世紀末葉產業革命發生，交通運輸工具改善，更有定期航運出現，世界各重要國際港市大型新穎各式餐廳、酒吧應運而生。隨著科技進步，火車、汽車相繼問世，鐵路、公路四通八達，遍布各觀光風景勝地，且深入各大都市，使得旅遊型態由昔日的宗教觀光演變成娛樂渡假觀光，此時餐飲業之經營除了講究餐食品質外，已漸漸注意到內部裝潢設備改善。

(三)美國餐飲業發展

◆**啟蒙初創時代（十七～十九世紀）**

　　美國餐飲業的發展，首推西元1634年，由山姆爾·科爾斯（Samuel Coles）在波士頓所成立的「酒館」，這是美國第一家餐廳。到了西元1784年，湯瑪斯·傑佛遜（Thomas Jefferson）在法國擔任外交官，結識不少法國宮廷廚師，後來當他選上美國總統後，即將法國廚師帶進白宮，從此之後，美國餐館的烹飪技藝也愈來愈精湛。西元1827年第一家專業的法式餐廳——戴蒙尼克（Delmonico）正式在紐約成立，開張以來即聲名大噪，歷經四代遠

近馳名。此外，在西元1902年投幣式販賣機餐廳（Vending Machine）也在紐約正式問世。

◆蛻變轉型時代（十九～二十世紀）

西元1930年代，全世界經濟不景氣，旅行方式也逐漸由豪華海上觀光、鐵路旅行等演變為汽車旅遊，因歐美人士家家戶戶幾乎都有汽車，尤其是美國最具代表，所以在西元1930年以後，汽車、巴士旅行已成為當時美國國民主要旅遊方式，於是一種新穎之「汽車旅館」在公路兩旁應運而生，也由於汽車旅館之興起，帶動美國觀光餐旅業及「速食餐廳」之成長。西元1940年速食業之巨人麥當勞創立，並迅速成長，使得美國餐旅業在全球之地位取代了英國。

◆多元化時代（二十一世紀迄今）

今日美國餐廳之類型很多，不下二、三十種，但其特色仍十分偏重內部豪華、舒適之設備，並加強服務品質之提升與企業化經營管理，所提供之產品除深具特色之美酒佳餚外，尚有各式宴會場所、休閒娛樂設施及文化展覽中心。此外，美國更以連鎖經營方式來發展其跨國企業，如今世界知名速食和其他餐飲連鎖店，如麥當勞、漢堡王、龐德羅莎、星期五餐廳（T.G.I. Friday's）等國際性連鎖餐飲企業均遍布全世界各地，瓜分全球大半餐飲消費市場，不僅超越英法等歐洲觀光先進大國，更躍居全球餐飲連鎖企業盟主之寶座。

餐飲小百科

麥當勞（McDonald's）餐廳，係在西元1940年由麥當勞兄弟所創，後來由科羅克（Ray A. Kroc）自麥當勞兄弟手中購買加盟連鎖權，並於西元1955年創立麥當勞連鎖體系公司，而當年的麥當勞八角形餐廳如今已成為一間博物館。

## 第二節　餐飲業的特性

　　餐飲業係以生產符合顧客需求的產品──「服務」為導向，不過餐飲服務業所提供的產品則有別於其他產業，主要原因乃源於餐飲業經濟特性外，尚兼具服務業特性、餐飲生產與銷售之獨特性。茲分別詳述如下：

### 一、餐飲業經濟上之特性

　　餐飲業在經濟上的特性，主要有下列幾項：

#### (一)地理性

　　餐飲業所提供的服務最重要的是方便，方便客人前往用餐，因此店址的選定乃任何餐飲業開店最重要的第一件事。店址所在區位，務必交通方便，接近主要目標市場，始足以對顧客產生吸引力。

#### (二)公共性

　　餐飲業係提供餐飲、環境、設備與服務之營利事業，因此其功能除了滿足顧客餐飲生理需求外，尚有社交聯誼的功能。業者務須加強餐飲之安全與衛生，並肩負一份企業社會責任，做好環保工作。

#### (三)綜合性

　　餐飲業為滿足顧客多樣化的需求，因此除了加強菜單菜色之變化外，更增設現代化休閒、娛樂、運動及療養等設施。如複合式餐廳、運動餐廳、主題餐廳、民族風餐廳以及南洋異國風味餐廳等均是例。

#### (四)無歇性

　　餐飲業是一種服務業，工作時間長，有些不但二十四小時營業，且終年

無休。因此員工係採輪班制（**Shift Work**），分別輪休，也正因為如此，其員工體力相當重要，否則恐難勝任。

二、餐飲業服務的特性

餐飲業在服務方面的特性，主要有下列幾項：

(一)無形性（**Intangibility**）

餐廳的產品如服務態度、餐廳氣氛、接待禮儀等等均是無形的商品。顧客前往餐廳消費購買一項服務前，事實上是無法看得見、無法摸得到，聽不見也嗅不出服務的內容與價值。因為餐廳產品的品質，主要係源於服務人員與顧客間之互動關係，這種顧客知覺服務的體驗，即為餐飲服務品質，它不但為無形且相當抽象。

由於此無形的特性徒增餐廳顧客之風險知覺。因此，餐飲業須加強餐飲產品的服務證據（**圖1-4**），使無形產品能有形化，強化產品服務的包裝及口碑行銷，期以提升餐廳品牌形象及培養顧客忠誠度。

**圖1-4　餐廳要加強產品的服務證據**

## (二)異質性（**Heterogeneity**）

餐飲服務業的服務產品，很難有固定一致的標準化品質產出，其產品往往會因時空、情境與服務人員不同而異。易言之，即使是同一項服務，常因服務人員與服務時間之不同而有差異，服務品質難以穩定，即使同一位服務人員在不同的時空、顧客及情境下，其所提供的服務也難保品質完全一樣。

因為服務係透過人來執行的一系列生產過程，由於涉及人的複雜情緒及心理作用，使得餐飲服務品質很難以維持一定的水準，此乃餐飲產品與其他企業產品最大的不同點。因此，其有效因應措施乃須先訂定標準作業流程（**SOP**），加強員工教育訓練，期以提供客人一致性水準的服務。

## (三)個別性（**Individuality**）

餐廳要贏得顧客的好評，必須盡可能提供每位顧客溫馨親切的個別化服務，使顧客感受到此項服務，係專門針對其本人而特別提供的。唯有如此，才可使他感到自己特別受重視，進而滿足其內心的自尊與優越感，此乃贏得顧客滿意之餐飲服務特性。這裡所謂針對個人式的服務，係指針對顧客個別差異的屬性、特質及特殊需求去提供適當的個別化服務，以滿足每位顧客不同的心理或生理需求，而非特別禮遇某人而輕忽他人。

## (四)不可分割性（**Inseparability**）

一般產品通常是先生產再銷售給顧客消費，但餐飲業的生產與消費、銷售與服務往往是同時進行的。因為餐飲服務的提供與顧客消費是同時發生，使得顧客消費必須介入整個餐飲服務的生產過程中，這種生產、消費、銷售與服務之互動關係是無法分割的，此為餐飲業的主要特性之一。

為確保優質的服務品質，餐飲業者須加強餐廳內外場各部門的溝通協調，力求整個產品服務傳遞系統能在標準作業下順利運作。

## (五)不可儲存性（**Perishability**）

餐飲服務之價值，乃在於即時提供產品與即時消費，此服務產品是無法

預先儲存，也無法像其他企業之產品可事先大量生產，再予以庫存備用。因為服務是無法儲存或轉移，因此當顧客有大量需求時，餐飲服務的供給量往往難以即時配合顧客的需求，此特性又稱之為「易逝性」。

由於這種供需難以充分配合，餐廳才常常會發生因顧客久候枯坐而引起之抱怨事件。其有效解決之道為須做好營運銷售預測及加強市場資訊情蒐。此外，可採用預約方式或運用價格策略在不同時段訂定不同價格來促銷，如下午茶時段或快樂時光（Happy Hours）以增加營收（圖1-5）。為避免尖峰時段客人久候，可增聘兼職人員或重點彈性排班，以解決人力之不足，增進服務效率及翻檯率（Turnover Rate）。

### 三、餐飲業生產的特性

餐飲業在生產方面，主要有下列幾項特性：

### (一)個別化生產

大部分餐廳所銷售之餐食，係由顧客依菜單點叫，再據以烹製為成品，

圖1-5　餐廳可利用下午茶來增加營收

此方式與一般商店現成的規格化、標準化產品不同。為確保個別化生產的品質一致性，務須訂定標準分量及標準食譜，期以提供客人一致性水準的服務。

### (二)生產過程時間短

餐廳自接受客人點菜進而烹調出菜，通常時間甚短，約數分鐘至一小時左右，速食店自客人點餐到供食約三至五分鐘。其有效因應措施，除了加強員工專業知能提升服務效率外，更要改善生產設備及重視餐廳格局規劃，力求動線順暢，增進工作效率。

### (三)銷售量預估不易

餐廳進餐人數及所需餐食，須等客人上門才算，因此事前之預測甚困難，不能與一般商品一樣預訂製作多少成品，即可準備多少人力與材料，在成本計算上較難。其有效解決之道乃運用電腦加強銷售量統計分析，以利銷售預估。此外，也可運用預約促銷方式來解決此問題。

### (四)產品容易變質不易儲存

烹調好的菜餚過了數小時將會變質、變味，甚至無法再使用，所以成品不能有庫存，生產過剩就是損失。

為解決此問題，須加強進貨採購量控管，尤其是生鮮食材宜避免大量進貨，須依銷售量預測為之。此外，餐飲產品可依尖離峰時段來實施差異化定價，力求做好營收管理（Yield Management）。

## 四、餐飲業銷售的特性

餐飲業在銷售方面的特性，主要有下列幾項：

### (一)銷售量與餐廳場地大小有關

銷售量受餐廳場地大小之限制，餐廳一旦客滿，銷售量便難以再提高。

**圖1-6　餐廳要設法提高翻檯率**

為提高餐廳銷售量及營業額，餐廳須設法提高餐桌翻檯率及平均客單價來增加營收外（圖1-6），更可運用外賣、外送或外燴（Outside Catering Service）的方式來彌補場地設施之不足。

## (二)銷售量受時間的限制

人們一日三餐之用餐時間大致一樣，在進餐時間餐廳裡擠滿了人，其他時間則十分清淡。餐廳可運用不同的產品組合來增加營運時段，如增加早午餐、下午茶、宵夜等來滿足不同消費者需求，也能有效紓解人潮。

## (三)銷售量與餐廳設備、服務有關

一般人在餐廳進食除了講究菜餚、服務外，更希望享受一下舒適的氣氛，因此餐廳之規劃、裝潢、設計、布置、音響及燈光均得十分考究。為求吸引消費人潮，餐廳宜發展主題特色，並提供多樣化休閒娛樂設施或發展獨特美食文化，以增進吸引力。

## (四)銷售毛利高

一般而言，餐飲毛利較之一般傳統產業高，餐廳愈高級，其毛利愈高，因此經營得當，盈餘相當可觀。例如高級餐廳其平均飲料成本約10%～20%；餐食物料成本約25%～30%，至於一般餐廳其餐飲物料成本雖然偏高些，唯均控制在45%以下為多。

 # 第三節　餐飲業的類別

餐飲業之發展相當迅速，近年來更與休閒、娛樂及現代科技相結合，使得餐飲業更多元化。餐飲業的類別，其分類方式很多，大部分係以產業分類標準、服務方式及經營方式來分類。

## 一、依產業分類標準而分

為了學術研究及統計上的方便起見，茲列舉國內外較常見、也較為人所採用的分類方式，摘述如下：

### (一)聯合國世界觀光組織

聯合國世界觀光組織（**UNWTO**）為統計上方便，將餐廳分為六類：

1. 酒吧及其他飲酒的場所：係指專門販賣酒精性飲料為主，其餘餐食為輔之餐廳，如酒廊、Pub及各式酒吧均屬之。
2. 提供服務的餐廳：係指設有席位、提供大眾服務與餐飲之營業場所，如提供全套服務的頂級餐廳，或一般服務餐廳均屬之。
3. 速食餐廳、自助餐廳：係指僅設有櫃檯，而無席位服務的大眾化速食、自助餐廳，如外帶／外賣餐廳（**Take-Out Restaurant**）、得來速（**Drive Through**），或外送餐廳，如必勝客、達美樂（**Domino's Pizza**）等，均是美國外送到府之知名餐廳。

4.小吃亭、點心攤、自動販賣機：係指為大眾開放的固定式或活動式飲食攤。

5.俱樂部、劇院附設的餐飲場所。

6.機關團體、學校、軍隊內附設的餐廳。

## (二)歐洲餐飲業的分類

歐洲各國對餐飲業之分類，大部分係根據「英國標準產業分類」（Standard Industrial Classification for United Kingdom, SIC）來分類，早期係將餐飲業分為商業型與非商業型等兩大類。唯自西元2003年起，依新修訂的英國標準產業分類，將餐飲業與旅館業均列為H大類，並將餐飲業分為四大類。茲介紹如下：

1.旅館類的餐廳：可分為特許售酒（Licensed）餐廳與不許售酒（Unlicensed）餐廳等兩種。

2.一般餐廳：

可分為下列四種：

(1)特許售酒的餐廳（Licensed Restaurants）。

(2)不許售酒的餐廳（Unlicensed Restaurants）與咖啡廳（圖1-7）。

(3)外帶飲食店（Take-away Food Shops）。

(4)外帶流動飲食攤（Take-away Food Mobile Stands）。

3.酒吧：

(1)特許售酒的俱樂部（Licensed Clubs）。

(2)獨立酒館與酒吧（Independent Public Houses and Bars）。

(3)租賃酒館與酒吧（Tenanted Public Houses and Bars）。

(4)操作式酒館與酒吧（Managed Public Houses and Bars）。

4.福利社餐廳（Canteens）與小吃店（Catering）。

## (三)美國餐飲業的分類

美國早期係採用英國及北美行業分類標準（North American Industry

**圖1-7 歐洲露天咖啡廳極受歡迎**

Classification System, NAICS），後來在西元2007年再由美國統計局修正，將美國餐飲業分為：全套服務餐廳、有限服務餐廳、特殊餐飲服務餐廳，以及酒館等下列四大類：

1. 全套服務餐廳（Full Service Restaurant），另稱餐桌服務餐廳（Table Service Restaurant），例如：美食餐廳、家庭式餐廳、特色餐廳、主題餐廳、名人餐廳、休閒餐廳。
2. 有限服務餐廳（Limited Service Restaurant）：如速食餐廳、自助餐廳、外帶餐廳。
3. 特殊餐飲服務餐廳（Special Food Service Restaurant）：如外包餐飲服務、宴會包辦服務、餐車服務。
4. 酒館（Bar／Pub）：如酒吧、夜總會。

(四)我國經濟部的分類

根據經濟部商業司所頒定的「公司行號營業項目」之分類，F5為餐飲業，將餐飲業分為四大類，如**表1-1**所示。

表1-1　公司行號營業項目分類

| 類別 | 說明 | 實例 |
|---|---|---|
| 飲料店業 | 係指從事非酒精飲料服務之行業，點叫後再供應顧客飲用。 | 茶藝館、咖啡店、冰果店、冷飲店。 |
| 飲酒店業 | 係指從事酒精性飲料之餐飲服務，但無提供陪酒員之行業。 | 啤酒屋、飲酒店、居酒屋、Pub、酒莊。 |
| 餐館業 | 係指從事中西各式餐食供應，點叫後，立即在現場食用之行業。 | 中西式餐館、日式餐館、泰國餐廳、越南餐廳、印度餐廳、韓國烤肉店、小吃店以及餐盒業均屬之。 |
| 其他餐飲業 | 係指從事上述飲料店、飲酒店、餐館等類之外的其他餐飲供應之行業。 | 學校餐廳、辦桌、伙食包辦等均屬之。 |

(五)我國行政院「主計處」的分類

　　我國行政院主計處頒定的「中華民國行業標準分類」，將餐飲業歸為「I大類——住宿及餐飲業」中，並將餐飲業劃分為下列四類：

1. 餐館業：凡從事調理餐食，提供現場立即食用之餐館等均屬之。便當、披薩、漢堡等餐食外帶或外送店亦歸本類。
2. 飲料店業：包括現場調理提供立即使用的「非酒精飲料店業」與「酒精飲料店業」等兩類，如星巴克、85度C咖啡，以及啤酒屋、酒吧或Pub等。
3. 餐飲攤販業：凡從事調理餐食，提供現場立即食用之固定或流動攤販（含餐食攤販業、調理飲料攤販業）等均屬之，例如：夜市小吃攤。
4. 其他餐飲業：凡上述三類以外的餐飲服務行業均屬之。例如：學校學生餐廳或機關員工餐廳。

二、依餐廳服務方式而分

　　餐廳依其提供給客人服務的方式來分類，主要可分為下列四大類：

(一)餐桌服務的餐廳（Table Service Restaurant）

　　餐桌服務的餐廳，又稱為「全套服務餐廳」，大部分餐廳服務的方式均以此類型為多（圖1-8）。餐桌服務的餐廳比較重視用餐環境、設施之高雅氣

圖1-8　餐桌服務的餐廳

氛，餐廳備有餐桌椅及相關服務設施，如音響、休閒娛樂設備等。

　　供食服務方式，均依客人需求來點菜，再由專業服務人員依客人所點叫的餐食來供應，所有菜餚均由服務員自廚房端送至餐桌給客人，較高級餐廳則兼採旁桌服務。此類型餐廳較注重服務品質，講求服務技巧、上菜順序，以及進餐氣氛之溫馨。因此，其服務人員必須接受良好訓練才可勝任，否則易遭客人抱怨，如精緻豪華餐廳、傳統美食餐廳、主題餐廳、特色餐廳、各式民族料理店，以及RTV（Restaurant TV）複合式餐廳等均屬之。

## (二)櫃檯服務的餐廳（Counter Service Restaurant）

　　櫃檯服務的餐廳，通常設有開放性廚房，其前方擺設服務檯，直接將烹調好之食物，由此服務檯送給客人。此類型餐廳之特色是：提供客人方便、迅速、營養衛生、價格合理之速食簡餐，且有些餐廳尚可欣賞廚師現場精湛之技藝表演。大部分此類餐廳均不加小費，因經濟實惠、大眾化口味，甚受年輕族群消費者喜愛。目前市面上常見的各類速食店，如麥當勞、肯德基、潛艇堡、摩斯漢堡等速食餐廳（Fast Food Restaurant），以及咖啡廳、日式壽司店、各式點心攤（Snack Bar／Refreshment Stand），以及百貨公司美食街小

吃等均屬之。

### (三)自助餐服務的餐廳（Self Service Restaurant）

自助餐服務的餐廳，通常係將各式菜餚準備好，分別放置於長條桌上，並加以裝飾得華麗動人，由客人手持餐盤，選擇自己所喜愛的餐食。一般自助餐之菜餚擺設均依熱食、冷食、甜點之順序擺設，除了熱食在高級自助餐廳由服務生服務外，其餘均自己取食。其型態可分為兩種，一種是速簡自助餐廳（Cafeteria），另一種是歐式自助餐廳（Buffet）。分述如下：

#### ◆速簡自助餐廳

係由客人自行從供餐檯取食，再依其所取餐食之類別、數量至櫃檯出納結帳，然後才就座進餐的以「菜量」計價之供食服務方式。

#### ◆歐式自助餐廳

係指觀光旅館或獨立餐廳的「一價吃到飽」（All You Can Eat）之自助餐供食服務。其特色為菜餚精緻、盤飾美觀，供餐檯布置高雅、氣氛宜人，而其計價係以「人次」為單位，與餐食攝取量多寡無關。

此型餐廳近年來深受社會人士所喜愛，因此發展甚迅速，甚至各大觀光旅館之餐廳，也以自助餐作號召來吸引顧客，主要原因係自助餐本身具備下列幾項優點：

1. 不必久候，不必再為點菜而苦。
2. 可以自由自在享受自己所喜愛的餐食（圖1-9）。
3. 節省人力、經濟實惠。

### (四)其他供食服務的餐廳

除上述各類型餐廳之外，尚有自動販賣機式的餐廳、自動化餐廳（Automatic Restaurant）、汽車餐廳（Drive-in）、得來速、外送服務（Delivery Service）、外帶／外賣服務（不一定有外送）及溫飽式餐館（Filling Station，亦即Service Station，係由美國加油站所發展出來的餐飲機構）。

**圖1-9　客人在自助餐廳可享受自己所喜愛的餐食**

　　綜上所述，吾人得知餐廳依其服務方式可分為多種類型，自全套服務到自助式服務均有，其舒適性、價格及實用性也不同。易言之，低服務、低價格、低舒適者其實用性較高；反之，高服務、高價格、高舒適的餐廳其實用性較低，主要原因乃客層需求之不同，以致其產品有差異化，如**圖1-10**所示。

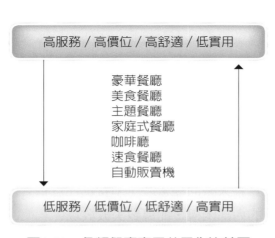

**圖1-10　各類餐廳產品差異化比較圖**

### 三、依餐廳經營方式而分

餐廳依經營方式可分為獨立餐廳與連鎖餐廳，分述如下：

### (一)獨立餐廳（Independent Restaurant）

目前市面上的餐廳以獨立經營的餐廳最多，此類型餐廳通常係由一人或數人合夥共同投資經營，或委請專業經理人才管理。不過，餐廳經理權力有限，大部分重要決策仍由業主決定。謹將獨立餐廳的優缺點簡述如下：

### ◆優點方面

1. 經營管理獨立自主，且富彈性與機動性。經營者可依其理想與理念來營運，不必受制於他人，同時可機動性地配合消費市場需求而彈性調整供給面。
2. 投資資本額可依個人經濟能力而定，投資金額可大可小，投資風險小且易掌控。
3. 營運成果與利潤，業主可獨自享有此名利，進而自我實現。

### ◆缺點方面

1. 缺乏雄厚資金與企業專業人力資源，無法大量廣告行銷，營運規模難以突破。
2. 家庭式經營管理成長有限且較慢，同時知名度與品牌的建立也較費時費力。
3. 業者若欠缺市場資訊，無法隨時求新求變來提高附加價值或掌握消費市場的需求，難以面對強烈市場競爭的壓力。
4. 獨立經營若採合夥人共同經營時，須特別注意權責及工作劃分，以免屆時徒增經營上的內部困擾，而導致失敗收場。

## (二)連鎖餐廳（**Chain Restaurant**）

　　連鎖經營之理念始於西元1898年美國通用汽車公司之代理商銷售制度，一直到西元1920年代，始由美國艾恩堡餐廳（A&W Restaurant）正式引入餐飲界，乃掀起美國餐飲連鎖之先河。

　　連鎖餐廳經營的形式，概可分為直營連鎖（Regular Chain Company Owned）與特許加盟連鎖（Franchising）等兩大類。所謂「直營連鎖」，係指餐飲企業擁有兩家以上直營店，並使用共同的形象標識與產品，總公司擁有經營權與所有權，此外，管理權均集中於總公司，例如：星巴克、麥當勞、肯德基等均屬之。至於「特許加盟連鎖」，係指連鎖總公司（Franchisor）銷售權利給加盟店（Franchisee），允許其使用該組織的品牌名稱、產品服務、行銷廣告以及執行營運業務等一切事情，唯需支付一定的費用，如加盟金、權利金等等。連鎖經營是一種垂直行銷系統（Vertical Marketing System, VMS），是一種運用系統設計使通路達到最大營運績效之專業化管理方式。謹將其優缺點分述如下：

### ◆優點方面

1. 資金、人力資源雄厚，不僅可提高生產力與產品研發能力，更可透過多媒體廣告行銷提高知名度。
2. 知名度愈高，投資加盟者愈多，不但營運據點容易找，銀行融資也更容易。
3. 標準化作業不但可大量集中採購，降低物料成本與價格外，標準化的裝潢、標準化的菜單、服飾與操作系統，更容易成功複製並監控其他分店（圖1-11）。

### ◆缺點方面

1. 無法獨立自主，甚至物料採購、廣告行銷均由母公司統一規範，分店或子公司不能自行支配整個餐廳生產營運系統。
2. 連鎖餐廳為配合整體連鎖的標準化形象，往往無法與當地廠商或地方文

**圖1-11　連鎖餐廳重視標準化作業**

　　化相結合，甚至遭受孤立。

3.連鎖餐廳若有任何一分店陷入危機或發生意外事件，極易影響到整個連
　鎖企業的形象。

4.加盟店（子公司）須繳交一定金額的加盟金、權利金、保證金，並分擔
　部分行銷廣告之費用。

## 四、其他分類

　　餐廳的類別除了上述較常採用之方式外，有些係以服務對象、餐食內容
及消費方式等等方式來分類。

 ## 第四節　餐廳的種類

　　餐廳的類別其分類標準很多，本節謹就國內外常見的商業型餐廳的種類
分別逐加介紹：

## 一、中餐廳（**Chinese Restaurant**）

臺灣各地餐廳林立，其中以中餐廳為數最多，也較受人歡迎。中餐廳通常是以地方菜系來分類，有些餐廳係以典雅古色古香之中國宮殿式建築設計為主，建築宏偉，布置華麗，顏色均以暖色系列之紅色、朱紅為主。中餐廳營業時間通常自早上十一點半到晚上十點，若有夜總會或宵夜則延至凌晨一點，服務人員通常係採兩班制。根據統計資料顯示，來臺觀光旅客之主要動機除了購物外，最喜歡的是中華美食與地方小吃，如臺灣各地觀光夜市之小吃已成為重要觀光景點。

中國菜有八大菜系：蘇浙、魯皖、閩粵、川湘，各地名菜烹調口味互異。一般而言，係以「東酸、西辣、南淡、北鹹」為地方菜的特色。謹將較知名菜系列表介紹，如**表1-2**。

**表1-2　我國著名地方菜系**

| 菜系 | 特色 | 代表菜 |
|---|---|---|
| 北平菜 | 1.重油脂，口味偏「香、肥、鮮、嫩」，以牛、羊、豬肉為主。<br>2.擅長拔絲烹調，偏好甜麵醬。 | 1.滿漢全席、北平烤鴨、炸八塊、涮羊肉、京醬肉絲、拔絲芋頭。<br>2.點心有杏仁豆腐、鍋貼、蔥油餅。 |
| 廣東菜 | 1.係由廣州、潮州、東江三種菜系而成，東江菜即為臺灣客家菜。<br>2.口味偏「酸、鹹、辣、油」。<br>3.用料最廣，食材最奇特著名。 | 1.京都排骨、叉燒肉、烤乳豬、扒翅、蔥油雞、滑蛋蝦仁、燻魚、腰果蝦仁。<br>2.點心有千層糕、燒賣、叉燒包、春捲。 |
| 江浙菜 | 1.油重、味濃、糖重、色鮮。<br>2.以魚、蝦、蟹、鱉、海鮮為主。<br>3.烹調重紅燒、燜、蒸、燉、烤、炒。 | 1.炒鱔糊、紅燒下巴、宋嫂魚羹、龍井蝦仁、荷葉粉蒸肉、蜜汁火腿、貴妃雞、西湖醋魚、東坡肉、紅燒划水。<br>2.點心有小籠包、鍋貼。 |
| 四川菜 | 1.味重、香、酸、辣著名。<br>2.烹調法以乾燒、魚香、宮保為主。 | 樟茶鴨、宮保雞丁、麻婆豆腐、紅油抄手、魚香茄子、夫妻肺片、五更腸旺、豆瓣鯉魚。 |
| 湖南菜 | 1.油重、色濃、重口味、偏香、辣、鮮。<br>2.食材以家禽類與肉類為主。<br>3.烹調以煨、醃、燒臘、燉、蒸較專長。 | 富貴火腿、左宗棠雞、生菜蝦鬆、玉麟香腰。 |

餐飲管理

（續）表1-2　我國著名地方菜系

| 菜系 | 特色 | 代表菜 |
|---|---|---|
| 福建菜 | 1.口味較清淡、葷香不膩、注重色調美感，以「紅糟」口味為特色。<br>2.食材偏重海產、海鮮。<br>3.烹調以炒、蒸、溜、煨著名。 | 主要名菜為佛跳牆、紅糟鰻魚、紅糟肉、海蜇腰花、燕丸、紅心芋泥。 |
| 台菜 | 1.台菜源於福建菜，兼具粵菜、日本料理之長，口味清淡不油膩、糖少鮮嫩。<br>2.食材以海鮮、海產、禽肉、豬肉為多。<br>3.烹調以清蒸、油煎、燉、滷、炸、醃為多。 | 1.當歸燉鴨、麻油雞、三杯雞、紅蟳米糕、白片龍蝦。<br>2.點心有肉羹、肉粽、擔仔麵、碗粿、蚵仔煎、肉圓等具地方特色小吃（臺灣夜市小吃深受國外觀光客喜愛，為重要觀光吸引力）。 |

## 二、西餐廳（Western Restaurant）

　　法國菜乃當今全球所公認最具特色的西洋美食，也是時下西餐的主流。不過真正享有「西方烹調藝術之母」（The Mother of Western Cuisine）美譽的是指義大利菜而言，因為當今的法國菜早期係由義大利傳到法國，再經改良而成。

　　遠在西元1533年義大利十四歲的佛羅倫斯公主凱薩琳・梅迪奇（Catherine de Mèdicis），嫁給後來成為法王亨利二世（Henri II）的十四歲王子。陪嫁中包括了整班的廚師，為當時的法國引進了極佳的烹飪技術。那時貴族們熱衷美食，鼓勵廚師創新口味，後因平民爭相以當廚師為榮，且熱愛美食研究，所以法國菜才能大放異彩。

　　西元1793年法國大革命，宮廷廚師一夕失業流落民間，使得法國古典廚藝得以薪火傳承。此外，美國總統湯瑪斯・傑佛遜，於西元1784年在法國擔任外交官時，曾引進法國廚師進入白宮，致使法國料理在美國大放異彩，而成為今日美國精緻美食之代表。

　　清末民初，我國最早的西餐廳在上海問世，而臺灣也在民國23年有第一家西餐廳——波麗路餐廳於臺北出現。如今，西餐廳已遍布臺灣南北各地，且不斷蓬勃發展中，目前臺灣的西餐廳以法式（圖1-12）與美式餐廳為最多，其他菜系西餐廳次之。

**圖1-12　法式西餐廳**

## 三、日本料理店（Japanese Restaurant）

　　日本料理店所供應的料理，係以懷石料理為主，至於日本正式宴會菜則以會席料理為主流。此外，日本料理尚有寺廟供應的精進料理，以及祭典喜慶上的本膳料理。謹將日本料理店的特色介紹如下：

1. 日式餐廳建材以木材為主，顏色偏愛原色調，如黃、黑、白、藍等日式風格。內部裝潢及服務員制服，均以日本傳統文化為主軸，如和服、字畫、盆景。
2. 日本料理的特色：清淡、不油膩、量少質鮮、講究盤飾與容器之美。
3. 傳統日式料理以壽司、刺身（生魚片）、味噌湯為主；烹調方式講究燒、烤、炸、煮、醃與蒸。食材以海鮮、海產為主，如蝦、鰻。
4. 日式料理以懷石料理為代表，其菜單及上菜順序為：前菜→吸物（不加蓋的湯品）→刺身→煮物→燒物（燒烤類）→揚物（油炸類）→蒸物（茶碗蒸）→酢物（涼拌）→御飯→果物（水果）。

## 四、咖啡廳（Coffee Shop）

今日的咖啡廳，已成為西餐廳與單一酒店之綜合體，強調氣氛情調之營造。由於咖啡已成為國人日常生活中不可或缺的一種飲料，因此許多咖啡專賣店或獨立咖啡廳乃應運而生，甚至以連鎖經營方式出現在全台各角落，如星巴克咖啡、西雅圖咖啡、85度C咖啡即是。此外，咖啡廳也是國際觀光旅館所附設餐廳中，營業時間最長的餐廳。

## 五、酒吧（Bar／Pub）

酒吧最早起源於美國，是以銷售烈酒、啤酒或含酒精成分之飲料為主的場所。其英文之原意為「橫木」或「阻礙」之意思。

十八世紀末葉，世界各地掀起了美國大陸移民熱潮，這批來自世界各地之移民，均帶有各式各樣的家鄉酒前來，由於所攜帶酒源不足，因而產生混合酒與飲料之現象，終於變成今日之雞尾酒，同時「混合酒」也自然成為美式酒吧之最大特色。後來隨著都市的發展，美式酒吧逐漸由簡陋而趨豪華，且將調酒配方作系統介紹與整理後，逐漸流傳至歐洲大陸，而演變成今日所謂的英式酒吧與歐式酒吧。

至於我國早期之酒吧，事實上也是越戰期間，為了來華渡假美軍而開始設立的，當時酒吧營運規模較小，其主要客層也是以外國人為主，國人較少問津。不過近年來國內酒吧可說是如雨後春筍到處林立，如啤酒屋、酒廊等，尤其是Pub（此詞係指Public Bar，即大眾化酒吧之意）更是深受時下青年朋友與上班族所喜愛。

## 六、特色餐廳（Specialty Restaurant）

此類餐廳係以某種特色如精緻美食、海鮮料理、牛排、餐廳裝潢設計、健康養生膳食及獨特餐飲文化等作為其訴求的主題，尤其是強調各類養生、健康食物為號召主題，藉以區隔現有餐飲市場，吸引某些特定的顧客前來消

費。特色餐廳主要有下列兩種：

## (一)美食餐廳（**Gourmet Restaurant／Fine Dining Room**）

係較正式的餐廳，客人穿著盛裝赴宴，美食餐廳的主要特色乃在強調精緻美食，菜單菜色種類不多，但具傳統特色菜餚。

美食餐廳係一種完全服務的高檔餐廳，較重視情調氣氛與服務品質，因此價格高，收費不便宜。此外，由於客源特定、投資金額大、收費高，因此營運風險較高。

## (二)主題餐廳（**Theme Restaurant**）

係以某特定主題來吸引其「特定顧客」，例如機器人餐廳、寵物餐廳、棒球餐廳及Hello Kitty餐廳（**圖1-13**），其客源有限，為某特定消費市場之顧客，如青少年、銀髮族。

主題餐廳係一般餐廳與特色餐廳之混合體，餐廳格局布置以某特定主題來設計規劃。此類餐廳之營運風險較高，須經常留意顧客需求而不斷求新求變，以滿足其特定客層之需求。

**圖1-13　Hello Kitty主題餐廳**

## 七、家庭式餐廳（**Family Style Restaurant**）

此類餐廳顧名思義可知，係一種以家庭成員為招徠對象的餐廳，因此家庭式餐廳必須兼具實用性與舒適性兩大功能。易言之，即一方面可解飢餵飽，另一方面又能享受家庭般的溫馨舒適氣氛。此類餐廳的特性摘述如下：

1. 菜單項目可供選擇不多，唯其內容經常變化創新，藉以滿足不同年齡客層之需求。
2. 價格平實、經濟實惠的大眾化平價餐廳。
3. 餐廳環境舒適溫馨，能享有家庭的用餐氣氛。

## 八、休閒式餐廳（**Casual Dining Restaurant**）

休閒式餐廳是一種完全服務的高級餐廳，唯其訴求乃在追求愉悅舒適的用餐環境與高品質的美食享受。此類餐廳其地點大多位於大都會區、風光明媚的風景區、海濱或知名渡假中心，其主要特性為：

1. 高雅的裝潢設計。
2. 舒適的情趣氣氛。
3. 多元的風味料理。
4. 專業的服務水準。
5. 合理的價格收費。

## 九、鐵板燒餐廳（**Teppanyaki Cooking Restaurant / Griddles Restaurant**）

鐵板燒起源於十五、六世紀，為西班牙人所發明，後來再由日本人引進日本，加以改良為今日的日式鐵板燒。其特色為：

1. 開放式廚房的餐廳格局設計。

圖1-14　鐵板燒餐廳現場烹調供食服務

2.產銷一元化的現場烹調供食服務（**圖1-14**）。

3.烹調方法變化少，使用的食材較固定。

4.標準化作業之烹調技藝。

5.東西餐飲文化結合的供食服務。

## 十、蒙古烤肉餐廳（**Bar-B-Q Restaurant**）

「蒙古烤肉」一詞英文稱之為Barbecue，簡稱為Bar-B-Q。其語源係來自海地語，原意係指在野外或戶外，以架子炙烤豬、牛全牲的意思，現代人則將此字引申作為炙烤的食物或餐廳。民國60年代，此種戶外野炊流動攤販美食開始進入餐廳，並仍沿用「蒙古烤肉」之名稱迄今。此類餐廳其特性為：

1.蒙古烤肉燒烤區之格局規劃，係採開放式廚房或半開放式的格局設計，這裡是整個餐廳的生產中心，也是蒙古烤肉最吸引人的展示區。

2.蒙古烤肉餐廳所標榜的菜餚，係以牛、羊、豬、鹿以及禽肉等為主，有些餐廳另增闢現代歐式自助餐、酒吧及涮燒火鍋，以迎合不同客層的需

求。

3. 蒙古烤肉是否香嫩可口，除了客人本身的選料、調味，以及油水、肉菜搭配比例是否適當外，事實上也與廚師經驗、火候控制，以及與餐廳所供應的肉類品質與切片厚薄有關。

4. 蒙古烤肉餐廳為凸顯其主題餐廳特色，有些是以塞外大漠風情為依歸，如蒙古包的餐室、戈壁沙漠的壁飾彩繪等，使賓客宛如置身塞外，別具一番情趣。

## 十一、會員俱樂部餐廳（Club Member Restaurant）

所謂「會員餐廳」係指一種會員俱樂部餐廳，其餐膳與飲料之行銷對象，主要是針對該俱樂部的會員及其眷屬親友。它係一種以特定客源為服務對象的餐廳，而此客源必須具有會員資格者本人或其邀請對象，始能准予入內消費，享受餐廳設施與服務。

## 十二、宴會廳（Banquet Room／Banquet Hall）

宴會是現代觀光旅館主要營業項目之一，因此各大型旅館均設有各種大小不同的宴會廳，最小可容納數十人，最大則可容納千人以上，這些宴會廳係提供社會人士舉辦各類會議、展覽、發表會、酒會、慶典活動或喜慶宴會之用（圖1-15）。目前大型觀光旅館宴會廳的業務，通常係由宴會部此專責單位，來統籌規劃宴會作業之訂席、菜單設計、場地規劃布置及安排接待工作。

## 十三、速食餐廳（Fast Food Restaurant）

速食餐廳又稱為速簡餐廳（Quick Service Restaurant），由於社會經濟結構改變、外食人口激增，飲食習慣也因而改變，尤其中午進餐時間甚短，難以有餘裕時間進食，因此速食餐廳乃應運而生。速食餐廳其特性為：

1. 快速便捷的櫃檯式服務；服務快速，約三至五分鐘即可供食。

**圖1-15　宴會廳的喜慶宴會布置**

2.餐廳設計重視空間規劃與動線流程，以利快速服務。

3.餐廳立地位置醒目、交通便利之商圈、車站或商業中心等。

4.以物美價廉、衛生安全的簡餐速食為主，如漢堡、三明治、披薩或中式麵點等。

5.菜單有限，價格低廉，大量使用半成品的食材。

6.標準化作業及自動化設備，節省人力及烹調時間。

## 十四、自助餐廳（**Self Service Restaurant**）

自助餐廳最早創始於美國，係專為那些須在外面午餐的人士設置，至於晚餐並非此餐廳主要營業重點項目，因此自助餐廳大部分均設於工商業中心、辦公大樓或學校機關團體所在地附近。

## 十五、外賣餐廳（**Take Out Restaurant**）

此類餐廳營運方式係以外帶為主，客人須親自前往餐廳取餐，再外帶至

其他地方享用。外賣餐廳是採櫃檯服務方式爲多，其店面空間不大，所需投資資金較少，適於今日房租高漲、地價昂貴的都會區商圈。唯須備有完善的包裝，以利客人外帶，如市面上的速食店、小吃店、冰品飲料店很多均屬之。

## 十六、外送餐廳（**Delivery Service Restaurant**）

此類餐廳最大的營運特色，係指接到顧客訂餐後，負責在指定的時間將客人所點叫的餐食，由專人送達到府或所指定的地方。此類餐廳通常營運面積不大，店址也不一定要在昂貴地段，所需資金較少，營運風險較低，唯須具備外送交通工具及人力。如達美樂即屬於此類營運方式。

 # 第五節　餐飲業營運成敗的原因

餐飲業入門的門檻低、創業容易，唯若欠缺正確的經營理念，想要維持營運不輟，則不是那麼容易。根據統計，每三家新開幕餐廳營運不到一年，就有一家倒閉或經營不善而易主。但是也有部分餐廳能順利茁壯，甚至創造傲人業績，究其成敗原因摘述如後：

## 一、餐飲業營運失敗的主要原因

餐飲業營運失敗的原因很多，有些是外部環境因素，有些是內部經營問題，謹就內部營運管理不當的原因，予以剖析探討如下：

### (一)欠缺正確經營理念

所謂「正確經營理念」，係一種能發光散熱的吸引力與餐飲企業文化，不僅能在餐飲產品組合注入企業精神及文化特色，以滿足顧客的期望，更能提供及時性、一致性的有效服務。

## (二)成本控制的觀念不正確

餐飲業的主要成本在人事成本和食物飲料成本，幾乎占餐飲成本65%以上，餐廳的利潤高低完全取決於此成本的控管是否合宜。例如，可在生產力影響不大的情況下來降低人事成本，但絕對不可以在餐廳銷售額下降時，一昧的以減少成本支出，作為彌補餐廳營收之不足。如減少餐食分量、減少備品供應，或以次級品來替代原物料。

業者以降低服務品質來縮減成本支出的方式，勢必造成反效果的惡性循環。此刻應設法提高銷貨營收而非一昧去降低成本，因為成本控制的主要目的乃在提升服務品質，避免不當的支出浪費。

## (三)產品缺乏創新、改良，欠缺魅力

餐飲產品均有其一定的生命週期，因此餐飲經營者須不斷吸取新知，瞭解市場消費者的需求變化，再加強產品研發、激勵員工服務意識，以力求產品服務的改良創新。尤其當餐飲產品步入成熟期時，雖然銷售額仍會增加，但其成長卻減緩，此時餐飲業者須立即著手研發、改良、創新，營造產品特色及魅力，以防產品陷入衰退期。

## (四)餐廳銷售額無法提高

餐飲業是一種營利事業，其利潤來自於高營收與合理成本。易言之，餐飲業必須加強員工的教育訓練，培養其產品銷售服務的促銷技巧，再運用利潤中心的目標管理來創造最大合理的利潤。

## 二、餐廳成功的要件

一家成功的餐廳必定有其正確的餐飲經營理念，而此理念最重要的是能符合市場需求，能使其客人產生共鳴而被接受認同始具意義。謹將成功餐廳的要件，摘介如下：

# 米其林餐廳評鑑

法國米其林輪胎公司早期為服務其顧客，乃發行旅遊指南，提供各地觀光景點相關旅遊資訊，並在1900年正式發行有關膳宿、設施的《米其林旅遊指南》（*Michelin Guide*）。西元1926年開始以匿名評審的方式，針對法國餐廳的餐飲用餐環境、美食烹調及服務品質等三大項來進行星級評分。

米其林餐廳評鑑，係由十二位委員，以匿名方式歷經三年十二次的追蹤，依據餐廳所提供的食物品質、服務品質及餐廳硬體設備設施，含裝潢、桌椅、餐具及酒窖等來進行評分，並據以授星級標章證書。其星級所代表的意義如下：

一顆星：“Very Good Cooking”，係指食物品質良好，烹調技藝佳，值得停車品嚐的餐廳。

二顆星：“Excellent Cooking”，係表示食物美、烹調技藝優，服務品質及用餐環境均佳，值得繞道前往光顧，唯費用較高的餐廳。

三顆星：“Exceptional Cuisine, Worth the Journey”，係表示美食佳餚令人驚艷，值得專程前往品味，但須花費一大筆錢。

綜上所述，米其林餐廳評鑑其第一顆星係以餐廳所提供的食物品質來決定，其餘多出來的星星則端視餐廳整體用餐氣氛、餐廳環境以及服務品質水準的一致性等來考評。目前亞洲地區僅日本東京、香港及澳門有米其林餐廳的評鑑。我國目前正擬引入台灣。

民國100年台灣觀光餐旅業已先後聘請八位米其林餐廳廚師來台獻藝，使國內餐飲業界有機會瞭解米其林工作團隊組織作業之技術及流程，以提升台灣美食文化水準。據瞭解，當這些國際餐飲界響噹噹的米其林主廚來台駐店消息一傳出，餐廳訂位便蜂擁而至，使餐飲業至少創造出近兩千萬元的業績，可見米其林餐廳名廚之魅力，委實令饕客趨之若鶩。

## (一)交通便捷的地點

餐廳成功與否，最重要因素首推「地點」。若地點適中，交通方便，則客人便泉湧而至；反之，客人將因地點不便而裹足不願前往。所以，餐廳通常是位居交通便捷的地方，或群集於商業中心為多。

## (二)高雅風格的裝潢

餐廳之裝潢須具有特殊風格，最好能配合其餐廳本身之性質，如傳統歐式餐廳以西式建築配合古色古香文化色彩之壁飾為主，講究鄉土文化，使客人享有一種特別之感受。

## (三)柔美寧靜的氣氛

餐廳氣氛宜高雅，布置要講究，使客人置身其間有一種寧靜舒適之感（圖1-16）。為加強氣氛，可藉由燈光、音樂、照明、盆景、色彩及屏風來襯托。

## (四)動線流暢的格局

餐廳格局的好壞將影響餐廳本身之營運，尤其是對於動線之劃分、空間之運用、大門之設計，均須特別注意。

## (五)親切有效率的服務

「服務」乃餐廳之第二生命，沒有服務即無餐廳可言，為提高餐廳之營運，每家餐廳無不以提高服務品質為號召，藉著親切溫馨之服務來爭取顧客之好感。

優質的服務除了態度親切熱忱外，更要注意下列五大環節：

1.及時提供所需的服務。
2.顧客詢問的精確答覆。
3.顧客抱怨的立即處理。
4.有效率的迅速正確結帳。

**圖1-16　餐廳氣氛宜寧靜舒適**

5.適切的菜色推薦。

## (六)安全方便的停車

現代工商業發達，人人幾乎均以汽車代步，停車問題已逐漸成為影響顧客是否前往餐廳的重要因素，因此餐廳在設立之初，必須考慮客人停車問題，否則對餐廳生意將有很大的影響。

## (七)等值服務的價格

價錢是否合理，是否享有等值的服務，乃顧客最關切之一項因素，所以餐廳訂價除了須注意合理利潤外，其價格須顧客能接受，始具意義。若因為求高利潤，不思如何降低成本，反而一昧將價格抬高，勢必會嚴重影響餐廳生意。

## (八)精緻創新的美食

美酒佳餚、健康美食乃客人進入餐廳之主要目的，因此餐廳之菜單須不

斷推陳出新，研擬各式菜單，如養生菜單、美容瘦身菜單及兒童菜單，不斷創新研發新產品，以滿足各階層人士之不同口味需求。

## (九)遵守企業倫理，善盡企業社會責任

餐飲企業須建立優質的餐飲企業文化，其組織成員的互動、行事風格須遵守企業倫理道德外，更要重視環保、節能、照顧弱勢團體及回饋社會。

## (十)重視成本控制及質量管理

餐飲業者須不斷提升其產品的質量，以增加營收外，更應確實控管成本，以防杜成本浪費之缺口。

## 一、解釋名詞

1. Intangible Products
2. Heterogeneity
3. Turnover Rate
4. Drive Through
5. Full Service Restaurant
6. Cafeteria
7. Chain Restaurant
8. Gourmet Restaurant
9. Take Out Restaurant
10. Vending Machine

## 二、問答題

1. 何謂餐廳？其應備的條件有哪些？試述之。
2. 餐廳所販賣的產品是一種組合性的產品，你認爲是否正確？爲什麼？
3. 餐飲服務品質之所以難以掌控，其原因與餐飲產品的特性有關嗎？爲什麼？
4. 我國行政院主計處，將國內餐飲業分爲哪幾大類？
5. 自助餐服務的餐廳其營運型態可分爲哪幾類？並請比較其不同點。
6. 連鎖餐廳經營的型式，可分爲哪兩大類？試述之。
7. 中國菜可分爲幾大菜系？並摘述中國大陸地方菜的特色。
8. 你認爲餐飲業之所以營運失敗，其原因有哪些？試申述之。

# Chapter 2

# 餐飲組織及從業人員的職責

## 單元學習目標

- 瞭解餐飲組織架構
- 瞭解工作說明書與工作條件
- 瞭解餐飲從業人員的工作職責
- 培養良好的餐飲從業人員專業素養
- 培養良好的職業道德

　　由於社會結構產生重大變遷，外食人口激增，生活習慣與價值觀也隨著改變，對於餐飲服務品質的水準要求也愈高，爲因應餐飲消費市場的需求，以及面對跨國籍餐飲業之競爭壓力，餐飲業者必須未雨綢繆早做準備，因此務必在營運管理上精益求精，在內部組織上力求分工合作、組織架構力求彈性化、企業化與系統化，使其在既定目標下共同努力，發揮集體效能。

# 第一節　餐飲組織

　　爲達成餐飲企業的營運目標，乃將餐飲企業所需的工作或業務，透過有效率的組織化分工合作、分層負責，期以確保餐飲組織工作之執行。唯餐廳類型不同，其組織架構也不盡相同。以下謹介紹一般常見的餐飲組織。

## 一、餐飲組織的基本結構

　　餐飲組織的基本結構可分爲簡單型、功能型、產品型及矩陣型等四種，茲分述如下：

### (一)簡單型組織

　　此型餐飲組織係屬於一般小型、傳統式經營的組織（**圖2-1**）。它係一種集權式領導的扁平化簡易組織。其優點乃決策者能統一指揮，能夠針對問題

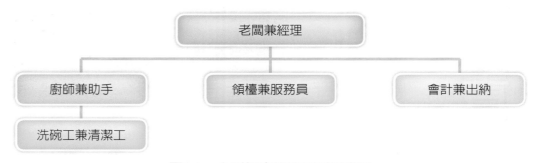

**圖2-1　小型餐廳的簡單型組織圖**

予以有效率地立即處理；其缺點爲資訊、資源均不足，風險也較大。

## (二)功能型組織

　　此型爲具高度專業化的部門組織，另稱職能式或專職式組織。係依工作內容、工作性質來劃分，如餐廳部、餐務部、廚務部等即爲此類結構（圖2-2）。易言之，此爲一種部門化的專業結構組織，適於大型旅館餐飲組織或規模較大的現代餐廳。此類結構之優點爲便於管理、溝通，營運效率功能較佳；其缺點爲編制員額增加，人事成本較高。

**圖2-2　觀光旅館餐飲部的功能型組織圖**

## (三)產品型組織

　　此型係依餐飲產品內容來劃分，如冷廚房、熱廚房、點心房（圖2-3）。其優點爲權責分明，成敗責任明確，無法推諉；其缺點爲人員、設備重複編列，欠缺水平整合功能，徒增營運成本及資源的浪費。

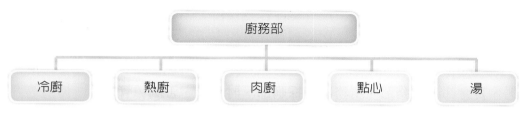

**圖2-3　大型西餐廳的產品型組織圖**

(四)矩陣型組織

　　此型係一種「混合型雙權結構」組織，是將前述功能型、產品型組織加以相結合，取長補短之組織結構。例如餐務部之人力，有些是來自餐廳部，有些是來自廚務部，本身基本編制人力不多，僅主管或部分幹部而已，其餘人力均依任務之需，暫借調其他部門人力來支援，目前國內觀光旅館餐飲部門的組織大部分均屬於此類組織（**圖2-4**）。

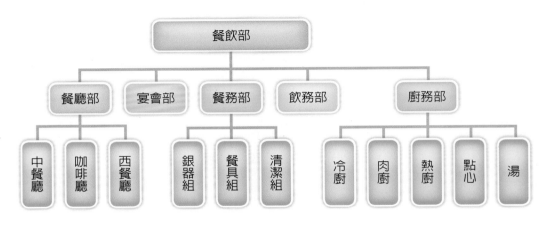

**圖2-4　國際觀光旅館餐飲部的矩陣型組織圖**

## 二、餐飲組織概況

　　餐廳之種類繁多，且本身營業性質及規模大小亦異，因而內部組織系統不盡皆然，但一般而言，大型餐廳尤其是觀光旅館附設之餐廳，通常可分為外場（Front of the House）與內場（Back of the House），下設餐廳部、飲務部、宴會部、餐務部、廚務部、採購部、財務部、管制／管理部、庫房等九大部門。謹將各部門職責簡介於後：

## (一)餐廳部（**Dining Room Department**）

　　係負責飯店內各餐廳（Dining Room）食物及飲料的銷售服務，以及餐廳

內的布置、管理、清潔、安全與衛生，內設有各餐廳經理、領班、領檯、餐廳服務員及服務生。

## (二)飲務部（Beverage Department）

係負責餐廳內各種飲料的管理、儲存、銷售與服務之單位。

## (三)宴會部（Banquet Department）

係負責接洽一切訂席、會議、酒會、聚會、展覽等業務，以及負責會場布置及現場服務等工作。

## (四)餐務部（Steward Department）

負責一切餐具管理、清潔、維護、換發等工作，以及下腳廢物處理、消毒清潔、洗刷炊具與搬運等工作。它係在餐飲部門中居於調理、飲務和外場三單位之協調工作。

## (五)廚務部（Kitchen Department）

係負責食物、點心的製作及烹調，控制食品之申領，協助宴會之安排與餐廳菜單之擬訂。

## (六)採購部（Purchase Department）

負責飯店內一切用品、器具之採購，對餐飲部甚重要，凡餐飲部所需一切食品、飲料、餐具及日用品等均由此單位負責採購之。此外，採購部尚負有審理食品價格、市場訂價及比價檢查之責。

## (七)財務部（Financial Department）

財務部係負責餐飲部之營收控管、餐飲成本控制分析、財務報表及預算編製，以及採購驗收等工作。此部門包括：會計、出納與稽核等單位，為旅館的獨立部門，僅負責支援旅館各部之出納與會計，並不歸餐飲部所管轄。

## (八)管制／管理部（**Control Department**）

負責餐飲部一切食品及飲料之控制、管理、成本分析、統計報表及預測等工作。它不直屬於餐飲部，為一獨立作業單位，直接向上級負責。唯大型旅館若設有財務部，則上述工作係由財務部負責。

如果係一種獨立餐廳則管制部之職責除上述各項外，還負責兼管人事、工務、行銷與倉儲等事宜。至於較大型企業化經營的餐廳如連鎖經營的餐廳，則另加設獨立部門的人事、工務、行銷、企劃與會計等單位，以利多元化的經營管理。

## (九)庫房（**Storeroom**）

負責倉儲作業如驗收、儲存、發放等工作，並確保餐廳標準庫存量以及庫房的安全維護。

大型旅館餐飲組織系統如**圖2-5**所示。

#  第二節　工作說明書與工作條件

餐飲服務業類別不同，服務對象也不同。為使餐廳員工明確瞭解其職責與工作內涵，通常均備有工作說明書，期使員工能順利完成所賦予的任務，進而扮演好在餐飲職場的角色。

## 一、工作說明書

工作說明書（Job Description）係一種書面工作執掌表，也是一種資格任用書，謹分別說明如下：

## (一)書面工作職掌表

所謂「工作說明書」，係一種書面工作職掌表，摘述工作者擔任是項職

圖2-5 大型旅館餐飲組織系統圖

務時，所應負責的主要工作項目及相關資訊（**表2-1**）。因此一份完整的工作說明書，至少須包括下列幾項：

1.工作部門、職務，如職稱、頭銜。
2.工作職責、工作項目。
3.直屬主管，如領班、主任。
4.工作與其他部門間之相互關係。
5.工作所需資源、設備摘述。

## (二)資格任用書

工作說明書係一種資格任用書，通常由餐廳經理或其直屬主管所擬定，每年必須修改一次，以符合實務需求。

**表2-1　工作說明書範例**

| 揚智餐廳工作說明書 | 編號：001<br>日期：　年　月　日 |
|---|---|
| 工作職務：餐廳領檯<br>工作部門：咖啡廳<br>直屬主管：咖啡廳經理<br>工作職責：■接待迎賓、引導入座、安排席位。<br>　　　　　■營業前負責檢查餐廳環境及餐廳布置。<br>　　　　　■負責餐廳入口環境之整潔。<br>　　　　　■協助領班督導餐廳服務員工作。<br>　　　　　■其他上級交辦事項。<br>設備資源：■餐廳平面圖。<br>　　　　　■無線對講機。<br>相關部門：■須與餐廳部訂席組密切聯繫合作。<br>　　　　　■須與廚務部聯繫，瞭解菜單內容。<br>　　　　　■隨時與檯櫃出納、領班相互聯繫。<br>工作條件：■高職或大專觀光、餐飲或餐旅科系畢業。<br>　　　　　■身高158公分以上。<br>　　　　　■身心健康、能吃苦耐勞。<br>　　　　　■諳英、日語。 | |

## 第三節　餐飲從業人員的工作職責

　　今日的餐飲業經營管理已走向科學化、企業化的管理，講究分工合作，重視分層負責。為了達到其經營目標，務必明確將各部門工作職責予以界定，使所有餐飲從業人員均能瞭解其工作職責，進而扮演好其職場上之角色。謹分別就管理階層與執行階層之工作職責分述如下：

### 一、餐飲管理階層

　　餐飲管理階層主要係指內外場的最高階管理者，如餐飲部協理（Director of Food & Beverage Division）、經理（Manager / Directeur de Restaurant），以及廚務部行政主廚（Executive Chef）而言，茲說明如下：

#### (一)餐飲部協理

　　觀光旅館餐飲部協理其職權相當大，責任也十分重，其工作範圍涵蓋整個餐飲部門之內外場，其工作時間為責任制，並無明確下班休假時間。為使餐飲部營運順暢，必須經常與旅館各部門經理溝通協調，並對外建立良好公關，以利業務之拓展。謹就其主要工作職掌摘述如下：

1.負責餐飲部營運管理、銷售預測、營運計畫擬定。
2.負責餐飲產品之研發、品管及價格擬定。
3.負責餐飲服務標準作業流程之規劃、員工之教育與訓練。
4.負責顧客關係之建立、顧客抱怨事項之處理。
5.負責餐飲財務管理、餐飲成本控制及行政與人事費用控管。
6.負責餐飲人力資源之開發、規劃、考核及工作輪調。
7.餐飲部門營運設施、設備、器皿及備品之購置。
8.負責審核廚房標準作業規範，確保餐飲安全與衛生。
9.負責激勵員工工作士氣，做好領導統御、溝通協調之工作。

10.其他相關事宜或偶發事件之處理。

(二)餐廳經理

為使餐廳達到最有效率之營運,因此他必須負責擬定餐廳營運方針,並督導所屬員工澈底執行營運計畫,加強品管,並且與各部門保持密切聯繫與協調,以提供客人最好的精緻美食與溫馨舒適的進餐環境。其主要職責分述如下:

1.務使餐廳在有效率情況下營運,且隨時提供良好服務。
2.負責管理所有餐廳工作人員,以及新進人員教育訓練。
3.根據各項營業資料來預測銷售量,安排員工工作時間表。
4.擬定餐廳營運方針、營運計畫與業務推廣。
5.建立有效率之訂席系統,使主廚便於控制安排菜單。
6.擬定各項員工訓練計畫及課程安排。
7.顧客抱怨事件之處理。
8.負責員工之勤惰、差假、考核以及教育與訓練。
9.其他臨時交辦事項及偶發事件之處理。

(三)行政主廚

觀光旅館或大型獨立餐廳,其廚房規模相當大,除了各餐廳專屬廚房外,尚有設置「中央廚房」(Central Kitchen),其業務相當繁重,因此通常設有行政主廚一名、行政副主廚(Executive Sous Chef)一至二名來協助處理相關廚房業務。行政主廚之位階相當於餐廳經理,但其待遇卻高於經理,可見其在餐飲業之地位是多重要。謹將行政主廚之工作職責分述如下:

1.負責餐飲部所有廚房的行政管理、人事任用與考核工作,其本身並不負責廚房實際烹調工作。
2.負責廚房生產作業標準化作業之擬定、建立標準食譜、標準成本與價格之制定。
3.負責督導廚務工作,確保食物製備與供食運作之順暢。

**餐飲小百科**

廚師節

　　聯合國在2004年訂定每年10月20日為世界廚師日，我國也在民國99年正式核定這一天為廚師節，同時在民國100年的首屆廚師節頒發獎牌與獎狀表揚國內十五位優良廚師。

　　西餐廚師之王馬利・安東尼・卡雷姆（Marie Antoine Carême, 1784~1833）被尊稱為古典烹飪創始人，建立上菜順序及餐桌擺設；近代西餐廚師之父愛斯可菲（Georges Auguste Escoffier, 1846~1935），其最大貢獻乃建立廚房人員組織編制及精簡古典菜餚上菜順序之服務方式。

　　中國古代餐飲業的祖師，以伊尹、易牙、彭祖及詹王為最有名。唯目前台灣餐飲業以祭拜易牙並奉為廚師祖師爺為多。

4.負責代表廚房參與旅館主管會報，並與各部門溝通協調。

5.負責餐廳廚房菜單設計及產品之研發創新。

6.負責廚房成本控制與人事、行政費用之控管。

7.其他臨時交辦事項。

## 二、餐飲執行階層

　　餐飲執行階層係指實際負責餐飲接待、銷售服務及餐食製備工作事宜者，可分為外場與內場兩部門。茲分別說明介紹如下：

### (一)外場餐飲服務人員之職責

◆領班（Captain / Head Waiter / Maître d'Hôtel）

1.主要任務：負責轄區標準作業維護，督導服務員依既定營業方針努力認真執行，使每位客人得到最友善之招呼與服務。

2.主要職責：

(1)熟悉每位服務員之工作，並予以有效督導。

(2)營業前，應檢查桌椅是否布置妥當、是否清潔。

(3)負責為客人點叫餐前酒或點菜、飲料之服務。

(4)領班對客人帳單內容要負責核對並確認無誤。

(5)桌面擺設、收拾之檢查督導。

(6)負責員工值班輪值、工作勤惰考核以及準備工作之分配。

(7)處理顧客抱怨事件。

◆領檯、接待員（**Hostess ／ Reception ／ Greeter**）

1.主要任務：領檯為餐廳第一線人員（**圖2-7**），其職責為務使每位客人能被親切的招呼，而且迅速引導入座，並負責餐廳入口處之環境整潔督導。

2.主要職責：

(1)面帶微笑親切引導客人入座。

(2)協助領班督導服務員工作。

圖2-7　領檯為餐廳第一線人員

(3)營業前須檢查餐廳桌椅是否均整潔且布置完善。

(4)熟悉餐廳之最大容量，瞭解現場座位安排及擺設方位。

(5)須瞭解每天訂席狀況，盡可能熟記客人姓氏。

◆服務員（**Waiter, Waitress／Chef de Rang**）

1.主要任務：熟悉餐飲服務流程與技巧，完成標準作業程序，以親切之服務態度來接待顧客。

2.主要職責：

(1)負責餐廳清潔打掃，安排桌椅及桌面擺設。

(2)檢查服務檯（Service Station）備品是否齊全、整潔、乾淨。

(3)熟悉菜單，瞭解各種菜餚特色、成分、烹調時間及方式，能適時推銷，並為客人點菜，將菜餚送至客人餐桌。

(4)當客人用餐結束前，應將帳單準備好，並核對總額是否正確，將它置放餐桌桌面客人右方，帳面朝下。假設無法確認誰是主人時，則可將帳單擺在餐桌中間靠近桌緣之中立地帶為宜；若男女同桌進餐，除非客人事先言明分開付帳（Go Dutch），否則須將帳單置於桌面男性客人右側為宜。

(5)瞭解且遵循帳單之作業處理程序。結帳時，需先請問客人是否需要公司統一編號，通常餐廳是不接受個人支票付款。

◆服務生或練習生（**Bus Boy／Commis de Rang／Bus Girl**）

1.主要任務：輔助餐廳服務員，以確保餐廳順利的運作，達到最高服務品質。

2.主要職責：

(1)確保工作區域之整潔及衛生。

(2)檢查營業所需餐具器皿如杯盤、刀叉匙、布巾等備品之數量是否足夠，調味料罐是否均已裝滿，再加以補足。

(3)為客人倒茶水。

(4)收拾客人用畢之盤碟及銀器，並負責搬運送洗工作。

(5)將服務員所交訂菜單送入廚房,再將所點的菜餚自廚房端進餐廳。

◆其他

國際觀光旅館餐飲部或高級西餐廳,尚設有下列服務人員,其職責如下:

1. 調酒員(Bartender):餐廳酒吧調酒員之主要工作,乃為客人調製各式雞尾酒。
2. 葡萄酒服務員、葡萄酒侍(Wine Waiter, Wine Steward, Wine Butler, Chef de Vin, Sommelier):負責為客人服務餐前酒、佐餐酒或飯後酒,尤其是各類葡萄酒的供食服務(**圖2-8**)。
3. 現場切割員(Trancheur):負責高級西餐廳現場烹調車之肉類切割服勤工作。
4. 客房餐飲服務員(Chef d'Etage):負責客房餐飲服務的工作人員。通常觀光旅館均設有此類的「客房餐飲服務」(Room Service),應客人要求送餐至房間,一般以早餐較多。此工作隸屬於餐飲部或客房餐飲服務部。

**圖2-8　葡萄酒員倒酒服務**

## (二)西餐內場廚房工作人員及其職責

在西餐發展史上,享有「西餐之父」美譽的大廚師喬治‧奧古斯特‧愛斯可菲(Georges Auguste Escoffier)曾首創西餐廚房人員編制之制度。

目前西餐廚房工作人員除了管理階層僅負責行政督導的行政主廚外,其餘西餐廚房人員及其主要職責,列表說明如**表2-2**。

**表2-2　西餐廚房人員工作職責**

| 職稱 | 工作職責 |
|---|---|
| 主廚(Chef) | 1.負責菜單之製作及食譜之研究創新。<br>2.每日菜單之各項食品定價擬訂。<br>3.檢查食物烹調及膳食準備方式是否正確。<br>4.檢查食物標準分量之大小。<br>5.檢查採購部門進貨之品質是否合乎要求。<br>6.須經常與餐飲部經理、宴會部經理及各部門經理聯繫協商。<br>7.負責廚房新進員工之訓練及員工考評。<br>8.負責廚房人事之任用及調配。<br>9.參加例行餐飲部會議。<br>10.直屬行政主廚或餐飲部經理。 |
| 副主廚(Sous Chef) | 負責協助主廚督導廚房工作,其任務與工作職責與主廚相同。 |
| 廚師(Station Cook) | 1.負責食品烹飪工作。<br>2.爐前之煎煮工作。<br>3.各種宴會之布置與準備。<br>4.檢查廚房內之清潔、衛生與安全。<br>5.工作人員調配及品行考核。<br>6.申領廚房內所需一切食品。<br>7.直接向主廚負責。 |
| 冷盤廚師(Cold Food Cook / Garde Manager) | 1.負責冷前菜、開胃菜(Hors d'oeuvre)、點心的製備與盤飾。<br>2.酒會、自助餐會等冷盤之製備展示。<br>3.協助冰雕與蔬果雕之切雕工作。 |
| 燒烤廚師(Roast Cook / Rotisseur) | 1.負責廚房西餐魚、肉類的炭烤、燒烤工作。<br>2.負責高架烤箱(Broiler)、鐵柵架烤爐(Grill)等之燒烤事宜。 |
| 蔬菜廚師(Vegetable Cook / Entremetier) | 負責所有蔬菜、沙拉等之製備工作。 |
| 魚類廚師(Fish Cook / Poissonier) | 負責魚類、海鮮的烹調與處理工作。 |
| 醬汁廚師(Sauce Cook / Saucier) | 1.負責醬汁及各式淋料的製作與調配。<br>2.另稱熱炒師,兼負熱炒、高湯及排盤工作。 |

（續）表2-2　西餐廚房人員工作職責

| 職稱 | 工作職責 |
|---|---|
| 切肉師（Butcher） | 1.負責烹調前肉品的處理及切割工作。<br>2.各類菜單之選料及準備工作。<br>3.直接向主廚負責。 |
| 麵包、糕點師傅（Baker / Pastry Cook） | 1.負責製作及供應餐廳蛋糕、麵包、甜點及點心（圖2-9）。<br>2.申請所需物品及製作數量之報告。<br>3.直接向主廚負責。 |
| 幫廚（助手）（Assistants） | 1.搬運清理及準備工作。<br>2.收拾剩品及整理工作。<br>3.副食品及布置品之布置工作。<br>4.其他，如蘇打房飲料、咖啡、冰淇淋之調製、水果切雕等工作。 |
| 學徒（Apprentice） | 負責打雜及配合廚師完成交辦工作。 |

## (三)中餐內場廚房工作人員及其職責

中餐廚房工作人員職稱與編制不一，乃視餐廳菜系、產品與廚房規模而異。通常初學入門均由洗滌、打雜開始，再學習切、炒、蒸、煮等工作，由於工作職責不同，其職稱也異，謹就一般中餐廚房組織編制人力，列表摘述如**表2-3**。

**圖2-9　主題餐廳的特色甜點**

表2-3 中餐廚房人員工作職責

| 職稱 | | 工作職責 |
|---|---|---|
| 主廚（領班主廚） | | 係旅館餐廳個別廚房內場主管，負責行政管理、菜單研發、食譜創新、標準分量及定價，為廚房內場實際負責人。 |
| 副主廚 | | 係由資深廚師擔任，協助主廚控管廚房作業，其職責與主廚一樣。唯礙於人力精簡，並非每一廚房均有設置此人員。 |
| 廚師 | 爐灶師傅 | 1.爐灶師傅係負責廚房烹調製備，如炒、蒸、煮、炸、烤等爐灶工作，也是廚房烹調最重要的主角。<br>2.爐灶師傅可分為頭爐、二爐、三爐、四爐、五爐等級。<br>3.爐灶師傅由於所掌管的爐灶功能不同，也另稱為炒鍋、候鑊、掌灶。 |
| | 砧板師傅（切割師） | 1.砧板切割為中餐烹調技術的基本工，也是廚師入門的必經階段。<br>2.負責肉類切割者稱之為紅案；負責海鮮、魚貨、家禽宰殺者另稱為水台師。<br>3.砧板師傅也分為頭砧、二砧、三砧等職級。此外，砧板師傅另稱燉子、案燉或板凳。 |
| | 排菜師傅 | 1.負責協助爐灶烹調工作的雜務，如排菜、盤飾、上菜控管，以及內外場傳遞聯繫。<br>2.須反應快、動作敏捷，且有藝術美學之盤飾能力。<br>3.排菜師傅可分為頭排、二排、三排等職級。<br>4.排菜師傅有時須協助搬運菜餚及協助爐邊清潔工作，此工作另稱打荷或料清。 |
| | 點心師傅 | 1.負責中式點心、麵食、甜點之製備工作，俗稱白案，類似西餐的烘焙師。<br>2.點心師傅可分為頭手、二手等職級。 |
| | 蒸籠師傅 | 負責廚房各類蒸、燉、煲及高湯菜之製備，另稱為水鍋師傅。 |
| | 燒烤師傅 | 負責廚房燒烤食材之製備，如烤鴨、烤乳豬。 |
| | 冷盤師傅 | 負責廚房冷盤切配、水果切雕或冰雕等事宜。 |
| 學徒、助手 | | 負責協助師傅處理烹調作業相關的雜事，如醃漬、上漿、清潔、搬運等工作。 |
| 清潔工、洗碗工 | | 負責廚房鍋具、餐具、碗盤的清洗，以及廚房工作環境的清潔打掃工作。 |

## 一、解釋名詞

1.Back of the House

2.Steward Department

3.Job Description

4.Executive Chef

5.Sous Chef

6.Chef de Rang

7.Sommelier

8.Room Service

9.Garde Manager

10.Pastry Cook

## 二、問答題

1.餐飲組織的基本結構可分為哪幾種？其中以哪一種為最好？為什麼？

2.餐務部的主要工作職責為何？試述之。

3.試述工作說明書的功能。

4.行政主廚的主要工作職責有哪些？試列舉之。

5.請說明下列人員的工作職責：

   (1)候鑊

   (2)白案

   (3)紅案

   (4)打荷

6.請摘述餐廳領檯人員的工作職責。

# Chapter 3

# 餐飲管理的意義及內涵

　　二十一世紀是科技化、資訊化、國際化的時代，餐飲經營型態已由昔日傳統家族式獨立經營方式，逐漸轉變為企業化、國際化、連鎖化的多國籍企業經營型態。今日餐飲業面對此新時代社會環境的變遷，必須不斷求新求變，極力提供優質餐飲服務，以營造餐廳本身獨特風格外，尚須加強科學化、企業化及人性化的餐飲管理，以及能靈活善加運用現代資訊科技，期使生產自動化、行政管理電腦化，以高效率優質的服務品質來提升市場競爭力，以應未來社會變遷餐飲市場發展之需。

##  第一節　餐飲管理的意義

　　所謂「餐飲管理」，係指餐飲企業透過計畫、組織、選任、指揮和控制等管理程序，以最經濟有效的方法，將餐廳有限的人力、物力、財力等作最有效的協調靈活運用，進而獲取最大的利潤，以達成個人及組織目標的一種程序或活動（**圖3-1**）。

**圖3-1　餐飲管理須將人力、物力靈活運用**

## 一、管理的意義

管理可分別自下列三方面來加以說明：

### (一)就字面上而言

「管」是鎖匙，「理」是治理。《說文解字》：「治不如理」，因此管理一詞可說是「主管和治理人與事」。易言之，管理就是對事物加以妥善處置，對人加以指導防護。

### (二)就英文語源上而言

管理一詞英文為Management，其語源係出自義大利語，其意思原為駕馭與訓練馬匹的意思。今天管理企業與駕馭馬匹，此兩者表面上似乎兩回事，互不相干，但事實上它們均須依賴靈活的技巧與系列的方法始能竟功。

### (三)就管理學上而言

管理一詞，在管理學上而言，由於管理理論很多，較著名的如X理論、Y理論、權變理論以及Z理論，均是現代管理學上極為重要的管理理論。各學派所持立論及觀點不同，因而對管理所作的解釋與主張也不盡相同，謹列舉較具代表性者臚陳於後：

◆**X理論**

1.美國管理學家泰勒（Frederick. W. Taylor）——科學管理之父，傳統管理學派X理論的代表。
2.泰勒認為所謂的「管理」就是使部屬正確瞭解所要做的事情，並指導他們以最經濟有效的方法去完成它。

◆**Y理論**

1.美國管理學家麥葛瑞格（Douglas McGregor）——Y理論代表。他認為

傳統的管理方法係一種極權式管理，未能信任瞭解部屬，也不願授權，僅將員工當成一種生產的工具，偏重員工生理需求之物質獎勵，而忽略員工心理自我尊重與肯定之精神需求層面。

2.麥葛瑞格認為所謂的「管理」係將生產事業所需的資金、材料、人員及設備給予組織起來，並以適當方法使其達成個人及組織目標，進而獲得經濟方面利潤為目的。

### ◆Z理論

1.美國管理學者麥格里（John E. Megley）為1970年代Z理論代表。此學派有些學者稱之為「系統管理學派」，係針對前述各理論之偏失，而提出此綜合性現代化管理觀念。

2.此學派認為所謂「管理」係使所有關於達成組織目標之各種媒介條件，使其有規則的相互作用或相互依存的一種活動或程序。

### ◆其他

其他管理學者對管理的詮釋：

1.管理係指經由他人的努力及成就而將事情做好。
2.管理係指一種經由他人來完成事件的行為。
3.管理係指協調一個團體，使其達成其共同目標的活動。
4.管理乃是運用計畫、組織、選任、指揮和控制等管理程序與步驟，將人力、物力、財力等作最有效運用，以達成組織目標的活動。

## 二、管理的功能

二十世紀初葉，法國知名管理學家費堯（Henri Fayol）將管理工作歸納為規劃、組織、指揮、協調與控制等五項功能，後來被簡化成：規劃、組織、領導及控制等四項。茲說明如下：

## (一)規劃（Planning）

所謂「規劃」，就是訂定目標、制定達成目標的策略，並發展一套系列的計畫或子計畫，以整合協調企業組織各項活動。易言之，規劃工作包括了目標訂定及達成目標之策略方案擬定。

## (二)組織（Organizing）

組織係由一群人為達成特定目標所組成的有系統之結構。組織須依據所賦予的工作目標來決定需要做什麼事、由誰來做。易言之，確立目標、工作分配（圖3-2）、授予權責與用人選才等四項，為組織階段最主要的任務。

## (三)領導（Leading）

所謂「領導」，係指運用溝通、協調、指揮與激勵等方法，使組織成員發揮最大工作效率、培養團隊精神及激發團隊意識，進而將組織內部之可能衝突消弭於無形。

**圖3-2　廚房人員須依工作需求來分配**

## (四)控制（**Controlling**）

控制另稱「管制」，係指監督所有組織活動之運作，並確保所有工作均能依原訂計畫確實執行。

## 三、餐飲管理的意義

謹就餐飲管理的意義，予以分別說明如下：

### (一)餐飲管理的概念

餐飲管理係以現代企業管理的理論與方法，將其運用在餐飲業的經營管理上，本質上它可說是現代管理科學之一種，並不完全是所謂的科學管理。這是一種人性的激勵管理。

傳統的科學管理，係將員工視為一種生產工具、一種機械，強調極權式，以工作為中心之威權領導方式，認為僅須運用系統化、標準化、制度化的組織辦事方法，再透過物質上獎懲方式，即可達到公司組織目標。事實上這種方式並不能完全適用於觀光餐飲管理工作上面，因為此類型管理模式，難以提供高品質的親切服務，它所強調的是事與物的管理，卻忽略了人性方面的心理需求以及內、外在環境因素的影響，此乃現代餐飲管理與傳統科學管理最大的不同點。

### (二)餐飲管理的定義

所謂「餐飲管理」，係指針對整個餐飲生產、銷售、服務等系列相關活動及作業流程等人、事、物、財之管理。易言之，就是以現代管理科學的方法與技術，靈活運用在餐廳管理、廚房管理、倉儲管理、物料管理、人事管理、財務管理及行銷管理等方面而言，其主要的目的乃在充分運用現有資源，避免無謂浪費或損失，進而使其發揮最高邊際效用，創造最優質之產品與服務，從而使餐飲企業獲得最大合理的利潤，謂之「餐飲管理」。

## 第二節　餐飲管理者的角色

　　餐飲組織中的管理階層雖然有高階、中階及基層管理者之分，唯其工作均扮演著領導、溝通、監督、分配及決策等角色，雖然層級不同，但其功能角色卻一樣。謹就餐飲管理者的角色及管理技巧予以介紹。

### 一、餐飲管理者的角色

　　管理學者米茲伯格（Henry Mintzberg）經由實際觀察研究管理者的行為，其結論認為一位成功的管理者所扮演的角色，可歸納為下列三大類：

#### (一)人際角色

　　係指餐飲管理者在餐飲組織中所扮演的人際關係角色，或因特殊原因而需扮演的角色，如代表人、聯絡人和領導者等人物角色。例如：代表餐廳迎賓或簽署文件等工作。

#### (二)資訊角色

　　係指餐飲管理者須負責餐飲經營管理相關資訊的蒐集、接收及傳遞或發布公告等工作。例如：主持相關會議、發布對外新聞，以及傳遞內部資訊等發言人、傳播者與監督者的角色。

#### (三)決策角色

　　係指制定決策的角色，包括任務分派、資源分配、危機處理及談判者等角色。例如：負責會議決議案、擬定管理策略、訂定工作進度表及編製工作輪值表等工作。

二、餐飲管理技能

餐飲管理工作相當繁雜,所涉及的領域更廣,因此管理者須具備豐富的專業技能始能勝任。一般而言,管理者應具備以下三種管理技能:

(一)技術性技能

所謂「技術性技能」,係指餐飲管理者應具備的餐飲經營管理之相關專業知能。例如:餐廳服務、產品銷售、生產製備、財務分析與餐飲各項設備之操作能力等。此項技術性能力對於基層管理人員而言,較之高層管理人員還要重要,如領班、主任、主廚等基層幹部。

(二)人際關係技能

所謂「人際關係技能」,係指餐飲管理者在職場工作時與人相處互動的應對進退、溝通協調及領導統御的能力而言(圖3-3)。

由於身為管理者,其工作性質均須與他人接觸,因此人際關係的技能對

圖3-3　餐飲管理者須具備領導統御的能力

所有各階層的管理者而言均相當重要，尤其是餐飲服務業的管理者更應具備此項技能。

## (三)觀念性技能

所謂「觀念性技能」，係指邏輯思考、分析、判斷及決策的能力，其中包括決策技能、規劃技能、行政管理技能等三方面的能力，摘介如下：

### ◆決策技能

管理者須瞭解理性決策的模式與步驟。例如：如何確認問題、決定目標或目的、審視評估分析可行性方案，以及最後方案的選定等決策流程之處理及應變力。此外，決策時管理者須作多層觀點的考量，若僅以某單一層面作為考量基礎，則可能會導致決策重大偏差。

### ◆規劃技能

係指管理者對於餐廳的營運發展，能具備訂定明確的目標及達成目標的各項方案之規劃執行能力。例如：餐廳經理能依餐廳營運目標來訂定目標管理計畫，並確實予以執行及控管。

### 餐飲小百科

**美國業績傑出餐廳的經營秘笈**

根據調查訪視美國餐飲業業績較優與業績中等的餐廳，發現過去四年平均報酬率在10%以上的餐廳，其經營管理者均十分重視下列幾項業務，其重視度依序排列如下：

1.餐廳在餐飲市場的聲譽及形象地位。
2.重視餐廳設施和設備的創新。
3.擁有獨具特色的產品和服務。
4.重視廣告行銷。
5.餐廳菜單內容多元化。

◆行政管理技能

係指餐飲管理者在執行餐飲管理工作的綜合能力。例如：組織、用人、考核及控制的行政管理能力。

 第三節　餐飲管理的範圍

現代餐飲管理的範圍所涉及層面甚廣，不過若予以詳加分類，主要可分為餐廳管理、廚房管理、物料管理、餐務管理、設備管理、財務管理、人事管理及行銷管理等八大類，茲摘其要分述如下：

一、餐廳管理

餐廳係顧客進餐的場所，因此餐廳須寬敞舒適、清潔衛生，陳設布置要典雅，餐飲設備須考究。此外，在接待服務態度要誠懇、動作要熟練、儀態要端莊、舉止要高雅，如此才能給予客人一種舒適親切完美的服務，因此一家優異的餐廳其應備下列五大要件：

1.精緻美食的營養佳餚。
2.完善純熟的誠摯服務。
3.安全衛生的品質保證。
4.高雅舒適的便捷環境。
5.價格合理的等值服務。

以上五大要件乃餐廳管理的基本目標，易言之，即為餐廳管理的主要精神所在。

二、廚房管理

廚房是食品菜餚烹調製備的主要場所，廚房作業管理的好壞，不但直接影響到餐飲成本及膳食品質，間接上也影響到餐飲行銷及餐廳形象，因此廚

房管理工作相當重要。為求有效管理，須制訂各項標準化作業，如標準食譜、標準分量、成本控制，甚至物料管理、人事安排、餐務管理等作業流程，也應建立標準作業規範，如此才可達到廚房作業之有效管理。

## 三、物料管理

餐廳物料管理的基本任務，是確保餐飲營運所需要的各種物料，能適時、適量、適質、適價，經濟合理且成套齊全地供應餐廳營運所需，進而達到餐飲企業經營管理的目標。至於如何使餐廳營運所需物料在營運政策指導下，以最合理成本適時、適量、適質地支援供應有關部門，確保經營活動之正常運作，則有賴物料管理科學與專業人才。

## 四、餐務管理

餐務管理的主要功能，乃負責供應整個餐飲部門內外場所需的餐具、物資、設備，以及相關服務或生產的器皿，以全力做好後勤行政支援（**圖3-4**），

**圖3-4 餐務管理須支援外場所需的餐具**

確保餐飲製備與服務等整個供食作業流程能順暢運作，進而使餐飲生產力與服務質量得以提升。

　　餐務部雖非營業單位，但其重要性卻不容置疑，如果餐務管理工作不當，不但會影響整個餐飲供食服務的品質，同時由於餐具設備及各項備品維護管理不當，也容易增加生產器材之損耗浪費，間接影響餐飲成本與利潤之營收。

## 五、設備管理

　　所謂「設備管理」，係指設備自選購、進貨、驗收、安裝、試車、使用、保養維護、修理、報廢或調撥出售，一直到更新為止等過程的系列管理活動。易言之，設備管理可分為設備的技術管理與設備的經濟管理等兩種，前者係屬於工務部或餐務部之職責，後者為財務部或管理部之職責。

　　餐飲設備管理是提高餐廳服務質量的必要條件，沒有良好的現代化餐飲設備，如何奢言提供顧客高品質的服務？如何吸引顧客前來休閒享受？此外，餐飲設備的優劣，攸關餐飲供食作業及生產製備的能力，因此為提高餐廳生產及服務品質，務必先做好設備管理工作。事實上，加強設備管理，除了避免無謂浪費與損失外，也是餐廳改善經營管理，提高經濟效益，邁向現代化、國際化的重要途徑。

## 六、財務管理

　　所謂「餐飲財務管理」，係指開辦餐廳所需各項資金的籌措運用、預算編列管制、成本的計算與控制，以及利潤分配或資金再運用等系列活動或事務的管理。易言之，餐飲財務管理係指從開始投資開設餐廳所需資金的籌措運用，如購置土地、添置設備、生財器具，以及在正式營運中如生產、銷售、分配等與資金有關問題的規劃、執行與控制，謂之「餐飲財務管理」。

　　為提供顧客高品質的服務與用餐環境，餐廳勢必投下鉅額資金來裝潢，購置各項現代化設備，而這些固定成本所占資金比重甚大。此外，餐廳為追求卓越所需高品質原料及專精人力所需變動成本也不少，如果缺乏雄厚可資運用資

金，往往會造成營運的困難，不但會影響服務品質，甚至導致餐廳歇業。由是觀之，「餐飲財務管理」可說是餐飲管理的神經中樞，其重要性不言而喻。

## 七、人事管理

《論語》云：「為政在人」。人是一切事業的基礎，尤其是餐旅業係一種極重視人為服務的行業，因此若無訓練有素的優秀服務人員，誠難以提供客人「賓至如歸」的高品質服務，因此即使餐飲設備再現代化、進餐環境再優美、周邊設備再完善，如果沒有適當人選去管理，則一切硬體設備再好也徒勞無功，無法發揮其功效，因為不論任何管理均脫離不了人。

語云：「事在人為，財在人用，物在人管」，可見若離開「人」即無「管理」可言，因此管理成效的好壞，則端視管理人員素質良窳而定。至於人事管理的範疇不外乎：甄選、任用、考核、獎懲、教育與訓練。

## 八、行銷管理

所謂「行銷管理」，係指將管理的方法（即分析、策劃、執行與控制）應用到行銷活動，使整個行銷活動發揮最大效率與效果，此謂之「行銷管理」。就餐飲業而言，所謂「餐飲行銷管理」，係指餐飲業者針對消費者——顧客，對餐飲消費方式之喜好與需求事先調查研究，再據以開發研擬菜單、投資生產設備、美化進餐環境與設施、提供高品質服務，藉以刺激吸引顧客蒞臨消費，進而滿足雙方共同的需求。

近年來，由於社會消費意識高漲，因此行銷觀念由早期的生產導向變為銷售導向，再由銷售導向轉為行銷導向，如今已由單純為滿足消費者需求之行銷導向，慢慢演變為滿足消費者個人需求外，尚需兼顧保護消費者與社會福利需求之社會行銷導向。例如以往僅重視口腹之慾的精緻美食佳餚，目前已逐漸為重視健康的營養食譜或藥膳食譜所取代。此外，目前許多餐廳開始重視環保教育及辦理敦親睦鄰之社會活動，並積極參與鄰近社區的公益活動，以分擔部分社會責任，此乃現代社會行銷導向之例證。

## 一、解釋名詞

1. X理論
2. Y理論
3. Z理論
4. 餐飲管理
5. 物料管理
6. 財務管理

## 二、問答題

1. 試比較X理論與Y理論的主要不同點。
2. 管理的功能有哪些？試摘述之。
3. 你認為一位成功的餐飲管理者，該扮演的角色有哪些？試述之。
4. 你認為一位優秀的餐飲管理者，該具備哪三種管理技能？
5. 何謂「觀念性技能」？此類技能尚包括哪三種能力？試摘述之。
6. 如果你是餐廳經理，請問餐廳管理的基本目標為何？試述己見。

## Chapter 4

餐飲管理策略

### 單元學習目標

- 瞭解餐飲組織策略的類型
- 瞭解餐飲組織策略規劃的原則
- 瞭解餐飲策略管理的程序與方法
- 瞭解餐飲企業組織未來發展趨勢
- 瞭解現代餐飲管理策略之發展
- 培養現代餐飲管理策略研發之能力

　　餐飲企業為求提升其品牌形象及市場競爭力，經常運用各種策略來達成其經營管理目標，並使企業能蓬勃發展，創造高水準的組織績效，成功進入國際市場。本章將分別為各位介紹餐飲組織策略的類型及策略管理的程序。

# 第一節　餐飲組織策略

　　餐飲組織策略規劃之形成，一般可分為三個不同階層，分別為公司總體策略、事業單位策略及部門功能策略等三種不同層面訴求的策略。茲摘述如下：

## 一、公司總體策略（Corporate Strategy）

　　餐飲企業的公司總體策略通常是由餐廳總經理或協理等高階管理者來負責規劃。公司總體策略為餐飲企業組織未來發展方向的藍本，並作為公司旗下所屬各事業單位如分店或所屬產業未來努力的方向指南。例如：85度C咖啡不斷拓展分店，進軍跨國企業，追求全球化拓展版圖的總體策略。一般而言，公司總體策略主要有下列三種策略：

### (一)成長策略（Growth Strategy）

　　餐飲企業的成長策略，其主要目的乃在透過直接擴充、垂直整合或水平整合等方式來增加企業營運的效益，促進企業的迅速成長，其中包括銷售收入、員工人數及市場占有率等之成長。

### (二)穩定策略（Stability Strategy）

　　所謂「穩定策略」，係指公司營運發展策略，以持續採用原有的餐飲產品服務組合來提供消費者，持續維持目前原有營收及市場占有率等作為企業發展策略（**圖4-1**）。餐飲企業管理者之所以採用穩定策略，通常是基於下列營運情況下所作的決策：

　　1.市場已達飽和，餐飲產品已進入成熟期的生命週期，管理者在採取任何

圖4-1　為維持餐廳原有營收與市場占有率可採穩定策略

新策略之前，往往會採此類穩定策略，先將餐飲組織運作維持在目前情況，以利新策略之規劃。

2.餐飲市場環境穩定不變，而餐飲企業之營運績效也達預期目標，且令管理者感到滿意時，有些企業也會採此穩定策略，其中以小型餐飲企業為多。

## (三)更新策略（Renewal Strategy）

所謂「更新策略」，係指餐飲企業組織在營運績效上出現問題或遭遇困難瓶頸時所採取的策略。此類策略可分為下列兩種：

### ◆退縮策略（Retrenchment Strategy）

這是一種短期的應變策略，當餐飲企業營運發展過程中遭遇某特殊情況，如財務問題、人力資源問題或產銷問題時，可運用此策略來穩定餐廳營運，蓄積能量資源後，再伺機投入競爭市場。例如：縮小營業項目、減少成本支出、精簡組織編制人力等措施。這是一種以退為進，謀定而後動之餐飲企業發展策略。

◆轉向策略（Turnaround Strategy）

　　「轉向策略」係指當餐飲企業營運過程發生嚴重績效問題，如產品滯銷、客源驟降、獲利萎縮，甚至產生虧損等現象。此種策略需再進一步重整組織架構，並大幅刪減成本，其成本刪減幅度較退縮策略還要大。

## 二、事業單位策略（Business Strategy）

　　事業單位策略係餐飲組織所屬各獨立的營利事業單位的「競爭策略」。例如：產品差異化策略、最佳價值策略、吸引力焦點，以及低成本的最低價格策略等均屬於此事業單位策略之範疇。

　　事實上，若餐飲企業是單一直線事業的小型餐飲業，則此事業單位策略通常與組織的總體策略重疊。易言之，就小型單一產品服務的餐廳而言，其事業單位策略也是其總體策略。例如：麥當勞速食餐飲企業其產品服務係採單一產品組合的服務，為單一直線事業；王品餐飲企業，其旗下有各種不同獨立品牌的事業單位，如陶板屋、西堤（**圖4-2**）、原燒、聚、品田牧場、舒果，以及曼咖啡等均是王品餐飲組織的事業單位，上述單位均有其主要目標

圖4-2　西堤牛排

市場，各自有一套競爭發展策略。

## (一)事業單位競爭策略規劃的基本原則

### ◆發揮潛能特色，掌控競爭優勢

　　餐飲企業的競爭優勢係來自企業內部組織的核心優越能力，或擁有其他競爭者所欠缺的資源或資產。因此，餐飲事業單位所研擬的競爭策略，須以優質獨特的組織核心能力和得天獨厚的資源資產為考量，以利取得競爭優勢。

### ◆創新改善服務品質，確保持續競爭優勢

　　餐飲企業除了發展出優勢競爭策略外，尚須不斷創新產品改善服務，期以發展出獨特的競爭策略，以維持產業的競爭優勢。例如：有些餐飲企業在「最佳品牌」、「最佳獲利」、「最受歡迎」的排行榜中，總是一枝獨秀，名列前茅。究其原因乃在於能善用其獨特優勢核心能力——「餐飲組織文化」，以及持續創造、改良餐飲服務品質。事實上，餐飲產品服務品質不斷創新研發改善，乃餐飲企業確保其市場占有率及長期競爭優勢的不二法門。

## (二)競爭策略選擇的方法

### ◆成本領導策略（**Cost Leadership Strategy**）

　　所謂「成本領導策略」，係指餐飲企業採取「生產成本最低」作為餐飲事業單位的策略目標。當餐飲企業採取低成本領導策略時，務必在餐飲營運管理成本費用上，採取系列有效降低營運成本的方法，使各項費用支出在不影響品質的前提下能做到費用最小化。

　　為使餐飲企業成為產業中生產成本最低的目標，餐飲管理者務須自下列幾方面來努力：

1.精密的餐飲成本控制系統。
2.結構化的餐飲組織及目標管理。
3.實施績效獎金、產量獎勵及工作激勵。

◆**差異化策略（Differentiation Strategy）**

　　所謂「差異化策略」，係指餐飲企業試圖提供獨特且受顧客喜愛的產品服務組合，作為餐飲企業在市場的競爭策略。差異化產品服務策略，其間的差異可能聚焦於下列幾方面：

　　1.最高品質。

　　2.最佳品牌。

　　3.最不昂貴。

　　4.最有價值。

　　5.最佳設計風格。

　　6.最佳功能。

　　7.最迅速方便。

　　8.最安全衛生。

　　餐飲企業實施差異化策略時，其成功的關鍵因素乃在於其所提供的餐飲產品服務組合之特色須優於其他餐飲產業之競爭者，而此差異性須大到足以使餐飲業能訂定較高的價格或能拓大獲利空間，始有意義。易言之，差異化策略係指餐飲企業專精於某項重要的顧客利益產品服務，期以追求最佳營運效益。

◆**集中策略（Focus Strategy）**

　　所謂「集中策略」，係指餐飲企業將其有限的人力、物力、財力等資源，集中運用於一個較小的目標區隔市場，而非試圖去服務廣大的餐飲市場，專心深耕此較小的目標市場，以建立成本集中化或差異集中化的強有力競爭優勢策略。

　　集中策略對於小型餐飲企業可能最有效，因為小型餐飲業者其規模及資金均不大，較難以在廣泛的大眾市場中發展競爭優勢。例如：社區型的家庭式餐廳（**圖4-3**）、會員俱樂部餐廳或特定主題餐廳等類型餐廳。

**圖4-3 社區型的家庭式餐廳**

### 三、部門功能策略（**Functional Strategy**）

所謂「部門功能策略」，係指餐飲企業如何有效運用餐飲各部門的力量來支援餐飲事業單位策略，期以發揮團隊力量，創造餐飲企業在市場上的競爭優勢。例如：有一家餐廳其事業單位所提出的競爭策略為最精緻高價美容養生餐，此時，餐飲行銷部門必須立即配合研擬行銷計畫；人力資源部則須重新甄選新進員工或更新員工訓練計畫；廚務部須立即研發各類最佳品質的高檔養生美容食譜。

 ## 第二節　餐飲策略管理的程序

餐飲組織透過良好發展策略，能創造出高效率的營運績效，唯無論管理者係選擇何種有效的策略，若欠缺適切的管理程序，將難以設計出有效率的策略。一般而言，策略管理程序包括以下六大步驟，茲分別介紹如下：

一、界定組織的使命、目標與策略

　　餐飲企業組織想要永續經營長期發展，務須使組織所有成員均能充分瞭解餐飲企業當初創立時所堅持的宗旨理念，也就是餐飲企業的使命。尤其是餐飲管理者除了瞭解餐飲組織的使命外，更須將此理念融入餐飲產品服務中，進而成為組織文化之一環，作為組織成員共有的一種認知與價值觀。

　　餐飲企業組織會遵循其所負的使命來訂定目標，此目標須明確且可量化，以作為全體員工努力的方向指南，並可供作餐廳績效評估的衡量指標。此外，餐飲管理者在進行策略管理時，也須先全盤瞭解餐飲組織現階段所採行的各種營運管理策略，並進一步探討其利弊得失，作為日後規劃或修訂策略之參考。

二、外部環境分析

　　所謂「外部環境」（External Environment），係指會影響餐飲組織營運績效的外部力量或機構。通常餐飲企業組織的發展常受到外部特定環境及一般環境的影響。此外，任何餐飲組織發展策略或競爭策略，若想要順利推展成功，則必須與組織外部環境有良好的契合，否則將會遭受重大挫折，甚至窒礙難行而告失敗。因此，餐飲策略管理的第二步驟為分析企業組織的外部環境，期以精確掌握企業組織的機會（Opportunities）或威脅（Threats）究竟有哪些？茲分述如後：

(一)特定環境分析

　　所謂「特定環境」（Specific Environment）分析，係指針對那些對管理決策和行為有直接或立即影響，且與組織目標達成有關的下列情境或因子來調查分析：

◆顧客

　　餐飲組織的存在，是為滿足顧客的需求，餐廳是為顧客而開。因此，任

圖4-4　餐飲策略的制定須以滿足顧客的需求為前提

何餐飲策略的制定須以創造並滿足顧客之需求為前提（**圖4-4**）。

### ◆供應商

　　餐飲組織的供應商不僅只是指餐飲物料或設備的供應廠商，尚包括餐廳財務與人力資源的提供者或來源。

### ◆競爭者

　　餐飲管理者在訂定策略時，須留意外在經營環境中的現有競爭者與潛在競爭者，並隨時注意外在環境的各種不同類型的競爭，如價格、服務或新產品等，即早做好因應措施。尤其是在今日資訊網路發達的e時代，「誰是競爭者」可能須再重新定義。

### ◆壓力團體

　　餐飲管理者在研擬組織策略時，須注意社會某些會影響到組織決策的特殊利益團體，如環保團體、保護動物團體或消費者保護團體。例如：麥當勞曾受到美國善待動物團體的施壓，而中止對某一肉品供應商採購；國內餐廳喜愛魚翅料理，也曾受到相關環保團體抗議等均是例。

(二)一般環境分析

所謂「一般環境」（General Environment）分析，係指針對目前社會文化、科技、經濟、政治、人口統計及國際全球化情勢等，可能影響餐飲組織的各項層面來進行分析。

三、內部環境分析

所謂「內部環境」（Internal Environment）分析，係指針對餐飲組織內部各項資源，如人力、物力、財力，以及在執行各項功能活動時，組織所具備的專業能力。內部環境分析主要在提供管理者有關組織資源與專業能力等重要資訊。管理者自內部分析，可以得知企業組織的優勢（Strengths）或劣勢（Weaknesses）有哪些？

四、制定策略

餐飲管理者依據前述內外環境分析，瞭解企業組織在經營環境上所有的機會、威脅、優勢與劣勢分析，即SWOT分析之後，將會依據餐飲企業組織的使命與目標來評估或修訂各種可行的策略方案，並從中挑選能發揮競爭優勢的系列策略。例如：品牌策略、企業發展策略、財務策略、行銷策略及營運策略等，而上述策略均具有相互支援及具互補性之效益。

五、執行策略

策略制定後，貴在能澈底執行，唯有能夠順利執行推展的策略才是好的策略。若餐飲組織無法令其策略付諸實際行動，則先前的一切努力終將枉然白費。

策略之執行須仰賴健全有效率的組織結構及工作團隊。若是新策略，更須仰賴高階管理者親自領導，並另僱用新技術人才或調訓員工來擔任新職

位。必要時，也可採汰舊換新手法來強化組織團隊的核心能力，以利餐飲營運策略之推動及執行。

## 六、評估、修正

餐飲策略管理的最後一項步驟就是評估結果。管理者須瞭解企業組織所執行的系列策略其效益究竟如何？是否有待修正調整的地方？如果經過審慎評估後，發現某些環節有待改變時，則應立即修正調整；反之，若所擬的策略能達到預期績效水準，則應全力支援確實貫徹，並立即公開獎賞有功人員，以激勵員工的士氣。

餐飲管理者為有效發揮評估的功能，確實做好策略評估的工作，務必注意下列評估的原則：

### (一)明確的評估對象

餐飲管理者想要評估餐飲策略執行效益前，須先瞭解各項策略現階段的實際績效及執行部門的人員。此類資訊的來源，可分別來自個人觀察、統計報表、口頭或書面報告。餐飲管理者須同時運用多種管道或方法來蒐集分析，以提高資訊的正確性而免於判斷產生誤差。事實上，「評估什麼」比「如何評估」還要來得重要。

### (二)選定評估標準及評估工具

餐飲管理者確定評估對象之後，須選定評估的指標或標準參模。例如：管理者想評估餐廳營運策略，則可針對餐廳營業額、平均客單價（圖4-5）、翻檯率、耗損率，以及營運費用成本支出等作為評估營運效益之指標。通常每家餐廳均訂有一定的標準或目標，只要能符合或在標準偏差容許範圍內如1～1.5%均算正常。

有些策略活動不易量化或難以採用量化標準來衡量評估，此時餐飲管理者須先設法歸納出某些較客觀的特性來評估，或設法將各部門對餐飲組織之貢獻率轉化為可衡量的標準。事實上，此類評量方式會陷於某些限制或不客

**圖4-5　餐廳營業額與來客數、客單價有關**

觀，但是仍比沒有任何衡量工具而忽視控管評估好多了。

### (三)採取有效的管理行動

　　評估比較之後，最後一項步驟是立即針對評估結果採取有效的具體管理行動。例如：若發現績效差異的原因來自於人力資源欠缺及工作效率不彰，此時管理者須立即針對人員招募、選才、育才等重新檢討，並採取矯正的具體措施。

　　評估之主要目的乃在瞭解策略效益，並找出績效產生差異的原因，並針對造成偏差的原因或來源，施以即時的補救措施或改正行動，以利爭取時效，防微杜漸，而達零缺點之全面品管目標。

第三節 現代餐飲管理策略

今日的餐飲市場競爭十分激烈，餐飲管理者面對此經營環境的快速變遷，除了須有現代餐飲經營的專精知能外，更須具備新的管理理念，期以制定系列現代餐飲管理策略，以應未來餐飲經營管理工作之需。

一、餐飲企業組織的未來發展趨勢

現代餐飲企業想在商場上成為贏家，就必須不斷創新、求變、研發創新產品與服務，始能從其他眾多競爭者中脫穎而出。謹將餐飲組織未來的發展趨勢，就其組織營運規模、組織架構及組織文化的變革，分述如下：

(一)餐飲企業的營運走向兩極化

未來餐飲企業的發展，除了其營運規模趨向極大化與極小化外，其產品服務也步入兩極化，如「高價位，講究舒適用餐情趣體驗」與「低價位，重視實用型用餐環境」之餐廳。

◆大型化餐飲組織

為提升餐飲市場的競爭力，餐飲企業的營運規模將會透過各種方式，如多元化、垂直整合、水平擴充，或經由併購、合資、連鎖等方式來擴大企業組織之規模與市場占有率。

◆小型化餐飲組織

餐飲企業為求降低營運成本、減少人事及營運費用之支出，通常會採取退縮策略，以避免因獲利萎縮而造成更大損失。此外，也可以避開與大型餐飲企業在市場上產品競爭，而另外尋找利基區隔市場。事實上，任何產業市場不是全能型的大型產業，就是小型的利基型企業。至於介於大型與小型企業組織兩者之間的中型餐飲企業，將會逐漸成為衰弱型，終將被淘汰於此競爭市場之外。

圖4-6　物超所值的平價餐廳裝潢

### ◆豪華高價與實用平價餐飲組織

　　餐飲業的類型也會為滿足M型社會消費者之需求，走向高價位豪華舒適餐廳與實用平價餐廳（圖4-6）等兩極化來發展。

### (二)餐飲企業國際化、餐飲市場全球化

　　隨著國際政治局勢之穩定、社會經濟之繁榮、交通運輸之便捷，以及資訊網路之普及，在二十一世紀的地球村時代，餐飲企業之營運已成多國籍企業，餐飲市場更步入全球化。因此，餐飲業者均不斷地在海外設立分店或建立據點。今後國際餐飲行銷及海外餐飲發展策略，將是未來餐飲企業組織將面臨的重大課題。

### (三)餐飲組織文化的變革

　　組織文化（Organizational Culture）是餐飲組織成員所共有的信念、共同的認知價值，也是組織成員的行事風格。此文化源於組織創始者的經營理念與企業使命。

　　由於昔日傳統階層式的組織結構，已難以應付今日複雜的動態內外組織環境。為了餐飲企業的永續發展，餐飲管理者務須在組織文化內注入創新的企業發展理念及顧客服務策略的概念。為求活化創新組織的生命力，現今的餐飲組織結構規劃將會力求彈性、重視精簡及創新設計。例如團隊結構、矩陣結構、專案結構、無疆界結構以及學習型組織結構等。

餐飲小百科

### 現代化的組織型態

　　傳統的階層式組織架構，已無法因應現今餐飲市場經營環境之變化。餐飲管理者為使其餐飲組織能更靈活、有效率地處理內外經營環境之變化，務須精簡、彈性及創新改良現有的組織型態，以符合時代的需求。謹摘介現今組織型態列表說明如下：

| 型態 | 項目 | 內容說明 |
|---|---|---|
| 團隊結構 | 內容 | 整個組織都是由工作小組或工作團隊組成。 |
| | 優點 | 員工參與度高，擁有更高的權力。 |
| | 缺點 | 指揮系統不夠清楚；團隊績效壓力大。 |
| 矩陣結構（雙權結構） | 內容 | 矩陣結構就是從各部門指派專職的員工成立專案小組負責執行專案，當專案結束後，各自回到原來的工作崗位。 |
| 專案結構 | 內容 | 專案結構則是由專職的員工負責執行專案，一個專案結束後繼續執行下一個專案。 |
| 矩陣及專案結構 | 優點 | 快速而有彈性，能隨時回應外界的變化，決策速度快。 |
| | 缺點 | 分派專案時容易產生工作分配上的問題和人際衝突。 |
| 無疆界結構 | 內容 | 不受各種人為疆界的限制，有虛擬、網路和模組型結構。 |
| | 優點 | 非常有彈性、回應速度快。 |
| | 缺點 | 不易控制，容易產生溝通上的障礙。 |
| 學習型組織結構 | 內容 | 支持組織持續調整與改變。 |
| | 優點 | 員工隨時都在分享與運用知識，學習能力有助於維持競爭優勢。 |
| | 缺點 | 要求員工分享所學可能會有困難，員工之間合作不易。 |

資料來源：翁望回（2010）。《管理學》。台北：培生教育出版公司，頁98。

二、現代餐飲管理策略的發展趨勢

現代餐飲管理策略之發展，將聚焦於顧客服務策略、創新策略與資訊化企業技術策略等三方面，茲說明如後：

(一)顧客服務策略

現代餐飲企業是一種顧客需求導向的服務業，因此須在企業組織文化中，由上而下來培養孕育此以客為尊的服務意識及氣氛。成功的顧客服務策略，必須透過系列的員工教育訓練始能竟事，其具體做法摘述如下：

◆提供顧客所需的服務
餐飲業所提供給顧客的產品服務，必須是顧客所需且想要的服務始有意義，這也是餐飲行銷策略的重要理念。

◆提供有效的顧客溝通系統
溝通必須雙向溝通。餐飲管理者除了要求其所屬員工要建立與顧客間之良好互動關係外，更要極重視顧客填寫的「意見表」，並讓顧客知道餐飲組織會有怎樣的積極反應或改變。

◆提供顧客額外的服務
餐飲業者須設法在顧客接待服務之整個消費過程中，設法給予顧客一些驚喜的額外附加服務，以增進顧客進餐消費體驗。例如：免費贈送開胃小菜、結帳時附贈小禮物，或提供叫車、泊車服務等均屬之。

◆訓練員工強化顧客服務技巧
訓練員工基本的接待服務技巧，如傾聽、溝通技巧及顧客詢問等問題之解決要領。此外，尚須要求全體員工謹記「CHARGE」原則，即下列六項：

1.承諾（Committed）。
2.幫助（Helpful）。
3.調適（Adaptable）。

4.尊敬（Respectful）。

5.慇勤（Gracious）。

6.喜愛（Enjoy）。

## (二)創新策略

　　餐飲管理者想要選擇何種創新策略，必須先考量企業組織本身所擁有的特殊資源及能力，然後再決定創新的重點與創新的時機，此乃餐飲企業的創新哲學。

### ◆餐飲企業創新的重點

1.基礎科學研究。例如：食品營養、基因工程、食品安全衛生（**圖4-7**）及資訊科技研究等均是。此類研究須有大量資源提供才可，唯基礎科學研究為維持優勢競爭不可或缺的要素。

2.產品發展研究。餐飲企業可運用現有的生產製備或服務技術稍加改良，或另藉新的方式來運用在原有的技術上以力求發展產品的特色，使餐飲企業的產品特色能超越競爭對手而達差異化之功能。事實上，餐飲產品

**圖4-7　食品須確保安全衛生**

差異化爲餐飲企業組織最重要的競爭優勢來源。

3.餐飲產銷作業流程研究。此類餐飲作業流程係指自物料採購、驗收、儲存、發放、製備、烹調、供應，一直到出納結帳等整個作業流程之研究。易言之，係自食物與飲料從供應商到顧客，整個過程之研究。餐飲企業採用此類管理策略的主要目的，乃在尋求改善及增進工作效率的方法，並藉以控制成本而達降低營運成本之目標。事實上，「低成本」也是餐飲企業競爭優勢之一。

◆餐飲企業創新的時機

餐飲企業組織在進行創新策略時，須先投入不少資源與成本，同時可能會遭受不少不確定性的風險。因此，餐飲管理者須先經由周全的評估考量，再決定適切的創新時機。

一般而言，當餐飲企業管理者面臨下列經營情境時，即需著手實施創新策略，例如：

1.餐飲市場消費者的愛好或需求產生變化。
2.餐飲企業本身的產品，其產品生命週期已達成熟期，雖然仍有利潤，唯其銷售量成長趨緩。
3.餐飲企業營運已出現虧損現象或流動資產比率劇降。
4.餐飲市場競爭或技術產生變化。

(三)資訊化企業技術策略

今日網路充斥的企業e化時代，提供餐飲管理者許多規劃餐飲經營管理新策略的機會。餐飲企業管理資訊化，可幫助餐飲企業擁有更持久性的競爭優勢。目前市面上各種電子商務（E-Commerce）之工具與技術陸續問世。餐飲管理者所面臨的挑戰，主要是選擇使用哪些資訊工具？如何使用？用在何處？

# 世界速食王國的麥當勞

　　西元1940年，理查‧麥當勞（Richard McDonald）與莫理士‧麥當勞（Maurice McDonald）兄弟二人，在洛杉磯東方的聖貝納迪諾（San Bernardino）建造第一家麥當勞汽車餐廳，係一間八角形的建築，餐廳內無桌椅，僅在櫃檯前擺些凳子，櫃檯下方全包覆不鏽鋼。櫃檯後方為開放性廚房，以大窗戶與櫃檯隔開，將整個廚房暴露在顧客眼前。在當時可說是犯了餐廳設計的大忌，但事實上他們做對了，乾淨、明亮將是當時汽車餐廳未來發展趨勢。到了西元1950年代，麥當勞兄弟特別設計金色雙拱門的招牌作為其新汽車餐廳之標誌，迄今成為全球知名品牌表徵。西元1955年，科羅克（Ray Kroc）自麥當勞兄弟手中購入加盟連鎖權後，於當年3月創立麥當勞連鎖系統公司（McDonald's System, Inc.）。

　　科羅克本身並不懂漢堡、三明治或薯條，他只是一位銷售奶昔機械的銷售員，但他能以公平、互惠的精神與加盟者訂立連鎖合約，並使顧客相信利用其產品能成功。此外，更堅持品質、服務、乾淨、價值之QSCV經營理念，重視一致性水準之服務品質。為確保品質服務之提升，更在1961年於伊利諾州創辦第一間正式訓練中心──漢堡大學，作為其員工、經理及加盟者的訓練中心。如今，麥當勞公司遍布全球一百二十一個國家和地區，自地球最北端的阿拉斯加到最南端的紐西蘭基督城等地均有麥當勞足跡，總數近三萬二千家。

　　科羅克非常重視顧客的權益，並能以公開、誠信的誠懇態度與人溝通。在此之前，美國速食連鎖業的規矩是先求自己賺錢，然後才輪到加盟

店主，但是科羅克的做法卻是先設法讓加盟店賺錢，使其先成功，最後才導致科羅克的成功。科羅克曾說過：「若你只為了金錢而工作，你永遠無法將工作做好；但若你喜愛你所做的工作，並永遠將顧客放在第一位，那麼成功將會是你的。」

### 案例討論

1. 麥當勞兄弟所經營的第一家速食汽車餐廳有何特色？其成功原因何在？
2. 你認為全球速食王國麥當勞之所以能成就其今日地位，其原因何在？
3. 麥當勞連鎖企業公司創辦人科羅克先生本身之領導風格與經營理念有何特色？

## 學習評量

### 一、解釋名詞

1.Corporate Strategy

2.Business Strategy

3.Differentiation Strategy

4.Focus Strategy

5.Retrenchment Strategy

6.組織文化

7.轉向策略

8.特定環境

9.壓力團體

10.創新策略

### 二、問答題

1.一般而言，公司總體策略通常包括哪些策略？

2.當餐飲企業組織在營運遭遇困難瓶頸時，你認為他們可能會採取何種策略來因應？

3.餐飲組織事業單位在進行策略規劃時，其應遵循的基本原則有哪些？試述之。

4.競爭策略選擇的方法有哪幾種？試述之。

5.如果你是餐飲管理者，為創造餐廳的產品特色，你將會採取何種競爭策略？為什麼？

6.策略管理的程序，共包括哪些步驟？試摘述之。

7.餐飲管理者該如何有效發揮評估的功能？試申述之。

8.現代餐飲管理策略的發展趨勢為何？試述之。

Note....

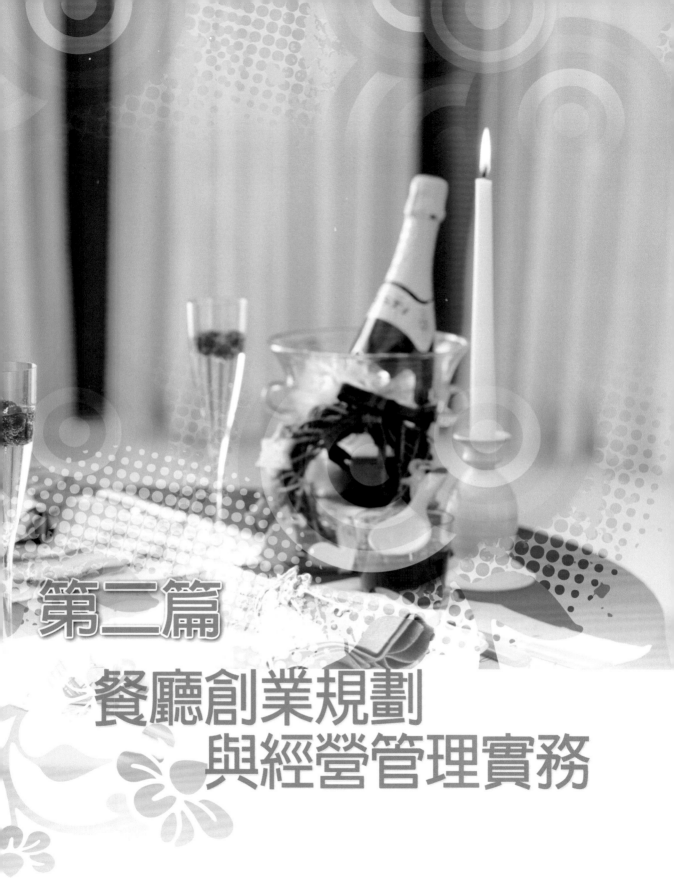

# 第二篇

## 餐廳創業規劃
## 與經營管理實務

# Chapter 5

# 餐廳開店創業投資規劃

## 單元學習目標

- 瞭解餐廳創業投資的理念
- 瞭解餐廳創業投資規劃的步驟
- 瞭解餐廳地點選擇的要領
- 瞭解餐廳創業規劃各階段的重點工作
- 瞭解餐廳創業營運企劃案的撰寫技巧
- 培養正確餐廳開店的專業能力

餐飲乃人類賴以維生的最基本生理需求，因此無論古今中外，凡有人群聚集的地方，即有餐廳之需求。近年來，社會結構改變，外食人口激增，使得餐飲產業不斷蓬勃發展，再加上餐飲營運毛利高、入門的門檻低等誘因，使得許多創業者紛紛投入此餐飲服務業。唯據統計顯示，投入者多，成功者少，平均每三家新餐廳，就有一家餐廳在營運未滿一年即歇業。究其原因乃欠缺正確經營理念，未能確實遵循餐廳創業投資的三部曲。

# 第一節　餐廳創業的基本理念

任何成功的餐廳均有其獨特的企業文化及經營理念，而此組織文化卻又深受餐廳創業者行事風格所影響。倘若餐廳創業者的理念未能符合社會環境情勢、未能滿足市場需求，勢必難以倖存於競爭激烈的經營環境中。謹將餐廳創業者應有的正確思維及餐廳經營的理念，分別逐加介紹。

## 一、餐廳創業前的省思

餐廳開店對於首次創業者而言，可謂千頭萬緒，若沒有做好事前的規劃及擁有健全的創業心理準備，則很難以順利脫穎而出。謹就創業者應有的正確思維，摘述如後：

### (一)確認自己是否真的要創業

當創業的念頭浮現時，此時須先試問自己的動機，究竟是「想」或是「要」創業。很多創業失敗者就是事前欠缺冷靜周詳思考，僅是想要創業，但並不是真的要創業，也正因如此，其展現在外的行為反應，可說毫無具體積極作為。若以此不健全的心態創業，怎有可能會成功。一位成功的創業者不僅是「想」，而是「要」創業。此外，其人格特質必定有勇於冒險、追求創新之基因。

**(二)確認自己能否勝任忙碌且具風險的餐飲工作**

　　創業者的人生與就業上班者的人生，其間最大不同點是，創業者並無上下班時間的差別，前者是承擔事務的責任，後者必須承擔事業成敗的責任。因此，對於不喜歡冒險或偏愛安定生活的人，並不適宜選擇創業開店。

**(三)確認自己是否願意投入十年以上來經營餐廳**

　　餐飲工作須有毅力及耐心，能願意為餐廳全力付出，而非僅憑一時的興起或際遇即輕易承諾未來，否則屆時問題將會接踵而至，甚至後悔莫及。

**(四)確認所選擇的餐飲產業具有市場發展潛力**

　　餐廳類別很多，其產品特色互異，創業者所選擇的餐飲行業及其產品，是否具吸引力及發展潛力（**圖5-1**），必須先透過商圈調查，以真實的營運數據來判斷，絕不可以憑空想像或淪於主觀偏見，以防搭上產品退潮的末班車。

**圖5-1　餐廳產品規劃要具市場吸引力**

(五)確認自己是否已擁有專業能力

　　餐飲專業能力係指餐飲專業技能及經營餐廳的能力，此項專業知能需仰賴實務經驗的累積，無法一蹴可幾，這也是許多自以為餐飲達人創業失敗的主因，例如優秀的廚師並不見得是好的餐飲經營者。由於經常有人錯把行業專業與經營實務能力混為一談，因此其可能遭遇的結局將可想而知，勢必鎩羽而歸。

(六)確認自己是否已擁有所需創業資金與人力

　　創業有很大的風險，因此須預先做好財務規劃，絕不可傾全部財力或舉債來創業。很多創業者因創業失敗而淪為卡奴。事實上，人生有三筆錢，即安家費、長期投資的錢及風險投資的錢，因此創業資金的配置相當重要。此外，餐廳經營並非僅一個人即可獨立完成，需仰賴一群有默契的經營團隊始可。

**創業五大基本功**

1.產品、服務或價格須有致命吸引力之特色。

2.懂得行銷、廣告及話題操作，以增加曝光率，打響餐廳品牌之知名度。

3.進出貨須嚴加控管，提升物料週轉率，降低庫存量，以防賺到營業額，卻賠在庫存。

4.掌握財務狀況，遵循資金配置之黃金比例，開辦成本60%、營運費用30%、準備金10%，即6：3：1之黃金比例。

5.規劃創業後的發展藍圖，以利永續發展。

## 二、餐廳經營的正確理念

餐廳係一種提供餐飲、設備與服務，以賺取合理利潤的服務業。餐廳所提供的上述產品，有些是有形的服務，有些是無形的服務，但均需要透過服務人員親切的服務，才能彰顯其價值。因此，餐飲業可說是一種以人為中心的產業，重視人與人之間的互動，以及情感的交流。餐飲經營者必須瞭解，唯有員工滿意，客人才會滿意；唯有顧客滿意，餐廳始能永續經營，因為「餐廳是為顧客而開」。謹將餐廳經營者之使命及餐廳經營理念，分別摘述如後：

### (一)建立餐飲業者的使命感

餐飲管理者的使命，乃在建立優質的企業文化，將企業的生命力予以綻放出光芒，以達永續經營的目標。

#### ◆確立餐飲業營運目標與企業文化

餐飲業經營者須先確立具體可行的營運目標，再設法建立企業內部文化，始能引導全體員工為實現企業目標而共同努力。

所謂「企業文化」，係指餐飲組織內部員工的行事風格、倫理道德、價值觀，以及團隊任事態度與服務意識等而言，此企業組織文化乃企業的生命與精神。若餐飲企業欠缺此生命力的文化，則如同僅具硬體的軀殼而已，將難以永續經營發展。

#### ◆以「創造顧客、奉獻顧客」為使命

餐飲業者及其從業人員，均須有一種強烈「顧客導向」的服務意識，能夠本著「餐廳是為顧客而開」，並以「創造顧客的滿意度與忠誠度」為己任，以此自我期許。

#### ◆建立「以客為尊，以服務顧客為榮」的服務觀與價值觀

餐飲業者及其全體從業人員須建立一種正確的職業價值觀，以本身工作為榮，自己的工作是在服務別人、幫助別人，貢獻社會一己之力。

## (二)堅持「QSCV」的經營理念

　　歐美餐飲業之所以成功，主要原因乃其全體從業人員均有一種共同的理念，即堅持品質、服務、清潔及價值等四大營運理念來服務社會消費大眾。

### ◆品質（Quality）

　　餐飲品質除了力求口味鮮美精緻化外，更要講究健康，力求高纖、低熱量、低膽固醇、低脂肪、低鹽和低糖，即「一高五低」（**圖5-2**），並講究有機無農藥之食材。為確保品質能符合市場需求，更應不斷研發新菜單、慎選食材及做好品質控管。

### ◆服務（Service）

　　係指針對顧客需求，適時提供適性貼切的高品質服務，透過親切熱忱的服務態度，給予客人溫馨的體驗。為達此目標，餐飲業者須加強服務人員的教育訓練，培養服務意識，建立企業文化。

### ◆清潔（Cleanliness）

　　清潔衛生乃餐飲業最基本的成功要件。除了講究食品衛生外，用餐環

**圖5-2　餐飲產品須講究健康，力求一高五低**

境及服務人員的清潔衛生均要加強。為達此目標，餐飲業者需建立衛生控管制度，自生產製備至銷售服務，整個作業流程均需建立標準規範予以管制，如實施危害分析重要管制點（Hazard Analysis and Critical Control Pionts, HACCP）制度。

#### ◆價值（Value）

餐飲產品是否有價值，係由客人使用後，對產品之認知而定。當客人對產品之認知體驗超過其預期，此產品始具價值感。因此，餐飲業者須不斷設法提升產品的附加價值，提供物超所值的精緻產品服務。例如業者可經由餐廳外觀造型、內部裝潢、設備、美食等硬體，以及優質的軟體服務來創造附加價值。

### (三)連鎖餐廳經營的三S

連鎖經營的餐廳必須有本身的特色，能符合消費者之需求，獲得當地消費者的認同。因此須做到「三S」，即簡單化（Simplification）、標準化（Standardization）、專業化（Specialization）。

#### ◆簡單化

所謂「簡單化」，係指餐廳菜單要專精且具特色，種類可不在多但要品味高，儘量單純化、簡單化；餐飲服務流程要簡便、流暢；餐飲組織要扁平化，提供顧客方便之原則下，力求單純化、透明化之經營管理，以節省人力、物力，減少成本之支出與浪費。

#### ◆標準化

所謂「標準化」，係指菜單價格標準化、生產製備作業標準化、標準食譜之建立，以及服務作業流程之標準化。透過一系列的規格化、標準化，不僅可提高服務品質、增加工作效率，更能降低營運成本，進而提升餐廳在餐飲市場之競爭力。

#### ◆專業化

所謂「專業化」，除了人力資源要專業化，以提升服務效率與服務水準

外，餐食內容更要專精、有特色，始能創造吸引力焦點。基本上餐飲料理之供食服務，務須做到「熱食要熱、冷食要冷、冰品要冰」。

為了滿足顧客之需求，許多高級餐館在供應熱食前，均會先溫杯、溫盤碟，若是冷食冰品，也會先冰杯、冰盤碟，其目的乃在提供客人專精之服務。今後餐廳未來的發展趨勢，此類專門店、專賣店之餐廳將是另類主流。強調主題特色乃未來餐飲業營運管理之重點，由餐廳企劃概念、地點、菜色料理、餐廳裝潢與服務人員服裝等餐廳之產品，無論在有形、無形產品上，須力求一致性、專業性之特色。

 ## 第二節　餐廳創業規劃三部曲(一)：開店準備

餐廳創業者歷經事前審慎評估考量後，確認自己確有興趣投入此令人羨慕的餐飲服務業，並願以此作為自己人生職涯的事業後，尚須遵守餐廳創業規劃的三部曲，即「開店準備」、「餐廳籌備」及「開幕營運」三階段，每階段均有其階段性之工作任務，絕不可前後錯置，否則將會影響將來開店營運之成敗。本節僅針對餐廳開店準備階段的工作及其應注意事項，予以摘述如下：

### 一、開店準備階段的重點工作

所謂「餐廳開店準備階段」，係指餐廳創業者其開店創業的理念產生開始，一直到餐廳店址確定為止。此階段的重點工作如下：

#### (一)市場調查分析

餐廳創業前須運用各種調查方法，如問卷調查、人員調查、電話調查或探實地觀察等方法，來調查消費者的消費習性、消費能力以及對餐飲產品或餐廳型態的偏好。此外，也要瞭解市場同業的競爭狀況與供應商的資訊等來進行市場機會分析。

## (二)餐廳型態、規模及產品定位

　　餐廳創業者須將前述市場調查所得到的資訊，再反觀檢視自己內部所擁有的資源，如財力、體力、人力及專業能力等，予以詳加評估分析後，再根據目標市場消費者之需求來決定餐廳型態、規模及產品定位。例如餐廳產品定位係採低價位、中價位或高價位（圖5-3）；顧客目標族群係針對兒童、青少年、成年、銀髮族、學生或家庭，由於顧客族群特性不同，其需求也不一樣。就十八歲以下的兒童及青少年而言，他們較喜歡在家吃不到的餐飲食品，依其喜愛程度排序，依序為：薯條、漢堡、披薩、炸雞及冰淇淋。至於學生族群而言，影響學生外食習慣的因素主要是便利性和費用等兩項。如果餐廳目標群是鎖定銀髮族，則須考量健康飲食菜單，他們較不喜歡油炸類食品，較偏愛「一高五低」的健康飲食，即高纖、低脂、低糖、低鹽、低膽固醇與低熱量等食品。由於銀髮族自覺活動力較差，因此喜歡明亮舒適的用餐區、不用等候的服務、易懂的菜單及可及性高的地點，如住家附近的社區自助餐廳最適宜銀髮族、青少年等目標市場需求。

**圖5-3　餐廳產品定位須明確**

### (三)餐廳格局規劃之研究

餐廳空間利用與分區使用設計，須依餐廳類型、提供機能、營運時間、餐廳定位及創業者資金等因素來考量。例如：餐廳是以咖啡廳作為經營型態，營運時段若採早、中、晚三時段，此時須考量餐廳所提供的機能為何？休閒放鬆或洽談商務？是否提供用餐？上述機能均會影響桌椅尺寸選擇及空間規劃。

基本上，餐廳的格局規劃可分為：(1)外場，如大廳、玄關、等候區、用餐區、服務櫃檯、衣帽間、吧檯及客用廁所；(2)內場，如廚房、倉儲區、冷凍冷藏區及日用補給品倉庫等。至於空間配置，觀光旅館餐廳的廚房面積不得少於用餐區面積的三分之一；其他一般餐廳的廚房面積，依法令規定不得少於餐廳總面積的十分之一。

餐廳無論採用哪種類型的服務型態，基本上餐廳格局規劃，均需考量餐廳餐食內容、服務方式、營運對象及產品市場的定位。餐廳格局規劃務必整體規劃再分區施工，以力求統整和諧、動線順暢。此外，餐廳格局規劃尚須符合政府相關法令的規定，如消防法、環保法及食品衛生管理法等法令規章。

### (四)餐廳經營方式

餐廳經營的方式主要有獨立餐廳與連鎖餐廳兩種型態，此兩種型態之特性已在第一章介紹過，不再贅述，僅針對「頂讓」之經營方式列表說明如下（**表5-1**）：

**表5-1　頂讓方式經營的優缺點**

| 項目 | 重點說明 |
|---|---|
| 定義 | 係指採用選擇頂店方式，來承接餐廳資產及經營權的創業開店方式。 |
| 優點 | ・餐廳優缺點一目了然，可自現場觀察得知。<br>・投資成本較少，約自行創業投資成本的三分之一。<br>・擁有固定消費老顧客，不必從頭由零開始。<br>・投資設備折舊較低，投資預算掌控容易。 |
| 缺點 | ・事先若未詳細情蒐、評估、判斷，或經專家諮詢協助，則有不少的風險。如頂讓真實原因及債務、稅法或契約等法律問題。<br>・投資成本較小，經營者可能會較大意或過度樂觀。 |

## (五)選定店址,完成簽約

餐廳的立地位置,創業者最好選擇自己所熟悉的商圈,以便於迅速建立良好地緣關係,瞭解當地的消費者習性及消費時間點。因為商圈不同,消費者的組成也不同,因而消費習性與方式也互異。

餐廳店址所在的商圈很多。一般而言,概可分為:獨立地區、購物商圈、文教商圈、市中心、觀光休閒娛樂區、夜市、住宅社區及交通樞紐區商圈等多種,由於商圈不同,其店面租金也不同。其實,大都會的次商圈並不如次都會的主商圈那般具吸引人潮的魅力,但其租金卻高於次都會主商圈的租金。此外,一般人所謂的「金店面」對某餐廳創業者來說,並不一定是能賺錢的金店面,因為餐廳店址所在商圈並不是其主要目標市場所在地。

事實上,餐廳店址的選擇,務必以其主要目標市場所在地的熟悉商圈為首選。易言之,餐廳地點的選擇須考量下列幾點:

1. 符合餐廳型態及產品定位。
2. 主要目標市場所在地:人潮多、客源足。
3. 交通便利,公共設施完善。
4. 店面大小適切,具吸引力。
5. 立地區段符合都市計畫法令,能依法申辦營利事業登記。例如:依法令規定,純住宅區或巷弄寬度不足八米寬者,均不得開店。
6. 租金不得超過營運收入20%。最理想的租金範圍為約占營收的8%～10%。

## (六)餐廳命名及形象標誌的設計

餐廳品牌命名及其形象標誌的設計,如餐廳招牌的製作,務須遵循下列原則:

1. 餐廳品牌之命名,須力求易讀、易懂、易看及易記的原則。字數不宜超過四個字,名稱若有押韻或抑揚頓挫,則唸起來較朗朗順口,且不容易忘。

## 餐廳店址與餐廳市場定位

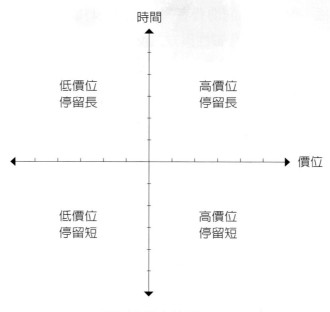

**餐廳市場定位圖**

◆高價位，停留長：此類型餐廳的顧客群，不在意價格高，但求舒適、安全、私密性之高品質服務。適宜大都會一級商圈或觀光休閒地區。例如：精緻美食餐廳、休閒主題餐廳。

◆高價位，停留短：此類型餐廳的顧客群，其身分較特殊，講究餐廳用餐環境情趣、氣氛及管家式貼心服務。適宜特殊場所或休憩據點，如私人俱樂部、過境機場等地之餐廳。

◆低價位，停留長：消費顧客群是以聊天、交誼、看書為目的。店址以次級商圈為主，如郊區、巷弄。例如：學校附近的巷弄餐廳，且不一定在一樓。

◆低價位，停留短：消費顧客群大部分為流動型顧客，較重視實用、方便性的快速服務。適宜夜市、學區、交通樞紐等人潮多的商圈。

2.形象標誌的圖案、線條及色彩的設計，力求亮麗鮮豔能吸引人注意。

3.品牌名稱或圖案的設計，須能符合餐廳產品的特性、使命或價值。例如：85度C咖啡之品牌名稱即能隱約傳遞出其產品特性與價值，且易讀、易懂也易記。

4.餐廳品牌名稱之命名，力求避免不雅之諧音，同時須合法註冊。避免因設計不當或疏失而誤用或侵犯他人品牌權益。

國內傳統的餐廳命名方式，一般係以人名、地名、國名、花卉名稱、菜系、菜名、俚語或歷史典故等來命名。例如劉家小館、台南擔仔麵、泰國餐廳及玫瑰花園等均是。

## 二、開店準備階段應注意事項

餐廳開店準備階段應注意事項，摘述如下：

1.準備階段所需的時間短者半年，長者可達二至三年。

2.此階段所有各項準備工作，尤其是前述重點工作必須確實依序完成，儘量勿為了提早開店創業而立即進入第二階段。

3.由於此階段餐廳尚無費用支出，因此可以有充裕的時間來蒐集情資，並加強餐飲專業知能的充實，以厚植本身的創業實力。

4.本階段須廣泛蒐集市場消費者之喜好、消費習性、消費能力及能接受的產品價格區位，以利將來餐廳產品組合及菜單設計之參考。

5.生財器具、設備、物料、備品等相關供應商之訪視及商場聲譽之調查，以利選擇殷實可靠的將來工作夥伴。

## 第三節　餐廳創業規劃三部曲㈡：餐廳籌備

餐廳創業規劃自準備階段進入籌備階段之後，相關創業費用也開始產生，因此務必要特別謹慎並確實掌控籌備工作進度之執行。有關籌備階段的重點工作及其應注意事項，詳述如後：

## 一、開店籌備階段的重點工作

所謂「餐廳開店籌備階段」，係指自餐廳店址選定，並完成簽訂租約或買賣及頂讓合約後開始，一直到餐廳開幕前的此段期間而言。本籌備階段的重點工作如下所述：

### (一)餐廳販賣的產品組合試作及定價

1. 菜單產品組合須依餐廳類型及其定位來安排設計（**圖5-4**），期以滿足主要目標市場顧客群之偏好與需求。易言之，餐廳產品組合須與餐廳定位一致。如高價位或平價位；一般大眾或特定客層的產品組合，力求餐廳規劃符合整體一致性。例如：哪種餐廳類型及定位需要使用桌巾或餐巾布？哪類餐廳適合用紙巾或抽取式餐巾紙？諸如此類產品組合之搭配，務求統整性、一致性，始較對稱，且能符合顧客需求。

2. 餐廳菜單產品規劃，宜類別簡單勿繁雜，更別強調樣樣都有。事實上，什麼菜都有，也暗示顧客什麼菜均無特色，因為並無任何一位廚師精通

**圖5-4　餐廳產品組合須符合市場定位**

各不同菜系的料理。

3.菜單規劃設計須考量下列原則：

(1)市場需求：尤其是主要目標顧客群之需求與偏愛。

(2)廚師能力：餐廳菜單須以廚師專精能力來考量。

(3)廚房設備：菜單產品所需生產設備須足夠。

(4)烹調方式：餐廳設計菜單產品須搭配不同的烹調製備方式始有特色，且需考量烹調時間長短。

(5)物料來源：菜單所需物料的供應來源，其貨源要充足，價格合理。

(6)成本利潤：菜單產品規劃須針對每項菜餚之成本詳加試作後予以設定，一般均為35%～45%之間作為物料成本。若是高價位餐廳則更低。

4.菜單定價的方式很多，常見者計有成本導向定價法、需求導向定價法及競爭導向定價法等，其中以需求導向定價法較符合時代潮流，此類定價法另稱「消費者導向」或「認知價值定價法」。至於前述成本導向定價法最簡單，係將成本再加某一定比率的金額作為利潤的定價方式；競爭導向定價法最常見的是追隨業界領袖定價法，此方法在國內餐飲業界備受重視，也較多人採用。唯餐廳定價最重要的是需考量自己產品服務在市場定位，以及能否為消費者所接受較重要。

(二)餐廳格局設計藍圖確定、施工發包及設備採購

1.餐廳格局設計圖審查時，須考量是否符合下列要項：

(1)須先考量餐廳營運主題、營運對象、餐食內容、服務方式及市場定位。

(2)依據餐廳營運需求來確定所需空間大小，重視動線規劃及人體工學，以滿足顧客用餐體驗來考量餐廳格局規劃。

(3)餐廳格局及設施，須符合政府法令規定，如消防法、環保法及食品衛生管理法等規定。

(4)須配合時代潮流，並考量餐廳未來發展之需求。

2.配合餐廳營運特性及定位，選定裝潢材質、色調建材及相關設備，以利

工程的順利發包施工，以及生產設備之安裝與水電管線配置。

3. 餐廳各項營運所需的生財器具及設備的採購，均須符合餐廳特性及產品組合的定位。例如：低價位、顧客停留時間長的平價餐廳，其桌椅之選購則要考量堅固耐用、有靠背且價格低廉實用者為首選；僅有飲料產品不供應餐食的咖啡廳，其桌椅材質要精緻舒適，唯餐桌尺寸60公分正方即可，不必太大。

4. 餐具採購的數量不宜太多，以免徒增成本閒置浪費。其原則為：每位顧客均會使用的餐具如水杯等，其數量為「座位數×2」，其他餐具則為座位數的二分之一即可。若餐廳翻檯率高，則其數量可酌增。

## (三)營利事業登記及統一發票申辦

### ◆營利事業登記

1. 餐廳如果是以公司組織成立，則須先向經濟部申請公司執照後，再向地方政府辦理營利事業登記；若僅單獨開設一家餐廳，則可直接向店址所在地的縣市政府申辦營利事業登記即可。

2. 營利事業登記的項目可分為中類、小類、細類。餐館、咖啡廳等餐飲業屬於F5餐飲業中類；飲食業為小類；飲料店等其他餐飲業為細類。

3. 店址所在地的建築物使用執照須在商一、商二、商三、商四或住二、住三、住四等地段，唯純住宅區（住一）及巷弄寬不足八米的地段，不得開設餐廳。

4. 申辦營利事業登記，應備的文件：
   (1)檢附最近一期繳納房屋稅收據。
   (2)租賃合約影本（須註明餐廳營業用）。
   (3)建築物使用執照影本。
   (4)二年內，同一所在地曾經申請使用之營利事業登記影本。

5. 營利事業登記的申辦，其作業時程約七至十個工作天即可核准，並會同時知會稅捐處及建管處。

◆**統一發票申辦**

　　申辦統一發票，需憑餐廳營利事業登記證件向所在地稅捐處所屬分處申請統一發票購買證，用以作為購買統一發票使用；如果擬申請免用統一發票，必須先向稅捐處申請小額營業人的免用統一發票認定（早期月營業額未滿新台幣20萬元即可申辦，目前擬放寬至新台幣50萬元）。

### (四)銀行開戶支票

1. 餐廳創業步入籌備階段時，各項費用即開始產生，且須支付裝潢、水電、設備、租金及薪資等費用。此時創業者即須開始做好財務管理工作規劃，所有的費用支出，均須養成以開票付款的習慣，一方面可以活用資金，另方面可作為支出憑證之管控，以利對照收支明細表，且便於會計作帳作業。
2. 銀行開戶，須在店址所在附近的金融機構開立甲存（支票存款戶）以及乙存（一般活期戶）等兩種帳戶。

### (五)餐廳內部作業訂定

　　店面承租或購買後，餐廳在裝潢施工中，即須開始制定餐廳內部各項有關的作業，其中最為重要的工作如下：

◆**門禁及安全檢查作業**

　　餐廳發包施工中，店內有許多建材及設備，若無指派專人負責並控管鑰匙，極可能發生失竊情事。此外，對於電力、瓦斯及水源的開關均須確實檢查，以確保管線正常及安全。

◆**物料及設備管理作業**

　　所有的物料與設備自採購、驗收、倉儲、發放等，均須有一套管理辦法及詳細作業規定，其中包括供貨廠商的資料。

◆**財務管理作業**

　　金錢收支、發票、支票與印章等事務性管理作業規定。

◆標準化作業

餐廳內外場的生產製備及銷售服務的標準化作業。例如：標準化食譜、標準分量、標準採購，以及外場餐飲服務流程等（圖5-5）。

◆服務人員工作規範

此類工作規範包括服儀規定、服務守則，以及請假、上下班、代理人等人事作業。

(六)員工招募及教育訓練

餐廳營業前三個月須開始準備選才、育才、用才，及招募員工，並展開系列的教育訓練，使員工瞭解餐廳組織文化及使命，並能熟練餐飲服務作業技巧，期使員工能發揮團隊精神，提供一致性水準的接待服務，以提升餐廳形象與市場知名度。此外，尚須進行產品組合的試作及銷售服務現場實作演練，以確保產銷內外作業流程之順暢。

圖5-5　餐廳服務流程須講究標準化作業

## (七)消防安檢及安全管理

依消防法規定，只要是提供營業的公共場所，均需符合消防安全之設備檢查。通常餐廳在正式營業前就要向店址所在地的管區消防單位申請。若無申報將會受到罰鍰、暫停營業或撤銷營利事業登記。

消防安檢最主要的項目有：滅火器裝置、自動警報系統、逃生避難標示、緊急照明、二樓以上有逃生窗口或逃生梯繩、公共消防設備、窗簾須有防火焰標示，以及室內裝潢一米以上高度需採耐火建材。

## (八)開幕或試賣活動籌備規劃

為使餐廳一開張營業即能打響知名度一炮而紅，務必要將餐廳獨特的風格與特色，透過系列的廣告、公關活動或公共報導來營造餐廳的良好形象。其中最重要的是文宣資料及開幕促銷活動。

1. 文宣工作。餐廳開幕所需的廣告文宣，需有餐廳的基本資料，如地址、電話、傳眞、營業時間、座位數及公休日等，以及餐廳產品組合的特色介紹。
2. 文宣品的印製，如店卡、廣告傳單、面紙、菜單、布條及旗幟等。廣告文宣品的設計，須考量創意特色、文字圖樣、顏色調配及尺寸規格等。
3. 文宣工作除了上述各項外，尙包括利用網路或網站來提供相關資訊給消費族群，如店的基本資料、店景、菜單、位置圖、折價券或各種促銷活動（**圖5-6**），以提高快速的曝光率。
4. 開幕促銷活動，可聘請社會名流或知名影歌星前來剪綵或參加開幕促銷活動，以吸引人潮。此外，也可運用開幕期間贈送折價優惠券。
5. 折價優惠券的設計，須遵循下列原則：
   (1)優惠金額比例爲消費滿500元可折抵100元或150元，此比例可兼顧營運成本及顧客感受。
   (2)使用期限爲一至三個月。
   (3)折價優惠券須作回收統計分析。假設三個月後，回收率高達五成，

圖5-6　餐廳促銷活動贈品

　　乃表示開幕促銷成功，產品受歡迎；若回收低於三成，則表示促銷活動反應不佳；至於回收率在三至五成之間，均算正常範圍。

(九)編製開店工作時程進度表

1.餐廳創業三部曲的三大階段，均須編列進度表加以控管，以利餐廳創業工作能如期完成。由於第一階段各項費用成本尚未產生，因此其作業時程可較寬列，但進入正式籌備的第二階段，即須嚴加控管工作進度，否則若因某些因素將該階段的重要工作延擱下來，勢必造成第三階段的繁重負擔。除非延後正式開幕時間，否則必定會造成亂象而破壞餐廳形象，甚至窘境醜態百出，流露出敗象。

2.餐廳開店工作進度表的格式，其範例如表5-2。

二、餐廳籌備階段應注意事項

　　餐廳籌備階段應注意事項，計有下列幾項：

表5-2　開店工作進度表

| 階段 | 工作項目 | 工作時程 | | | | | | | | | | | |
|---|---|---|---|---|---|---|---|---|---|---|---|---|---|
| | | 一月 | 二月 | 三月 | 四月 | 五月 | 六月 | 七月 | 八月 | 九月 | 十月 | 十一月 | 十二月 |
| 第一階段 | 市場調查分析 | →| → | | | | | | | | | | |
| | 餐廳型態產品定位 | → | → | | | | | | | | | | |
| | 餐廳格局規劃 | → | | | → | | | | | | | | |
| | 店址確定完成簽約 | → | | | | | → | | | | | | |
| 第二階段 | 餐廳產品組合定價 | | | | | → | | → | | | | | |
| | 格局設計藍圖確定 | | | | | → | | → | | | | | |
| | 木作泥作工程發包 | | | | | | → | | → | | | | |
| | 生財器具設備採購 | | | | | | → | | | → | | | |
| | 營利事業登記 | | | | | | → | → | | | | | |
| | 銀行開戶 | | | | | | | → | | → | | | |
| | 內部作業訂定 | | | | | | | → | | → | | | |
| | 員工招募教育訓練 | | | | | | | | → | → | | | |
| | 消防安檢申請 | | | | | | | | → | | → | | |
| | 開幕活動籌備 | | | | | | | | | | → | → | |
| 第三階段 | 開幕營運 | | | | | | | | | | | | → |

1. 餐廳籌備階段最重要的是，務必依據開店工作進度表所列工作項目的作業時程加以控管，以確保施工品質及各項作業能順序如期完成。

2. 設備、生財器具及各項備品的採購須配合餐廳實際產銷及產品組合定位，以力求一致性水準。

3.員工招募及教育訓練，務必在餐廳正式營運前三個月內完成，以確保優質的人力資源。

4.為提升餐飲企業在市場的知名度，本階段須加強良好公共關係，如新聞媒體、社區民眾及社會相關壓力團體。

5.開幕營運前一週，務須完成各項設備的安裝、測試或運轉，以瞭解設備安裝是否妥適，水電配置是否理想。若未經一至二天的試運轉，將難以檢測出是否有瑕疵，水壓、電壓是否足夠，屆時正式營運可能會發生漏水、漏電或跳電的窘境與困擾。

## 第四節　餐廳創業規劃三部曲㈢：開幕營運

開幕營運階段為餐廳創業規劃的最後階段，也是餐廳未來營運能否順暢運作的黃金關鍵時期。此階段的重點工作及其應特別注意的事項，將在本節予以詳述。

### 一、開幕營運階段的重點工作

所謂「餐廳開幕營運階段」，係指自餐廳開幕試賣當天開始，一直到開幕後半年的期間而言。此階段的主要重點工作，分述如後：

#### (一)加強產品行銷，提升餐廳品牌形象

**◆加強產品服務組合的特色及差異化行銷**

餐廳應將本身產品組合的特色，運用各種推廣工具，例如：廣告、公共報導、公共關係、促銷活動及銷售人員等管道，將餐廳產品的特色，如品質高貴而不貴、最經濟實惠且方便、最有價值及最好的氣氛等，來擴大行銷，並讓好產品主動為餐廳招攬客人上門。

**◆加強服務人員的銷售技巧**

語云：「沒有賣不出去的產品，只有不會賣的銷售人員。」事實上，餐廳

圖5-7　服務人員須具備良好的銷售技巧

顧客點叫最多的菜餚，就是店家所推薦的產品。因此，要強化餐飲服務人員的銷售技巧，尤其是如何以「暗示作用」來為客人推介餐飲產品（圖5-7）。

◆建立顧客基本盤

　　餐廳須設法要求其服務人員加強與顧客間的良好互動關係，以取得顧客的信賴及認同。顧客滿意度愈高，對餐廳的忠誠度也較高。

◆提升餐廳品牌形象，善用品牌行銷

　　餐廳品牌定位須明確，如高價位、中價位或平價的餐廳，再輔以餐廳的特色及一致性水準的服務品質，來提升餐廳形象。

◆提供產品利誘促銷

　　發行預付折扣券來爭取客源市場，藉以達到集客的目的。

(二)顧客滿意度的調查分析研究

　　1.運用顧客問卷調查來瞭解顧客對餐廳所提供的產品服務的看法或意見，並予以彙整歸納分析。事實上，「顧客是餐廳最好的免費顧問」，因

此,餐廳須依據顧客的意見忠實反映在其產品服務之創新改良上,藉以創造殺手級的特色產品組合。

2. 顧客對餐廳最大的懲罰,就是「永遠不再上門」。因此餐飲管理者務須運用各種方式來瞭解顧客在餐廳用餐的體驗與感受,因為有些顧客不會將其意見據實填寫在「顧客意見調查表」內。此時,餐廳可聘請一些專家打扮成神秘客或假裝成「奧客」來餐廳消費,藉以評估服務人員或領班之態度與能力。

(三)營運資料的建檔列管,並進行差異分析

1. 餐廳營運的相關資料,如各種進貨採購憑證、發貨領料單、庫存盤點表、銷貨憑證、餐廳營收報表及相關財務報表等均須建檔列管。

2. 每週或每月予以定期分析差異原因,並立即採取有效的因應措施,確實做好財務管理及成本控制。

3. 顧客及供應商的基本資料均須建檔存參,尤其是顧客的基本資料須建檔管理。

(四)加強顧客關係管理

所謂「顧客關係管理」(Customer Relationship Management, CRM),係指餐飲業者對其顧客的基本資料運用,不僅只是供作寄DM或生日賀卡而已,最重要的是去瞭解顧客來店消費的習性、消費的金額、喜歡或不喜歡的產品,並藉以聚焦強化人氣利潤商品,調整改良或汰換滯銷產品,期以滿足顧客需求,並增加來店消費金額及次數。

二、開幕營運階段應注意事項

餐廳在開幕營運階段,須特別注意下列幾點:

1. 珍惜每位來店的顧客,須設法留住顧客,使其成為常客,再轉為忠實顧客而為餐廳做最佳口碑行銷。

2. 人氣會吸引人氣，顧客總是喜歡光顧人潮多的餐廳。因此，生意好的餐廳，會愈來愈好；反之，生意差者將會越來越差，最後難逃歇業倒閉之厄運。

3. 餐廳創業的歷程，就是一種不斷面對問題、發掘問題及有效解決問題的歷程。餐廳創業成敗的關鍵時刻，乃在是否能積極把握「餐廳創業黃金期」——開店後的前半年。

4. 餐廳創業者若能在開店後三至六個月，使餐廳營運達到損益平衡點時，將能再開店一年；若能累積一年的顧客基本盤，就能再延續開三年；若能在三年內不斷研發創新改良，並推出創意人氣產品時，不僅能打響餐廳品牌，更能邁向永續經營之道。

5. 餐廳創業者不要抱怨景氣不好，客人不上門，因為仍有許多餐廳生意興隆人潮如錢潮。此時絕不可以情緒化來處理問題，必須冷靜下來思索「為何客人不上門？」。

6. 餐廳顧客不願意上門消費的原因，可歸納為下列幾個原因：

   (1)餐廳的基本功問題，即「乾淨、衛生、服務」，此為餐廳存在的基本要件（**圖5-8**）。例如：廁所髒亂、地板油垢滿地、桌椅零亂、服

**圖5-8　乾淨、衛生、服務為餐廳存在要件**

務人員冷漠或欠缺基本專業接待技巧等。

(2)未能提供顧客迅速、方便的服務。例如：點菜、上菜、結帳等基本服務作業欠缺效率，而令客人枯坐或枯站久候。業者務須瞭解客人最厭煩的事，就是令其久候或無效率的服務。

(3)產品欠缺特色，未能符合顧客喜好及需求。若餐廳商品欠缺吸引力，或未能經常研發創新不同口味的產品組合，客人將會逐漸不告而別，因為顧客對於餐飲產品有一種「喜新厭舊」的心態。

(4)產品價格未能為顧客所接受，即顧客無法得到最基本的等值服務。餐廳的定價最好由顧客來參與產品的定價，唯有顧客願意接受或樂於接受的價格，始具意義。

7.餐廳的本質在銷售服務，並從中賺取利潤，因此餐廳創業後，須特別注意餐廳自採購、進貨、倉儲、生產製備與銷售服務等整體作業之規劃及其產值效益。易言之，餐廳創業者須重視每一坪營業空間所創造的產值，即所謂的「坪效」。餐廳經營者須極力設法來提高餐廳的坪效，以創造更大的營運績效。有關坪效的計算公式如下：

$$坪效 = \frac{營業額}{坪數}$$

 ## 第五節　餐廳創業營運企劃書

　　餐廳創業之前，凡事要慎始，謀定而後動，因此在創業的前置準備階段務須考慮周詳，否則一經啟動，若發現不對均會造成財務損失。創業不僅需要智慧、毅力，更需要有一份書面的資料來作為創業的藍本。創業前最重要的書面資料首推創業營運企劃書。謹將創業營運企劃書的撰寫及格式架構，予以摘介如下：

## 一、餐廳創業營運企劃書的撰寫

餐廳創業營運企劃書的主要內容計有：摘要、餐廳簡介、市場分析、營運模式、財務計畫及附錄等六項。

### (一)摘要

摘要的內容係將本企劃書的內文予以濃縮而成，或加以總整理其要點，其目的乃便於閱讀此資料者，能清楚本企劃案的重點。摘要內文約一頁A4版面之篇幅即可，不宜太多。

### (二)餐廳簡介

餐飲企業組織簡介，其重點在介紹餐飲企業的創業理念、營運目標、企業組織文化、企業使命、工作團隊特色，以及餐飲企業各項重要創業資源，其篇幅約一至二頁。

### (三)市場分析

市場分析內容較多，其所需篇幅約四至五頁，摘述如下：

◆**外部環境分析**

係指針對餐飲產業外部經營環境，如社會、科技、經濟、政治等營運環境分析，即行銷學所謂的STEP分析，以及五力競爭分析。所謂「五力」，係指同業的競爭力、潛在的競爭者、替代性商品的威脅、消費者的議價能力，以及供應商的議價能力等五種競爭壓力或威脅而言。

◆**內部環境分析**

係指針對餐飲組織現有的人力、物力、財力等各項營運資源的自我檢視分析。

◆**立地商圈分析**

係針對店址所在地的商圈進行分析，尤其是餐廳店址方圓500公尺內的市

**圖5-9　餐廳店址須考量其立地環境**

場環境須特別強化其市場狀況（**圖5-9**）。

## (四)營運模式

　　營運模式的主要內容計有：餐廳型態、產品組合特色、經營方式，以及企業發展策略含行銷策略等重點特色說明。營運模式之重點訴求乃在展現餐廳營運的優越能力及餐飲產品服務的特色魅力，其所需內文的篇幅大約二頁左右。

## (五)財務計畫

　　餐廳財務規劃，係始於創業所需資金的籌措、資金來源、資金的配置運用，以及將來正式開幕營運收入的預估等而言。因此，一份創業財務計畫，須包括下列三項，其內文所占篇幅約二頁。

### ◆資金來源

　　如自資、銀行貸款或股東入股等資金籌措的方式。

◆資金配置

創業資金的分配，務須遵循「黃金比例六三一」的原則。

1. 開辦成本（60%）：係指餐廳自創業規劃始，至開幕營運日止，此期間所投資花費的成本。例如：押金、裝潢、採購生財器具設備、物料及備品等費用均屬之。餐廳所有的生財器具、裝潢或設備之採購，其材質或等級要符合餐廳產品服務的定位，否則這些採購品買進時是金是銀，賣出時則變成是銅是鐵。此部分成本的投入宜特別謹慎，並需嚴加控管各項進貨成本。

2. 營運費用（30%）：餐廳創業者往往過於樂觀而未事先保留此筆營運所需的各項成本，如薪資成本、物料成本及費用成本。一般餐廳創業前三個月可能由於客源不穩或知名度不夠而處於虧損期。如果欠缺此筆資金，可能會遭遇財務困境。

3. 準備金（10%）：餐廳創業的歷程十分辛苦，須面臨各種外在環境的挑戰，即便事前再周詳的考量，計畫永遠跟不上變化。所以創業時，須預留一筆「準備金」，以應不時之需。例如：餐廳創業時原本預估僅需一部冷凍冷藏冰箱即夠用，但經實際營運後卻發現需再增購二部始夠用，此時即需動用此筆緊急準備金，以解燃眉之急。

◆預估營收

餐廳營運收入的多寡，涉及餐廳座位數及平均客單價的高低而定。餐廳若想提高營業收入，務必要設法提高餐廳平均客單價及翻檯率（Turnover Rate），因此餐飲管理者須加強餐飲服務人員的銷售技巧及專精服務技能，透過快速有效率的供食服務來提高翻檯率，再經由適切、技巧性地為客人推薦高利潤的強勢餐飲產品或飲料，以提升每位顧客的平均消費金額，即平均客單價。餐廳客單價、翻檯率及營運收入公式如下：

1. 客單價 $= \dfrac{銷售總收入}{來客數}$

2. 翻檯率 $= \dfrac{用餐總人數}{座位數} \times 100\%$

3.每日營運收入＝日平均客單價×座位數×翻檯率×客滿係數（0.7）

(六)附錄

舉凡對餐廳創業有助益的相關文獻、新聞報導，或未來餐飲產業發展趨勢分析等均可列入作為附錄參考。其篇幅約二至三頁左右。

## 二、餐廳創業營運企劃書格式範例

### 1.封面格式

揚智美食餐廳

創業營運企劃書

企劃者：○○○

中華民國101年10月

### 2.目錄格式

**目錄**

## 一、解釋名詞

| | |
|---|---|
| 1.QSCV | 6.企業文化 |
| 2.三S | 7.五力分析 |
| 3.Front of the House | 8.黃金比例 |
| 4.CRM | 9.客單價 |
| 5.Turnover Rate | 10.坪效 |

## 二、問答題

1.餐廳創業者在開店之前，應有哪些心理上的準備及正確的思維呢？試申述之。

2.你認為餐廳創業所需的資金該如何來有效配置較為理想呢？為什麼？

3.你認為一位餐飲經營者須具備何種使命感，始能將餐廳帶往永續發展之道？

4.餐廳創業三部曲，係指何者而言？試摘述之。

5.餐廳創業前準備階段工作很多，請列舉其要摘述之。

6.餐廳地點的選擇須考慮的要素有哪些？試述之。

7.餐廳若以頂讓方式來取得經營權時，須考慮哪些潛在的風險？

8.如果你想開一家「低價位，停留長」的餐廳，請問你將會如何來規劃呢？請就地點、服務方式及裝潢來說明。

9.餐廳品牌名稱命名時，須考量的因素有哪些？試述之。

10.餐廳開店準備階段應注意的事項有哪些？

11.餐廳開店所需的菜單，其設計規劃須考慮的事項有哪些？試述之。

12.餐廳產品的定價方式有多種，你認為哪一種方式最理想？為什麼？

13.一份適宜的餐廳格局設計圖須符合哪些要件？試述之。

14.餐廳所需營利事業登記及統一發票，該如何來申辦？試述之。

15.如果你是餐廳創業者，你將會如何來籌備餐廳開幕試賣活動呢？試申述之。

16.餐廳籌備階段應注意的事項有哪些？試摘述之。

17.你認為餐廳開幕營運階段，須特別注意的事項有哪些？請列舉之。

18.何謂「Customer Relationship Management」？試申述之。

19.餐廳創業後不久，發現顧客不願再上門消費，請問其原因何在？

20.請試擬一份餐廳創業營運企劃案。

Chapter

6

餐廳格局規劃設計

單元學習目標

- 瞭解餐廳格局設計的基本概念
- 瞭解餐廳用餐區桌椅空間的配置要領
- 瞭解廚房格局規劃的方法
- 瞭解倉儲區規劃的要領
- 瞭解冷凍冷藏庫的購置原則
- 培養餐廳格局規劃的能力

餐廳之格局設計方法很多，每家餐廳所設計的樣式並不一樣，主要是因為每家餐廳營業性質、對象、餐食內容均不盡相同，所需設備亦異，因此針對以上需要所作之格局設計當然也不同。不論哪一種餐廳，在投資興建時，應以高度判斷力去確定餐廳營業場所、廚房及倉庫所需之面積、規模以及設備種類。尤須注意服務動線的合理化、廚房作業動線的組織化、廚房與倉庫間之距離，彼此聯絡是否方便。此外，倉庫與儲藏架之設計是否注意到人體工學原理，諸如此類，在當初規劃時均須充分考慮周全，以免因事前思慮欠周詳，以致造成許多日後營運之困擾。

# 第一節　餐廳的格局設計

餐廳的格局設計，最重要的是展現餐飲組織文化精神與餐飲企業的風格特色。為使餐廳將來營運能順暢並發揮其特色，則有賴完善的周詳格局規劃，始能竟功。

## 一、餐廳外場的空間配置

無論餐廳的型態或規模大小，其外場空間的配置均須考量下列分區的利用：

1.接待大廳、玄關（Lounge）。
2.等候區（Waiting Area）（圖6-1）。
3.用餐區（Dining Room）。
4.衣帽間（Cloak Room）。
5.客用廁所（Toilet）。

## 二、餐廳格局規劃應考量的因素

為確保餐廳能發揮企業文化的特色，並能營造獨特的風格及有效率的產

**圖6-1　餐廳等候區**

銷系統，在規劃前需與專業設計師共同研商，並應考量下列重要因素：

1. 需先考量餐廳營運主題、經營方式、營運對象、餐食內容、服務方式及市場定位。
2. 依據餐廳營運需求來確定所需空間大小、重視動線規劃及人體工學，以滿足顧客用餐體驗為前提來進行規劃設計。
3. 餐廳格局及設施，須符合政府法令規定，如消防法、環保法、食品衛生管理法等法令規章。
4. 須配合時代潮流，並考量餐廳未來發展之需求。
5. 餐廳規劃所需投入的裝潢、採購物料設備及生財器具，其總金額務必要控管在創業總資金60%以內，否則將會造成餐廳財務上的壓力。

## 三、餐廳格局規劃設計的基本原則

餐廳格局規劃，最重要的是動線規劃須順暢，並能有效營造空間特色，發揮其最大的坪效。謹就餐廳格局規劃設計的基本原則，說明如下：

## (一)注意正門設計要便於進出

餐廳正門設計要便於客人進出，儘量將進出孔道動線分開，門口宜保有相當空間或便於停車。

## (二)縮短餐廳用餐區與烹調區間之距離

餐廳動線如縮短用餐區與烹飪區間之距離，不但可節省服務人員往返時間，同時可避免餐食走味、人員體力浪費，並可提高餐桌之翻檯率。

## (三)儘量將工作有關部門規劃在同一樓面

餐廳供餐時間有限，且客人不喜歡久候，在時效之爭取甚為重要，若規劃在同一樓面，可節省時間、作業方便，並可提升工作效率與生產力。

## (四)生產工作及作業區須留相當的空間

餐廳規劃時，避免空間太擁擠而影響營運品質，如餐廳桌椅其座位並非規劃愈多愈好，而需考量進出動線是否順暢。

## (五)完善有效率的餐廳動線流程

餐廳在設計時最重要的一點乃「動線」之規劃，因此餐廳進出通道須分開；員工與顧客動線進出要區隔；人與物進出也須分開規劃；上菜與撤席路徑須不同路線，絕對避免交錯現象（圖6-2）。

## (六)物品進出要流暢，有專設進出口道

餐廳物料及貨物進出需有專設進出孔道，不可與客人進出使用同一通道。

## (七)有效善加運用空間

可有效利用空調、照明、裝潢、飾物、家具，將餐廳空間作最有效運用。

**圖6-2　餐廳服務動線力求順暢**

(八)提供員工良好工作環境

　　員工工作環境舒適與否,將影響其一天的工作情緒高低,因此要注意員工工作場所通風設備、空調系統、照明燈光、生產設備與工具是否完善。此外,須防範噪音之干擾,要有預防、減少噪音之措施。

(九)重視衛生與安全措施

　　餐廳安全衛生須符合政府相關法令,如消防法、都市計畫法、食品衛生管理法。此外,安全衛生也是國外米其林餐廳等級評鑑之基本指標。

四、餐廳桌椅空間的規劃設計

　　餐廳用餐區空間桌椅的規劃類型很多,謹就一般桌邊服務的餐廳空間配置方式,列表說明如下(**表6-1**):

表6-1 桌邊服務餐廳桌椅配置表

| 類型 | 特色 | 圖例 |
|---|---|---|
| 直向型 | 1.餐桌擺設方式係由大門入口朝店內直向排列，適於縱深較長的餐廳。<br>2.服務動線佳，且客人選擇座位入座方便。<br>3.適於大眾化、顧客流動性快及翻檯率高的平價餐廳。 | 入口 |
| 橫向型 | 1.適於店面寬、縱深短的餐廳空間。<br>2.能將空間有效利用，適於講究用餐氣氛、情調品味的高檔法式餐廳。<br>3.缺點為：中間通道的客座易受干擾。 | 入口 |
| 對角型 | 1.餐桌以對角方式擺放，為散布型排列方式。<br>2.較具節省空間，且能提高座位容量之餐桌排列方式，有助於提升服務品質及餐廳層級。<br>3.適於注重顧客隱私，講究服務品質層級的餐廳。 | 入口 |
| 混合型 | 1.係針對餐廳空間及營運需求，綜合上述各類型餐桌之擺設，以發揮最大空間利用效果。<br>2.唯易造成服務動線雜亂、視覺凌亂之缺失。 | 廚 房<br>入口 |

五、桌邊服務式餐廳格局規劃

　　桌邊服務式餐廳格局規劃圖例見**圖6-3**。

六、櫃檯式服務的餐廳格局規劃

　　櫃檯式服務的主要訴求為提供客人快速銷售，所以此類服務方式的餐廳

非常重視櫃檯的設置，以確保餐廳產銷作業流暢。謹就常見幾種櫃檯型態，介紹如下：

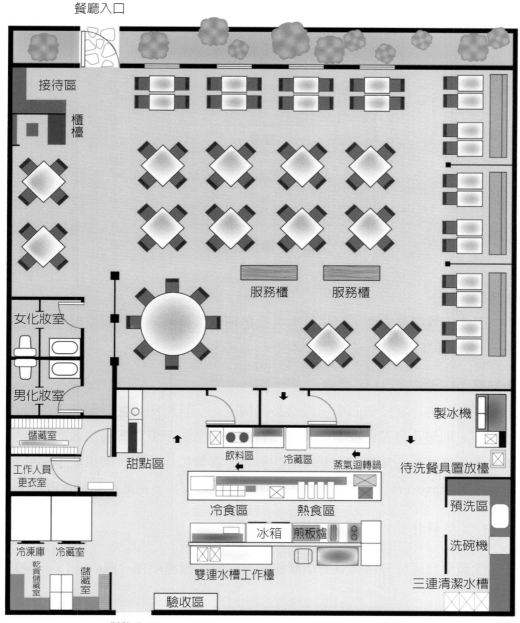

**圖6-3　餐廳格局的設計**

## (一)直線型櫃檯（**Straight Line Counter**）

此類型櫃檯係呈直線型，且與廚房或餐飲製備區成平行排列**圖6-4**。其優缺點如下：

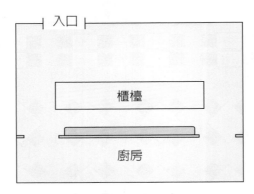

**圖6-4 直線型櫃檯**

◆**優點**

服務人員服務方便，可提供客人最迅速的服務。通常此類型櫃檯之服務員，一人可同時服務十至十二位客人。

◆**缺點**

若餐廳格局屬於店面窄、縱深長的情況，而且廚房或餐飲製備區係設在最後面，則服務員花費在走動的時間將浪費太多，不但影響服務效率、減少銷售量，且容易造成工作人員身心的勞累，影響工作品質。如果能運用輸送帶（**Belt Conveyors**）來運送食物，並送回待洗之餐具，則此缺點將可改善。

## (二)U字型櫃檯（**U-shaped Counter**）

此類型櫃檯可分為獨立彎型櫃檯與系列彎型櫃檯兩種（**圖6-5**）。其優缺點如下：

◆**優點**

能經濟有效地運用餐廳地面空間，而且每個彎型櫃檯可配置一名服務

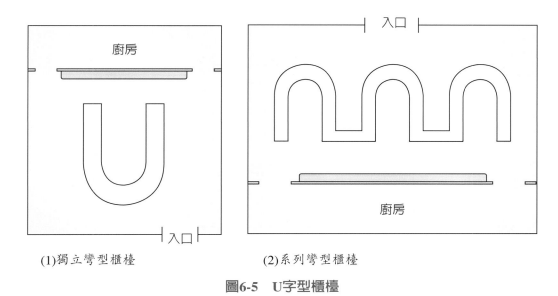

(1)獨立彎型櫃檯　　　　　(2)系列彎型櫃檯

**圖6-5　U字型櫃檯**

員。因此，此類型設計經常運用在咖啡廳、酒吧，以及性質類似的餐飲場所，可滿足客人視覺上之造型變化。

◆**缺點**

若餐廳店面太寬而縱深較短時，則不適宜採用。否則將會徒增服務人員身心勞累，進而影響服務之效率。

## (三)矩型櫃檯（Rectangular Counter）

此類型櫃檯之設計（**圖6-6**），係針對餐廳營運場所之現況不適於採用上述之格局規劃時採用。其優缺點如下：

◆**優點**

吧檯與工作站設在矩型櫃檯正中央，對於服務員供食作業服務較方便。

◆**缺點**

餐廳在客人稀少的離峰營運時段，通常僅由一名服務員輪值，此時服務員將難以同時兼顧分坐兩邊的客人。

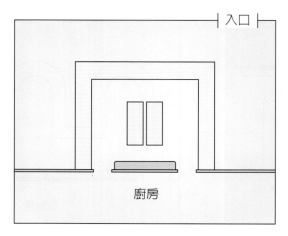

入口

廚房

**圖6-6　矩型櫃檯**

## 七、餐廳空間規劃與動線設計

茲分別就餐廳環境及作業動線的規劃，說明如下：

### (一)餐廳環境的規劃

餐廳環境的規劃列表如**表6-2**。

**表6-2　餐廳環境的規劃**

| 項目＼分區 | 餐廳用餐區 | 廚房製備區 | 冷藏區 | 冷凍區 | 乾貨倉庫 | 日用品倉庫 |
|---|---|---|---|---|---|---|
| 面積 | 占餐廳總面積三分之二以下 | 至少需用餐區面積十分之一以上，觀光旅館廚房占三分之一以上 | 依菜單內容及採購政策而定 | 依實際需求而定，不宜太大 | 依菜單內容、採購政策而定 | 至少需40平方呎（約3.6平方公尺） |
| 溫度 | 20～25℃ | 20～25℃唯空調出風口溫度須16～18℃ | 0～7℃ | －18℃ | 16～24℃ | 16～24℃ |
| 溼度 | 50%～60% | 50%～60% | 75%～85% | 75%～85% | 50%～60% | 50%～60% |
| 照度 | 照明須加防護罩 | 工作場所室內照明至少100米燭光，工作檯面照度須200米燭光以上 | | | | |

# 餐廳色調之研究

　　色彩可分為冷色與暖色等二大色系，也可依其本質結構分為原色、二次色以及中間色等三大類。原色係指紅、黃、藍等三色；二次色是由原色混合而成，如綠色是黃、藍等二原色混合：橙色為紅、黃原色混合而成；紫色為藍、紅原色混合；中間色為原色再與二次色混合而成，如黃橙色。

　　根據研究發現，色彩之亮度會影響消費者之情緒，因而造成其知覺上的不同認知與感覺。例如餐飲業之食物均喜歡以紅、黃等暖色系來呈現其菜餚成品之色調，即在經由色調來刺激顧客之食慾；速食餐廳想要提高其餐桌翻檯率，因此餐廳之色調均以強烈對比色，或明亮的原色如黃、紅、藍，客人通常較不會滯留太久；豪華特色美食餐廳的色調則以暖色系列為主，期以營造愉悅、溫馨、寧靜及浪漫的進餐環境。關於顏色與心理之關係摘介其要供參考：

1.紅色：興奮、緊張和刺激。

2.橙色：愉悅、快活、精力充沛。

3.黃色：愉快、令人振奮、鼓舞、可激發士氣。

4.綠色：平靜安和、令人神清氣爽。

5.藍色：鎮靜、憂鬱。

6.紫色：優雅、高貴、端莊。

7.棕色：心情放鬆。

8.白色：純淨、善良、無邪。

9.黑色：陰鬱、寡歡、不吉利。

(二)餐廳空間動線的規劃

1.客人與服務人員的動線要分開，儘量以直線為佳。

2.管理部門員工與客人進出的動線須分開。

3.物品、材料進出需有專設通道，避免人與物進出共用同一通道。

4.餐廳上菜與撤席之通道須分開；廚房出入口須分別設置如單行道。

5.自助餐上菜通道儘量靠近供餐檯，愈短愈好。不僅可減少人員往返之體力與時間浪費，更可避免餐食溫度變化而變味，且能提升服務效率及翻檯率。

6.餐廳桌與桌間之距離不宜過大或太小，以免影響進出及服務上的困難，最佳桌距為6呎約180公分，至少須140公分以上。一般餐廳的通道寬度如表6-3所示。

表6-3　一般餐廳通道寬度

| 通道 ＼ 餐廳 | 高級餐廳 | 一般餐廳 | 宴會廳 |
|---|---|---|---|
| 主通道 | 54吋<br>（約135公分） | 48吋<br>（120公分） | 48吋<br>（120公分） |
| 服務通道 | 36吋<br>（90公分） | 30吋<br>（75公分） | 24～30吋<br>（60～75公分） |
| 顧客通道 | 18吋<br>（45公分） | 18吋<br>（45公分） | 18吋<br>（45公分） |

 第二節　廚房的格局設計

廚房係烹飪調理生產單位，關於廚房之格局設計必須根據廚房本身實際工作負荷量來設計，依其性質與工作量大小，作為決定所需設備種類、數量之依據，最後才決定擺設位置與地點，務使發揮最大工作效率為原則。以前老式廚房因為當時科技不發達，廚房空調系統不佳，致使整個廚房主要烹飪作業，全部聚集於中央通風罩下，或沿廚房牆邊的通風罩下工作，然而今日這些技術性之障礙與問題均不復存在，因而使得廚房在規劃設計時更具彈性。

## 一、廚房格局設計之類型

廚房格局設計之型式很多，其式樣變化雖多，但最主要有下列四種基本類型，如背對背平行排列、直線式排列、L型排列及面對面平行排列。分述如下：

### (一)背對背平行排列（**Parallel Back-to-Back Arrangement**）

此型式又稱「島嶼式排列」（Island Arrangement），它係將廚房主要烹飪設備以背對背方式擺設，其中間並以一道小牆分隔為前後部分（**圖6-7**）。此型式之特點將廚房主要設備作業區集中，只要將油煙罩抽風排氣系統設計

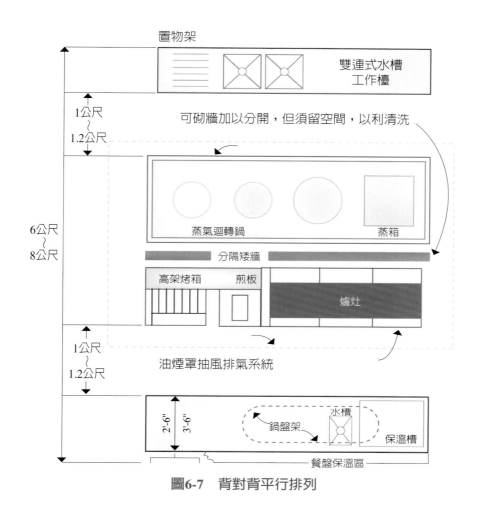

**圖6-7　背對背平行排列**

在作業區上方即可,最經濟方便。此外,它在感覺上能有效控制整個廚房作業程序,並可使用廚房有關單位相互支援密切配合。

## (二)直線式排列(Straight Line Arrangement)

此型式排列之特點,係將廚房主要設備排列成直線,通常均面對著牆壁排成一列,上面有一長條狀之油煙罩抽風排氣系統,與牆面呈直角固定著(**圖6-8**)。此型式適於各種大小餐廳之廚房使用,不論肉類、海鮮類之烹調或煎炒,均適於此型式,操作方便,效率高。

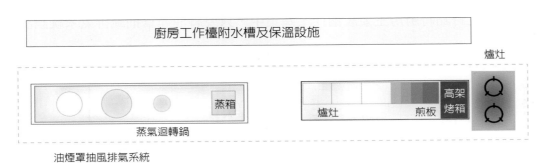

**圖6-8 直線式排列**

## (三)L型排列(Ell-shaped Arrangement)

此型式廚房之設計係在廚房空間不夠大,不能適用於前面兩種型態時採用,它係將盤碟、蒸氣爐部分,自其他主要烹飪區,如冷、熱食品等部分挪成L型(**圖6-9**),此格局設計適用於餐桌服務之餐廳。

## (四)面對面平行排列(Parallel Face-to-Face Arrangement)

所謂面對面平行排列,係指廚房規劃時將烹調設備之安置方向採正面與正面相對的方式擺設,並不是指工作人員面對面。此型式廚房設計,將主要烹調設備面對面橫置整個廚房兩側,它將二張工作檯橫置中央,工作檯之間留有往來交通孔道,此處之烹調及供食方式係不須依一般餐廳烹調直接作業流程操作,它適用於醫院或工廠公司員工供餐之廚房使用(**圖6-10**)。

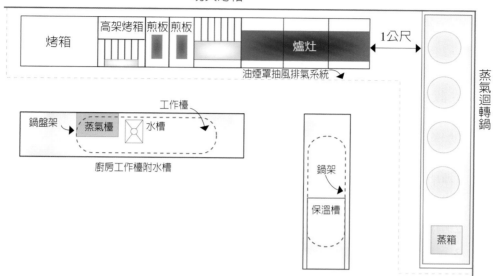

**圖6-9 L型排列**

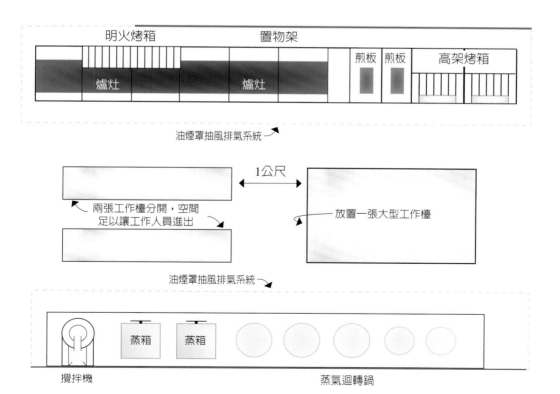

**圖6-10 面對面平行排列**

二、廚房格局設計湏考慮的問題

廚房格局設計須考慮的問題相當多，不過最爲重要的是動線規劃、作業分區、設施設備規劃等因素，茲分述如下：

(一)動線規劃

1.廚房格局要注意動線之流程，以各項設備來控制員工行進通道，務必使進出通道分開，始可避免員工擦肩碰撞情事發生。

2.廚房進貨退貨要有專用通道，絕對嚴禁穿越烹調作業中心區。

3.餐廳與廚房間的出菜與撤席回收動線須分開，以免發生意外。

(二)作業分區

1.廚房格局設計貴在充分有效利用空間，因此務必要整體規劃，分區設計。

2.廚房宜適當分區設計，如冷食區、熱食區、燒烤區、蒸食區、配膳區以及洗滌區等等要妥予劃分，唯基本上須劃分爲下列三大區（**圖6-11**）：

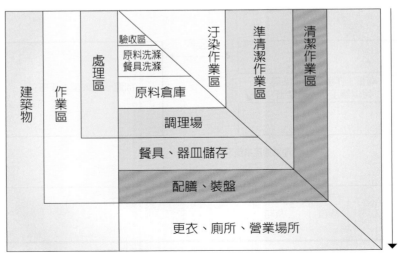

**圖6-11　餐廳廚房作業分區規劃**

(1)清潔作業區：如配膳、裝盤、備餐間。

(2)準清潔作業區：如冷食區、熱食區、燒烤區、蒸食區等烹調作業現場。

(3)汙染作業區：如洗滌區、倉儲區、驗收區。

## (三)設施設備安置須符合人體工學

1.廚房的基本設施或設備的安置，距離廚師操作的距離愈短愈好，能減少工時與人力的浪費。例如工作檯附水槽、爐檯、冰箱三者的位置呈等邊三角形，即所謂的「工作三角形」，此邊長愈短，工作效率愈高，若邊長長度總和為600公分時最理想。

2.廚房設備與設施須考慮人體工學，以免影響工作效率，造成員工不當操作所產生之勞累或意外傷害（圖6-12、圖6-13）。

圖6-12 站立時，正常與最大工作範圍

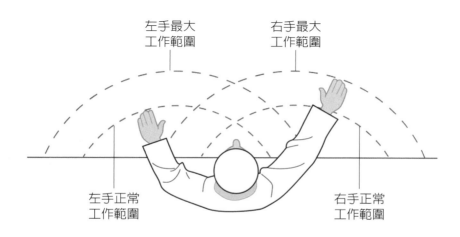

圖6-13 水平最大與正常工作範圍

(四)確保廚房空氣的潔淨

1.廚房須有良好的通風設施與設備,如自然通風(窗戶、天窗)、機械式通風(抽風機、風扇、空調)與局部通風(排氣機、空調)。

2.廚房若採開窗通風,其窗戶總面積至少須占廚房地面總面積六分之一以上,始具通風效果。

3.廚房空調及排油煙機的設置,須能發揮應有的功能,除了確保廚房空氣的潔淨外,更要能使廚房氣壓小於外場的氣壓。易言之,餐廳要保持正壓、高壓環境狀態,始能避免廚房油煙異味流向餐廳,如**圖6-14**。

4.廚房二氧化碳的濃度須低於0.15%以下,以免影響員工身心健康;落菌量每五分鐘不得超過七十個。

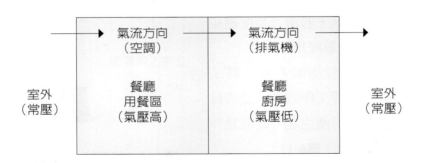

**圖6-14　餐廳廚房氣壓流向圖**

(五)廚房規劃須有理想的面積

1.依我國「食品衛生管理法」之規定:廚房面積至少為餐廳總面積十分之一以上;餐廳營業供餐場所面積與廚房面積的比例最好維持在3:1較理想;因此一般廚房面積應占餐廳總面積四分之一為佳。

2.依我國「觀光旅館建築及設備標準」規定,如**表6-4**之說明。

**表6-4 我國「觀光旅館建築及設備標準」規定**

| 供餐飲場所淨面積 | 廚房（包括備餐室）淨面積 | |
| --- | --- | --- |
| | 國際觀光旅館 | 一般觀光旅館 |
| 1,500平方公尺以下 | 33%以上 | 30%以上 |
| 1,501至2,000平方公尺 | 28%加75平方公尺 | 25%加75平方公尺 |
| 2,001至2,500平方公尺 | 23%加175平方公尺 | 20%加175平方公尺 |
| 2,501平方公尺以上 | 21%加225平方公尺 | |

註：表列百分比係指占餐飲場所淨面積的比例。

## (六)廚房規劃須考量安全衛生

1. 廚房工作場所採光要良好。工作場所之光源須加防護罩，光度宜維持在100米燭光以上。廚房工作檯或料理檯面至少要200米燭光以上。

2. 廚房牆壁與支柱距地面1公尺以內的部分及地面，其建材須考量以不透水、耐酸耐鹼、易清洗且淺色的材質為原則。

3. 廚房要有充分的水源及良好的排水系統。水溝至少寬度20公分、深度10公分以上，且其溝底呈圓弧狀，略有1.5/100～2/100公分斜度，以防積水。

4. 廚房天花板或樓板應為白色或淺色，表面宜光滑，以防吸附灰塵，最好採用不鏽鋼的天花板效益最佳，不但清洗拆卸方便，且能防火。唯天花板高度不宜太低，至少須2.4公尺以上高度。

5. 廚房出入口、門窗要有防範病媒入侵的設備，如紗門、紗窗、空氣簾、塑膠簾以及捕蟲燈等設施。至於水溝最好採用可防蟲鼠入侵的水封式水溝或加裝濾網。

6. 廚房廁所的位置，至少須遠離廚房作業區3公尺以上；業者若使用地下水源者，其化糞池管線須遠離地下水源15公尺以上，以防汙染廚房之衛生。

 ## 第三節　倉儲區的規劃設計

倉儲之主要目的，是為儲存適當數量的食品物料，以供餐飲業銷售營運之需，並可藉以有效保管維護物料，以防不必要之損失。所以倉儲區之規劃，首先應考慮其建倉庫之目的與用途，其次考慮應該設置於何處，最後再選擇適當理想之倉儲設備，如儲存物架、冷凍冷藏設備等問題。

### 一、倉庫設計的基本原則

倉庫設計應遵循的基本原則，主要有下列幾項：

1.首先確定建倉庫之目的與用途，分別作不同之設計，並估計其預期之效果。
2.選擇倉庫場地，必須先排除各種不利因素，配合將來發展之設計。最理想的倉儲地點，宜在靠近驗收處又鄰近食物調理區或操作區。
3.適當規劃倉庫之布置與儲存物架排列。
4.必須考慮到儲存物料的種類與數量，以及使用單位的需求。
5.注意物料之進出與搬運作業之動線規劃。
6.考慮物料在倉庫內之動線與機械化操作之需求。

### 二、倉儲設施之選擇

現代化倉儲設施種類很多，但具有代表性者不外乎乾貨儲藏庫、日用補給品儲藏庫等兩種。茲分述如下：

### (一)乾貨儲藏庫

乾貨儲藏庫設計時，應考慮下列幾項原則：

1.儲藏庫必須要具備防範老鼠、蟑螂、蒼蠅等設施。

2.餐廳或廚房之水管或蒸氣管線路避免穿越此區域。若是無法避免，則必須施以絕緣處理，務使該管路不會漏水及散熱。

3.倉庫一般高以4～7呎之間為標準，約120～210公分高。

4.乾貨儲藏庫須設有各式存放棚架，如不鏽鋼棚架或網架。所有儲存物品不可直接放置地板上，各種存物架之底層距地面至少20公分高。

5.各種儲藏庫面積之大小，乃視餐飲業本身採購政策、餐廳菜單以及物品運送補給時間等因素來作決定。

6.乾貨儲藏量最好以四至七天為標準庫存量，因倉庫太大或庫存量過多，不但造成浪費，且易形成資金閒置與增加管理困難。根據統計分析，每月倉庫耗損費用約為儲藏物品總值的0.5％，其中包含利息、運費、食品損失等項在內。

## (二)日用補給品儲藏庫

目前各旅館或獨立餐廳，對於文具、清潔用品、餐具、飾物之需求量相當大，通常基於安全與衛生之觀點，將這些日用補給品另設置一儲藏庫加以分類儲存，以免一時疏忽，誤用肥皂粉、清潔劑、殺蟲劑或其他酷似食品之化學藥劑。同時將食物與日用品分開保存，也可預防因化學藥品之汙染導致食品變質。

日用補給品儲藏庫之面積最少要40平方呎（約3.6平方公尺），最大面積則須視企業營運或餐廳供食餐份數量多寡而定，即每百份餐食需1平方呎（約0.1平方公尺）之儲藏面積，不過這也只是僅供參考而已，大部分仍須視實際業務需要與所需日用品款式而定。舉例來說，若是餐點外帶餐廳或汽車餐廳，則所需紙質材料或貨品數量，會較其他類型服務的餐廳要消耗得多，當然此類餐廳的補給品倉庫所需面積也就要更大一些了。

## 三、倉庫儲物架設計應注意的事項

倉儲區儲物架的設計，除了考慮其材質結構外，尚須考量工作人員搬運清點的便利性與安全性。謹分述如下：

1.儲物架最上層之高度不可超過76吋（約193公分），大部分均在72吋

（約183公分）以下，在我國倉庫棚架平均高度約2公尺（**圖6-15**）。

**圖6-15　存放架**

2. 儲物架之深度應有45～50公分，上下層間隔距離至少35公分。此高度適宜放置一般物品。

3. 儲物架距離倉庫牆面應有5公分間距，以保持良好通風。

4. 倉庫儲存物絕不可以直接放置地面，須存放在高於地面20公分以上之平台上，貨物堆積高度不可超過200公分。

5. 倉庫儲存架最好部分裝置腳輪，不但搬運方便且易於移動清洗。

6. 儲存棚架若高於視平線，每層檯面最好使用鐵網型之開放棚架，同時網架宜朝前微傾斜，以利尋找及搬運。

7. 棚架底層與上層間隔若有90公分高，則最適宜儲放大型湯桶或大袋包裝之食品原料，如砂糖、麵粉或馬鈴薯。同時也方便倉庫搬運人員裝卸貨品，不必彎腰操作。

8. 經常使用之庫存品其擺放高度，以距離地面約70～140公分高最為理想，至於較重之貨物應擺在接近入口處之下層棚架上。

## 四、冷凍與冷藏庫設施

冷凍與冷藏設施已成為現代廚房極重要之設備，不論哪一類型之餐廳廚房，絕對不可缺少它。為使食物有良好冷藏效果、不易變質或腐敗，同時增加餐廳廚房生產量及菜單供餐項目，則必須有良好的冷凍冷藏設施才可。

### (一)冷凍冷藏庫的種類

冷凍冷藏庫主要可分為下列五大類，分述如下：

### ◆走入式冷凍冷藏庫（Walk-in Refrigerator）

此型冷凍冷藏庫是所有廚房冷藏設備中最大的，其空間甚大，如同一倉

庫，可以直接將貨櫃整個置放於內，因此又稱「大型冷凍冷藏室」。此冷凍冷藏庫在使用上甚方便，且富彈性多變化，因而深受各大飯店餐廳所普遍採用。

### ◆手入式冷凍冷藏庫（Reach-in Refrigerator）

手入式冷凍冷藏庫為最早期之冷藏設備，其大小正適合於人手伸入取置物品。它係以不鏽鋼或鋁合金製成，庫內設有一具風扇藉以攪拌室內空氣，使冷氣可以對流，以達冷藏之效果，如六門式冰箱或四門式冰箱。

### ◆推入式冷凍冷藏庫（Roll-in Refrigerator）

係將手入式冷藏庫改裝而成，這是一種落地式無底層之冰庫，其特色是可將裝滿食物手推車直接連同車與食品一起推入庫中冷藏，因此稱之為「推入式冷凍冷藏庫」。它的主要用途是作為儲存一些須冷藏之原料、成品或半成品，以備餐廳尖峰營業時間所需。

### ◆雙面傳遞式冷藏庫（Pass-through Refrigerator）

此型冷藏設備大部分設置在餐廳與供食區之中間位置，並可作為隔間設施。此型式冷藏庫可節省大量人力與時間，同時可提供顧客迅速便捷之服務。

### ◆陳列展示冰箱（Display Cabinet）

此型冰箱大部分均使用於餐廳服務區或蘇打房為多，可供冷藏使用。它平常係以二層或三層玻璃覆蓋其上，或以真空雙層式玻璃為門扇，緊閉展示櫥櫃，以防冷氣外流。

## (二)選擇冷凍冷藏設施須考慮的因素

1. 業者在決定購買冷凍冷藏庫時，必須先考慮其餐廳之菜單所需食物數量及標準儲存量大小，來決定選購冷凍冷藏庫之大小。
2. 冷凍冷藏庫之性能以操作簡單、方便、選擇性大及適用性高為原則。
3. 須以省電、售後服務良好、零件補給充裕及價格合理為要件。
4. 設置冷凍冷藏庫之場地不宜過大，避免浪費空間。
5. 建築冷凍設備經費低廉，維護費也較少。
6. 冷凍冷藏力要強，冷藏效果大為佳。
7. 需有溫度及溼度指示器、電源指示燈、安全鎖與示警鈴等配件，以確保冷凍冷藏庫之安全。

## 一、解釋名詞

1. Straight Line Counter
2. Island Arrangement
3. Parallel Face-to-Face Arrangement
4. Walk-in Refrigerator
5. Display Cabinet

6. L型排列
7. 直線式排列
8. 工作三角形
9. 標準庫存量
10. 機械式通風

## 二、問答題

1. 為營造餐廳獨特的風格，在規劃格局設計圖之前須先考量哪些要素？

2. 餐廳格局規劃設計應遵循的基本原則有哪些？試摘述之。

3. 餐廳桌椅空間的規劃，可分為哪幾種類型？其中以哪一種型態最適宜大眾化平價餐廳呢？

4. 櫃檯式服務的餐廳，其格局規劃的型態以哪一種最具造型美感之變化？

5. 餐廳用餐區與廚房面積空間之配置，須考量的因素很多，唯以哪一項為最重要？為什麼？

6. 廚房格局設計須考量作業分區，你認為廚房作業空間該如何規劃較理想呢？試摘述之。

7. 餐廳動線規劃你認為應考量哪些因素，始能提升服務效率？

8. 為避免廚房油煙流入餐廳用餐區，請問你將會採取何種有效的措施？試述之。

9. 試列舉兩項有關廚房安全衛生須考量的問題，期以確保廚房工作場所的安全。

10. 餐廳倉儲區設計時，須考量哪些基本原則？試述之。

11. 倉庫儲物架的設計，應注意事項有哪些？試列舉三項說明之。

12. 冷凍冷藏庫選購時須考量哪些因素？試述之。

# 餐廳菜單的規劃設計

## 單元學習目標

- 瞭解餐廳菜單的意義及類別
- 瞭解菜單工程及菜單設計原則
- 瞭解中式與西式菜單的結構
- 瞭解餐廳飲料單與酒單的結構
- 瞭解菜單、飲料單及酒單的定價策略
- 培養良好的菜單設計能力

　　菜單是餐廳最重要的商品目錄，而非僅是一張價目表而已，它是位無言又有個性的推銷者，也是餐廳整體形象之表徵，同時也是餐飲企業經營管理的基石。因此，菜單設計的良窳將影響整個餐飲企業銷售量之高低、成本與利潤之消長，甚至關係到整個營運之成敗，其重要性則不言而喻。

# 第一節　菜單的基本概念

　　餐廳經營的三大要素為人、商品及氣氛。餐廳的核心產品為美食佳餚，其商品目錄就是菜單。事實上，菜單不僅是餐廳的商品目錄或價目表，同時也扮演著餐廳與顧客互動溝通的一種橋樑與有利行銷工具的雙重角色。

## 一、菜單的起源

　　西式菜單之緣起，可追溯自中古歐洲王公貴族為彰顯其社經地位而製作的宴會食譜，後來才傳入民間，而民間餐飲業者將其引用並製成商業用的菜單，首推十九世紀末法國的巴黎遜（Parisian）餐廳。

　　至於中式菜單之緣起，最早有文獻記載首推《呂氏春秋》卷十四的〈本位篇〉，提出一份食單描述商湯時期之天下美食。唐代的《食譜》、《茶經》以及清代袁枚的《隨園食單》，均是當今飲食文化瑰寶。此外，清代乾隆年間的滿漢全席為近代中國之一種盛大宴席，根據清代李斗《揚州畫舫錄》所載全席上百道菜，為中國最早滿漢全席之文獻記載。

## 二、菜單的意義

　　菜單（Menu），是餐廳產品的目錄，也是餐廳最重要的行銷工具。茲分別就菜單的定義與構成要件分述如下：

### (一)菜單的定義

　　所謂菜單係餐廳品牌與形象之表徵，它代表餐廳產品的特色、品質與水

準，不僅是餐廳最重要的商品目錄、產品價目表，也是餐廳與顧客互動溝通的重要橋樑與促銷工具（**圖7-1**）。

## (二)菜單構成的條件

一份能彰顯餐廳品牌形象，且能發揮行銷廣告的餐廳菜單，基本上應具備下列要件：

### ◆內容完整，分類明確，依序排列

一份完整的菜單，其內容應包括：

1. 編號：編號可依菜餚屬性、特性依順序編號，並考慮系統性，以利電腦資訊系統的作業。原則上以不超過五碼為準。
2. 品名：菜餚、飲料之名稱要通俗、高雅。
3. 規格：菜餚之分量、大小、特性要加以明示，如十盎司的牛排、半隻鴨等最好明列在菜單上，以免徒增消費者之用餐風險。
4. 食材：菜餚內容之主料、配料、佐料等資訊，也要一併稍加介紹。
5. 烹調方式：如清蒸、燒烤、鹽焗等等烹調方式宜加摘述。

**圖7-1　菜單為餐廳產品目錄及溝通橋樑**

6.價格：定價要明確，除了時令菜餚外，避免僅列「時價」。

7.服務費：通常餐廳均依定價再加收10%的服務費，即使如此，也要明確加以告知是否另外加收服務費。

◆**整潔美觀，易讀易懂，圖文並茂**

一份精緻的菜單，宛如一件藝術品。為滿足顧客之需求，達到餐廳廣告行銷之目標，菜單之內容要簡要明確，圖文並茂，使客人容易瞭解其內涵，因此最好將餐廳產品之圖片與文字並列，例如菜餚實物照片輔以中文與英文或另加日文，則更能滿足觀光客之需求。

## 三、菜單的種類

菜單的種類很多，可因人、事、時、地、物及形式、產品組合與宗教信仰之不同，而有不同分類的菜單，茲摘述如下：

### (一)依人而分

1.兒童菜單（Children Menu）。

2.銀髮族菜單（Senior Menu）。

3.一般菜單（Adult Menu）。

4.觀光客菜單（Tourist Menu）。

### (二)依事而分

1.生日菜單（Birthday Menu）。

2.婚宴菜單（Wedding Menu）。

3.喜慶菜單（Celebration Menu）。

4.其他。

## (三)依時而分

**◆本日特餐菜單**（Today's Special／du jour menus）

此菜單僅列出當天特別提供的佳餚菜色作為訴求重點。

**◆循環菜單**（Cycle Menu）

循環菜單另稱「週期菜單」，通常每隔一段時間，如每隔一週，便會重複循環的菜單，此類菜單較受學校、機關團體所附設之餐廳喜愛採用，其優點為：

1.適於運用標準食譜來進行控管成本與品質。
2.可降低餐廳廚房的人事勞務成本。
3.便於分析調整顧客喜愛的菜餚。

至於其缺點為：

1.循環週期若太短，容易使顧客感到菜色單調、重複出現頻率太高。
2.循環週期若太長，則容易產生原料採購及倉儲的管理問題。

**◆季節性菜單**（Season Menu）

此類菜單專門以提供節令生鮮食材為號召。

**◆固定菜單**（Fixed Menu）

此類菜單為目前大部分餐廳所採用。通常其菜單均固定，除了少部分菜色增減外，大致上變動不大。

**◆早餐菜單**（Breakfast Menu）

1.美式早餐（American Breakfast）：開胃品、麵包、穀類、肉類（火腿、培根、香腸）、蛋類（煮、煎、炒）、飲料（咖啡、茶）。
2.歐式早餐（Continental Breakfast）：歐式早餐較簡便，只有麵包、果汁、燕麥粥及飲料，不供應蛋及肉類。

**◆早午餐菜單**（Brunch Menu）

此類菜單在歐洲較盛行，主要原因為歐洲地區人們生活習慣較晚起床，

因此較喜歡此類型餐廳之菜單。目前國內的港式飲茶即屬於此類型菜單。

### ◆午餐菜單（Lunch Menu）

此類菜單因受限於午餐用餐時間較短，因此均以供食迅速、售價合理的商業午餐為主，如客飯、定食、速食品等產品為菜單重點內容。

### ◆下午茶菜單（Afternoon Tea Menu）

此類菜單係以飲料、點心或蛋糕、水果為主（**圖7-2**）。有些餐廳的下午茶係以歐式自助餐方式供食，其菜色相當豐富。

### ◆晚餐菜單（Dinner Menu）

此類菜單是最正式、菜餚內容最豐富的一種，足以代表該餐廳營運特色及企業形象之菜單。

### ◆宵夜菜單（Supper Menu）

宵夜在歐美習俗上是很正式、隆重，其菜色之多與晚餐不相上下，此類宵夜在台灣則是一種較簡便的小吃、餐食，此乃國情習慣之文化差異。

**圖7-2　英式下午茶**

## (四)依地而分

### ◆空廚菜單（Flight Menu）

此類菜單係專供航空公司飛機上乘客所使用的菜單，其菜色較固定，可供選擇的機會較少。

### ◆客房餐飲服務菜單（Room Service Menu）

此類菜單一般以早餐最多。菜餚內容有限，以較簡便能快速供食的菜色為主。

### ◆外帶菜單（Take Out Menu）

此類菜單以速食餐廳或餐盒業餐廳最常使用。

### ◆風味特色菜單（Special Menu）

此類菜單僅在某特殊地區之餐廳才供應，如山區、海濱地區之餐廳菜單。

### ◆加州菜單（California Menu）

此類菜單因為加州地區而馳名。加州有部分餐廳，客人可以在餐廳營運期間的任何時間點用菜單上所列出的餐飲產品，係一種不分早、中、晚三餐的通用菜單。

## (五)依料理性質而分

### ◆中餐菜單（Chinese Cuisine Menu）

中餐菜單之佳餚不僅重視「色、香、味、形、器」之五美，更注重佳餚之命名，文采風流，富有詩意。其命名可歸納為寫實與寓意兩大類，極具文學與美學之意境。

### ◆西餐菜單（Western Cuisine Menu）

西餐源自義大利，因而享有「西餐之母」的美譽，後來才由義大利傳到歐美各國，如今法國菜已成為西餐之主流。西餐菜單之結構與內涵，不外乎

前菜、湯、沙拉、主菜、甜點、飲料，其上菜順序與菜單排列大致雷同，菜餚命名較講究寫實法，而較少用寓意法，此點與中餐菜單差異最大。

### ◆速食菜單（Fast Food Menu）

速食菜單較簡單，易讀、易懂，甚至圖文並列，菜單呈現方式以懸掛式、海報式爲多。

### ◆其他

如咖啡廳菜單、各國料理菜單等等均是例。

## (六)依形式而分

### ◆平面式菜單

如以單頁、摺頁或整本等方式呈現的文字、圖片菜單均是例。

### ◆立體式菜單

如以實物製作成品來展示之方式，如菜餚實物模型。

### ◆懸掛式菜單

如將菜單的紙卡形式美化，再將其以垂吊方式、海報張貼方式，或置放立架方式供客人參考。這種立架式菜單係以推薦當日特餐爲主（圖7-3），效果大、簡易方便，便於餐廳更換每日菜單內容。

### ◆電子菜單

將菜單項目、菜餚圖片、照片展示於電子看板，簡易方便且效益高。

## (七)依產品組合類型而分

### ◆單點菜單（à La Carte）

1.單點菜單之菜色較多樣化、精緻化，菜單內容每道菜均分別定價。客人可針對其本身個別需求與偏愛來點選所喜歡的菜色。
2.此類菜單較具人性化，能滿足顧客之個別化、人性化之需求，此爲其主要特色。

圖7-3　立架式菜單

3.單點菜單較受高級精緻餐廳所使用，其價格也較昂貴，但品質享受較華
麗舒適，因而有「豪華菜單」之美譽。

◆**套餐菜單**（**Table d'Hôte／Set Menu**）

1.套餐菜單另稱「定食」，類似中餐之「合菜」。唯套餐菜單通常是指單
人用，若多人用則會註明與定食同，至於俗稱之合菜通常係指多人共用
之菜單。其最大特色為提供品名、數量、固定而有限的菜系，且依固定
的上菜順序出菜。如常見的A餐、B餐、C餐或商業午餐等均是例。

2.此類菜單最大優點為價格固定，且客人可免除點菜的困擾，可降低顧客
進餐之心理上風險。

◆**混合式菜單**（**Combination**）

混合式菜單另稱「綜合菜單」。此類菜單係將上述單點與套餐菜單相結

合，使套餐菜單更具彈性與吸引力。如將套餐中之主菜、飲料、甜點各列出三、四種不同品名之菜餚，供客人來挑選所喜愛的一種菜色即是例。

## (八)依宗教信仰而分

宗教飲食規範對人們生活飲食習慣影響很大，尤其是對具有忠貞宗教信仰的人更具絕對的約束力。茲分述如下：

### ◆猶太教

「卡什魯特」（Kashrut）飲食律法，嚴格規定其信眾不可吃豬肉、兔肉、肉食性動物；無鱗、無鰭之魚類；爬蟲類以及無脊椎之動物。此外，對於帶有血漬之肉類均不可食用，因此猶太教徒僅攝取具合法宰殺之肉類，如有 Ⓚ（紐約）、Ⓚ（加州）、Ⓚ（賓州）、Ⓓ（德州）等標幟之專用肉品。

### ◆回教

回教之飲食法典稱之爲「哈拉」（Halal），規定禁食豬肉、以嘴獵食動物的肉，以及不當宰殺或病死之動物肉均不可食用。此外，禁食刺激性飲料，如酒、咖啡。

### ◆摩門教

摩門教之「健康律法」（Mormon Law of Health）規定：以素食爲重，主食以穀類、蔬菜、水果爲原則；肉類少吃，但野生動物之肉類不可食用，僅人類飼養的禽類或動物才可吃。此外，禁止喝咖啡、酒、茶等刺激性強之飲料。

### ◆印度教

印度教以素食爲原則，禁食牛肉、豬肉及形狀怪異的魚，不過一般魚類可以食用。對於辛辣刺激性強之食物，如大蒜、蔥、蘑菇，以及紅色食物如番茄、紅蘿蔔均不吃。

### ◆佛教

以素食爲原則，禁食葷菜。

◆一貫道

以素食為原則，但可吃蛋類食品。

 第二節　菜單設計與菜單工程

餐廳菜單係依餐廳型態、市場定位及消費市場目標顧客群的需求來設計。在規劃設計時，須遵循菜單設計的基本原則來進行規劃設計及菜單定價。當菜單製作完成並使用一段期間之後，尚須針對其銷售量及貢獻率，以菜單工程來進行控管評估，期以發揮菜單的功能與效益。

一、菜單設計的基本原則

菜單不僅是一份餐廳商品的目錄，它也是位沒有聲音的銷售員，代表著餐飲企業的形象風格。因此，一份精美的菜單，在設計時，須遵循下列基本原則：

(一)菜單須依據顧客及餐飲市場需求來設計

餐廳係為滿足客人需求而開，因此餐廳的菜單必須依市場定位與營運目標來開發產品，並針對消費市場顧客之飲食習慣、口味、消費能力來設計。例如清真餐館之菜單不應該列豬肉類菜餚、猶太教徒也不吃肉食性野生動物，或帶血絲之各種肉類。

(二)菜單設計要考慮成本與利潤

菜單之設計要掌握餐廳本身的優勢，揚長避短，並考慮食品成本及人工成本，以提高利潤率與市場競爭力。

(三)菜單設計須將高利潤之菜餚擺在醒目位置

一般人看菜單習慣均由上而下，再由左而右。因此餐廳在設計菜單時，

應將高利潤低成本之菜餚列為優先考量，並將招牌菜、高利潤的菜餚儘量擺在最重要且醒目的位置，如左邊重要區位或圖片粗體字等引人注目的方式。

### (四)菜單設計要考慮廚房設備及廚師製備能力

菜單需要考慮廚師之專業能力、廚房人員工作量，以及廚房之空間與設備，否則將會產生菜餚出菜遲緩，品質良莠不齊之各種問題。

### (五)菜單設計要高雅大方，美觀實用

一份製作精美的菜單，須能展現餐廳的風格與特色，因此其外形要美觀大方，甚至材質、色彩、圖樣、格式均須詳加考慮，務求形式簡單、高雅大方、富創意且實用（**圖7-4**）。

### (六)菜單要簡單，易讀易懂，講究誠信原則

1. 一份完整的菜單，通常包括：編號、品名、規格、價格、烹調方式或特點，以及服務費等項目。有些菜單則另附佳餚美食圖片、網址、電話、營業時間等資訊，以吸引顧客注意力。
2. 菜單內容儘量簡單明瞭，易讀易懂，字體宜大。封面設計及內文圖樣與色彩，須能吸引顧客且激起其購買慾。不過，菜單內容務必表裡如一，切忌華而不實或過分渲染，否則將會造成反效果，使客人有一種受騙的感覺。

## 二、菜單評估與菜單工程

餐廳的菜單產品組合有主角與配角之分，若經評估，常會發現約有20%的明星產品可創造80%的獲利。但此菜單不能僅有主角的明星產品，因為若無一些配角商品，如填空產品、促銷產品等來吸引客人，主角也會黯然失色。唯餐廳須設法來檢驗評估一些夕陽產品並予以汰舊換新，以創新產品之活力，而此評估工具則有賴於菜單工程，始能竟功。

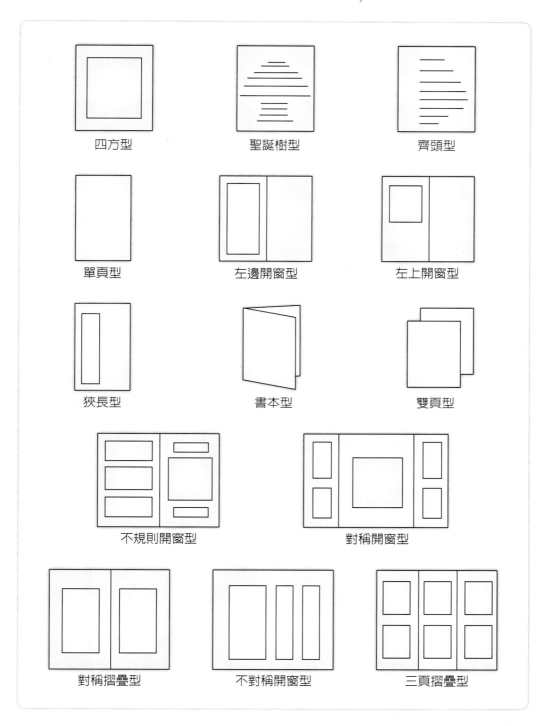

四方型　　聖誕樹型　　齊頭型

單頁型　　左邊開窗型　　左上開窗型

狹長型　　書本型　　雙頁型

不規則開窗型　　對稱開窗型

對稱摺疊型　　不對稱開窗型　　三頁摺疊型

**圖7-4　菜單設計的格式**

資料來源：高秋英（1994）。《餐飲服務》，頁92。台北：揚智文化。

## (一)菜單評估

菜單製作完畢，經使用一段時間後，須加以評估調整。除了針對客人意見、外場服務人員建議外，最重要的是根據銷售量、點菜率與毛利額或貢獻率來加以評估判斷。其方法如下：

1.先計算出每道菜之點菜率或銷售量及毛利額。
2.再計算出全部菜餚平均銷售量與平均毛利額。
3.以每道菜之銷售量及毛利額，與所有菜餚之平均銷售量、平均毛利額作分析比較，再據以調整修正。茲舉例說明如下：

例：某餐廳月底結算，該餐廳所有各類菜餚平均銷售量為10,000份，平均毛利額為100元，該餐廳菜餚銷售情形如**表7-1**所示。

**表7-1　餐廳菜單營運分析表**

| 菜單編號 | 銷售量 | 毛利額 | 評估修正 |
|---|---|---|---|
| No.1 | 3,000份 | 30元 | 夕陽產品，淘汰 |
| No.2 | 15,000份 | 120元 | 明星產品，加強品牌建立 |
| No.3 | 14,000份 | 70元 | 待修正，設法降低成本或調整售價 |
| No.4 | 6,000份 | 150元 | 待修正，設法加強促銷，提高銷售量 |
| No.5 | 12,000份 | 130元 | 明星產品，維持品質口碑，建立品牌 |
| 總平均 | 10,000份 | 100元 | |

由**表7-1**可發現，菜餚No.1之銷售量與毛利額均低於餐廳所有菜餚平均銷售量與平均毛利額，因此須考慮淘汰此菜餚；菜餚No.2、No.5此兩道菜之銷售量與毛利額均大於餐廳平均銷售量與平均毛利額，可謂該餐廳之明星產品，須積極建立獨特品牌。

至於No.3、No.4兩道菜，均可保留下來，但須調整其缺失。如No.3菜餚很受客人歡迎，銷售量很好，但利潤低於平均毛利，因此須設法降低銷售成本或設法提高品質及售價。由上表可發現No.4菜餚之毛利額很好，但銷售量未達平均銷售量，因此須加強促銷。

## (二)菜單工程

所謂「菜單工程」（Menu Engineering），係一種菜單評估的方法。它係以菜單項目之銷售量、點菜率與毛利額或貢獻率，以「象限座標」方式來分析評估的一種方法（**圖7-5**）。

### ◆菜單工程象限座標之意義

1.第一象限（Ⅰ）：高銷售量（高點菜率）；高毛利額（高貢獻率）。
2.第二象限（Ⅱ）：高銷售量（高點菜率）；低毛利額（低貢獻率）。
3.第三象限（Ⅲ）：低銷售量（低點菜率）；低毛利額（低貢獻率）。
4.第四象限（Ⅳ）：低銷售量（低點菜率）；高毛利額（高貢獻率）。

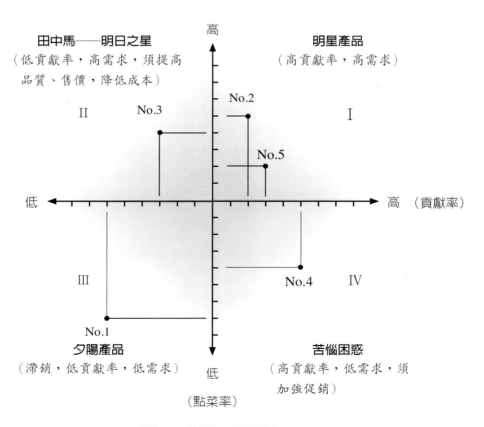

**圖7-5 菜單工程圖例**

◆判斷與修正調整

1. 第一象限產品：「明星產品」（Star），此類型產品須繼續維持其品質與口碑，並建立獨特品牌形象。

2. 第二象限產品：「明日之星——田中馬（Plowhorse）」，此類型產品銷售量需求率高很受歡迎，但無利潤可言，因此須設法以加強品質方式來調高售價，或設法降低成本，以增加毛利。

3. 第三象限產品：「夕陽產品」，另稱苟延殘喘型（Dog），此類型產品不但銷售量不佳，毛利額也不好，應設法考慮加以「淘汰」。

4. 第四象限產品：「苦惱困惑」（Puzzle），此類型產品銷售量、點菜率欠理想，但毛利額貢獻率佳，因此須積極加強促銷活動，以擴大銷售量，提高點菜率。

餐飲小百科

**菜單產品組合**

菜單的產品組合有暢銷人氣產品，必然也有滯銷失焦產品。暢銷排行榜的明星產品須大力推薦給顧客，唯對於滯銷產品則應列為調整改良對象或漸次予以汰換。事實上，菜單所列的產品有主角及配角之分。經由銷售分析，通常是20％的商品，創造80％的利潤。但在菜單的舞台上，若沒有配角來襯托，主角也會黯然失色。所以餐飲業者須將餐廳菜單的產品劃分為下列幾種層次：

◆利潤產品：為餐廳特色產品，也是主要獲利來源的明星產品，須設法長期保持領先。

◆促銷產品：係一種為吸引顧客上門的集客產品，不為利潤但求吸引人潮。

◆話題產品：係一種為營造媒體與顧客的議題而規劃的產品，有聚焦的價值，但不一定暢銷。

◆填空產品：係純為服務顧客或使菜單豐富化的配角產品。

◆虧損產品：係一種銷售量及貢獻率均低，且無附加價值的產品。此類夕陽產品須汰換。

**第三節　菜單的結構與菜單定價策略**

中餐與西餐所提供的菜餚式樣組合不同，因此其菜單的結構並不相同。本節將分別就中西餐菜單的功能及其結構予以闡述，最後再將菜單命名的方式加以說明。

### 一、菜單的功能（**The Function of the Menu**）

菜單的功能主要有下列幾項，說明如下：

#### (一)菜單是餐廳經營管理的基石與營運方針

菜單係根據目標消費市場顧客之需求，以及餐廳本身的能力來研發設計，以此作為餐廳營運的方針與餐廳經營管理的準則。

#### (二)菜單是餐廳形象、商品特色與等級水準之表徵

菜單的外表、菜單的內容及其供食服務方式均代表著餐廳商品的獨特性，以及餐廳水準的高低。如精緻高級餐廳的菜單，必定有精美的封套或皮質的菜單夾。

#### (三)菜單是餐廳與顧客溝通的橋樑與合約

餐廳透過菜單可將餐廳商品訊息傳遞給消費顧客，而餐飲服務員也可藉著菜單來為顧客推薦餐廳特色產品及美酒佳餚。質言之，菜單可作為消費者與餐飲接待者之間的溝通橋樑，也是餐廳與顧客間的一種合約。因此菜單所列的品名、規格、數量務必與實際提供給客人之產品相符合，如鮮果汁務必以新鮮水果汁供應，而不可以罐裝果汁替代。

(四)菜單是餐廳的促銷工具、藝術品及宣傳品

　　菜單印製精美，設計典雅，不但能增進餐廳用餐之情趣與氣氛，更能帶給消費者美好的餐飲體驗，因此菜單本身不但是件餐廳藝術品，也是宣傳品。餐飲業者可透過菜單來加強其產品的促銷能力。

(五)菜單是餐廳設備及物料採購的依據

　　餐廳與廚房所需之設備與物料均端視菜單內容來購置，因此菜單可說是餐廳各項生產設備與食品原料之採購指南。

(六)菜單是餐飲成本控制的利器

　　一份設計完整的菜單，每道菜餚均有標準食譜，其所需物料成本及毛利均相當明確，餐飲業者可藉此菜單來分析餐廳之營運狀況，以作為餐飲成本控制與餐廳物料管理之工具（**圖7-6**）。

**圖7-6　菜單是餐飲成本控制的利器**

(七)菜單是餐飲服務人員的服務準則及餐具擺設的依據

餐飲業者除了可根據客人點菜之情況來瞭解顧客喜好，作爲餐廳菜單研究改良之參考外，更可針對菜單供食內容，加強服務人員餐桌擺設及服勤作業技巧之訓練，以提升餐廳服務品質。

## 二、菜單的結構（**The Structure of the Menu**）

所謂「菜單的結構」，係指餐食（Meal）所提供之各種不同菜式的組合。茲以正餐菜單爲重點，分別就中西餐菜單之結構摘述如下：

(一)中餐菜單的結構

### ◆古代中餐宴會菜單

我國古代素有「五穀爲養、五果爲助、五畜爲益、五菜爲充」的飲食傳統；同時對菜單也有相當的研究，如魏晉南北朝的《食經》、唐代的《食譜》以及清代的《隨園食單》，均是我國早期的菜單。

古代中餐的菜單結構係以「五果、五按、五蔬、五湯」等四大類爲架構組合而成，茲分述如下：

1.五果：係指五種不同的水果。
2.五按：係指五種不同的魚、肉類。
3.五蔬：係指五種不同的根莖葉蔬菜。
4.五湯：係指五種羹湯。

至於清朝末葉之滿漢全席其菜餚則高達一百零八道菜，可謂「食前方丈」，一直到清末民初，西風東漸，中國官場餐飲文化逐漸受到西方飲食文化影響，無論是上菜順序或宴席菜單內容均具有中西合璧之特色，此乃當時所謂的「改良宴會」，整個宴席菜餚約十五至十六道菜之多。

◆現代中餐宴會菜單

通常中式宴席之菜單安排係以前菜、主菜、點心、甜點、水果等五大類為主要菜色內容，至於上菜出菜順序也是以此五大類為主，依先冷後熱、先炒後燒之順序。謹就中餐菜單的結構分述如下：

1. 前菜（Appetizer）：中餐前菜一般係以二冷二熱的菜色為原則，先上冷盤前菜，再上熱炒前菜，至於西餐則以冷盤開胃前菜為主。
2. 主菜（Main Courses）：中餐通常以海鮮、禽肉、獸肉等三大類來安排六大菜，即五菜一湯，以「先炒後燒」之順序上桌服務，湯這道菜是所有中餐宴席最後上的一道主菜，而西餐餐桌服務，湯比主菜先上。此為中西餐服務的最大不同點。
3. 點心（Refreshments）：中式點心係在主菜之後才上桌，一般是以鹹製品為主，如叉燒包、蒸餃、燒賣等為菜色。
4. 甜點（Dessert）：甜點通常係以較甜的食材為餡所製成，如八寶甜飯、甜湯、棗泥鍋餅、芋泥等均是例。
5. 水果（Fruits）：水果係以時令新鮮水果切盤裝盛供食。

(二)西餐菜單的結構

◆古代西餐宴會菜單

西方餐飲文化之全盛時期首推法國路易十四（Louis XIV）當時的宮廷宴席（Grand Couvert），一次宴席即供應將近二百五十道至五百道各式各樣菜餚，後來漸漸改變為八道菜，每道菜又包括八樣菜，另外再飾以冰雕或硬脂雕飾物來增進視覺上之美感。

目前的西餐古典菜單（Classic Menu）係由十九世紀法國演變發展而來，此菜單所提供的全餐（Full Course），其菜式為：

1. 開胃菜（Appetizer / Starter / Hors d'oeuvre）：開胃菜有兩道，即「冷開胃菜」與「熱開胃菜」兩種。
2. 湯類（Soup）：湯類可分清湯與濃湯。
3. 魚類（Fish）：通常係以去骨刺之魚排上桌服務。

4.中間菜（Middle Course / Entrée）：中間菜又稱「湯後菜」，也是一種分量較少的清淡主菜，它係菜單中第一道肉類，通常分量較少，且以雞、禽肉等白肉或甜麵包組成。「Entrée」一詞僅在澳洲稱為「前菜」，在美國則為主菜的意思。事實上它是上主菜前的第一道菜。

5.冰酒（Sorbet）——古典西餐主要特色：冰酒為傳統古典西式宴會菜單中之「休止符」（Pause），使用餐者在中場暫時休息養神以恢復味覺，準備迎接下半段之主菜、爐烤大餐。在法國通常以蘋果白蘭地，如卡爾瓦多斯（Calvados）為冰酒，目前則以不加糖的水果冰、果汁冰、雪碧冰或冰砂等來替代。

6.肉類主菜（Relevés）：肉類主菜是整個宴會菜單的主軸核心菜餚，其菜餚有兩道，即「冷主菜」與「熱主菜」。冷主菜通常以魚肉、海鮮為食材，熱主菜則以各種獸肉或野味禽肉為主，且以碳烤方式為多，故又稱爐烤菜（Roast / Rotis）。

7.蔬菜沙拉（Salad Vegetable / Legume）：美食大餐之後再吃些清淡的蔬菜沙拉，以幫助消化。

8.甜食（Sweets / Entremets）：甜食通常有冷、熱兩種，藉以調和口感與滿足感。

9.美味（Savory）小吃：美味小吃通常以乾酪（Cheese）或小塊土司、餅乾做的Canapé此類酒會小吃為主。

10.甜點：甜點英文"Dessert"，其法文的原意為「不再供食服務」之意。通常係以水果及堅果類點心為主，或以巧克力、糖果及薄荷類的可口小甜點供應。

11.飲料及菸草（Beverage & Tobacco）：餐後飲料通常有咖啡、茶或其他飯後酒。在早期歐洲社會則在飯後提供雪茄或香菸，現代菜單已不再供應菸草，以免影響健康。

綜上所述，吾人可發現古典式傳統菜單之供食內容過於豐盛。事實上，目前各餐廳菜單的產品組合均與古典式菜單不同，在菜餚的上菜分量與次數上均予以精簡或合併，以符合現代人的生活習慣及實際需求。

◆現代西式菜單

現代西式菜單的結構可分七類，即前菜、湯、魚類或中間菜、主菜、冷菜沙拉、點心及飲料等七大類（**圖7-7**），至於上菜的順序除非客人特別要求，一般均以此順序上桌服務。茲詳述如下：

1.前菜：前菜通常稱爲開胃菜，可分冷前菜（Hors d'oeuvre Froid）與熱前菜（Hors d'oeuvre Chaud）兩種。一般係先上冷前菜，如蝦盅、煙燻鮭魚均爲冷開胃菜（**圖7-8**），至於熱前菜則在湯後供應。

2.湯：湯類通常分爲清（Clear）湯與濃（Thick）湯兩種。

3.魚類或中間菜：中間菜之所以稱爲Entrée，乃表示「開始正式進入」的

圖7-7　現代西式菜單之上菜順序

圖7-8　餐廳開胃菜──煙燻鮭魚

意思。通常西式宴會的主菜係由此開始上菜，因此「中間菜」也可說是一種菜單中的「主菜」。中間菜大部分是以魚類為主，或以海鮮、禽類等白色肉類為原則，其分量也較正式主菜少些。

4. 主菜：主菜係整個宴會菜單中最具特色與吸引力的菜餚，通常是以大塊肉如牛、羊、豬、家禽或野味獸肉為主。其烹調方式也較講究，如燒烤、煎炸等等。為增進主菜的特色，對於周邊飾物配菜之造型、色彩均十分考究，以襯托出主菜的價值感。

5. 冷菜沙拉：係以生鮮蔬果或根莖葉之蔬菜調配而成。通常為搭配主菜供食，因此很多餐廳係在上主菜之前供應此冷菜沙拉。

6. 點心：西餐菜單之點心事實上均以糕點、甜食、水果或冰品來服務，如蛋糕、巧克力、慕斯、冰淇淋以及時令水果為主。

7. 飲料：飲料通常係以咖啡、茶為主，如義式咖啡（Demitasse），且以熱飲為多。近年來為配合消費者之需求，除了增列果汁外，尚提供冷飲。

## 三、菜單的定價原則與策略

餐廳菜單或飲料單的定價方法很多，唯其基本原則均一樣，最重要的是要考量成本利潤、消費者的需求及市場同業競爭者的定價。茲分述如後：

### (一)菜單定價原則

菜單定價應遵循的原則有下列幾項：

#### ◆考量成本與利潤，精確反映產品價值
菜單上的價格須考量物料直接成本、間接成本，如設備、人力外，尚須考量餐廳的類型與市場定位，期使菜單上的定價能精確反映產品的價值。易言之，菜單的定價除了考量餐廳本身的成本利潤外，更要能讓顧客覺得有價值感。

#### ◆價格須符合市場需求，具有市場競爭力
菜單上的定價須能符合其目標市場消費者之需求，始能被其消費者所接受。如果價位太高而超越目標消費者所能承受的消費能力，即便價格再合

理，消費者也難以接受，則此定價將失去其意義。此外，菜單上的定價尚須兼顧同業的競爭，唯有具競爭力的價位，始能讓餐廳營運立於不敗之地。

◆菜單定價要具彈性與穩定性

菜單定價須能依市場供需關係之變化而採取靈活的彈性價格，如淡旺季價格、促銷優惠價等。唯菜單價格也須力求穩定性，避免任意調整價位，同時其價位調整的金額幅度，以不超過10%為原則。如果係以降價促銷，應以不影響服務品質之質量為原則。

(二)菜單定價策略

餐飲企業在決定菜單價格時，通常會考量到業者本身之成本、消費者之需求以及市場上的競爭者。因此菜單的定價策略，可歸納為下列三種：

◆成本導向的定價策略（Cost-oriented Pricing）

1.成本加成定價法：係以餐飲產品的成本再加上一定的百分比作為利潤的定價方法。此方法為最簡單的定價法，概念清楚，計算容易，唯欠缺考量市場需求與同業之競爭。

2.目標利潤定價法：另稱「目標收益率定價法」，它係將餐飲業產品銷售量達到某一定量時所能獲得的目標利潤，予以列入作為定價之方法。目標利潤定價法須先訂定目標收益率，再據以研訂目標利潤率來計算目標利潤金額。

◆需求導向的定價策略（Demand-oriented Pricing）

1.認知價值定價法：其理論基礎係以產品市場定位之觀點，將產品品質予以包裝，以符合消費者的認知價值來定價，即以顧客願意支付的購買價格來作為定價的方法。

2.區隔市場定價法：係針對不同目標市場之消費能力或消費水準來採取的定價方法，另稱「區分需求定價法」。

◆競爭導向的定價策略（Competition-oriented Pricing）

此種定價策略係以同業競爭者的產品價格作為本身產品定價的參考基

礎。當餐飲業者面對難以預測的市場需求時，業者在規劃菜單產品定價時會
採行追隨同業的定價策略。通常是以同業領導者的價格作為定價水準的依
據，因此其所制訂出來的價格可能略高於、略低於或同等於競爭對手的價
格，完全端視餐飲業者之經營理念與產品市場定位而定。此方法最大的缺點
是未考量本身所投入的成本以及未能兼顧市場需求。

## 四、菜單的命名

菜單的命名方式很多，無論中西菜單一般均以食物產地、材料名稱、顏
色、形狀、口味以及烹調方式來命名。唯中國菜系博大精深，講究餐飲文化
與美學，因此其命名除了上述方法外，尚有以語意、喜慶吉祥用語與諧音，
以及裝盛器皿來命名，此為中西菜單命名之最大不同點。茲以較具代表性之
菜餚命名方式介紹如**表7-2**。

**表7-2　中西菜單命名方式**

| 命名方式 | 中餐菜單 | 西餐菜單 |
|---|---|---|
| 人名 | 東坡肉、宮保雞丁、左宗棠雞、西施舌、麻婆豆腐、畏公豆腐、宋嫂魚羹、玉麟香腰 | 凱撒沙拉 |
| 地名 | 北平烤鴨、西湖醋魚、無錫排骨、萬巒豬腳 | 法式蛋捲、義大利麵、德國豬腳 |
| 材料 | 腰果雞丁、紅蟳米糕、干貝蘿蔔球、蝦仁鍋巴、龍井蝦仁 | 蝦盅、菲力牛排、牛尾清湯、海鮮沙拉 |
| 形狀 | 口袋豆腐、珍珠丸子、雀巢牛柳、合菜戴帽、鳳還巢 | 牛角麵包、圓麵包 |
| 顏色 | 五彩蝦仁、三色蛋、雪花雞、四色湘蔬、炒四色 | 粉紅佳人、紅黑魚子醬 |
| 調味料 | 糖醋黃魚、蜜汁火腿、魚香肉絲、蒜泥白肉、鹽酥蝦 | 糖醋豬肉、咖哩雞 |
| 烹飪方法 | 油爆雙脆、清蒸鱸魚、乾燒明蝦、煙燻鯧魚 | 炸雞、烤牛排、炒蛋 |
| 裝盛器皿 | 竹筒蝦、砂鍋魚頭 | 無 |
| 吉祥用語 | 花好月圓、金玉滿堂、龍鳳串翅、步步高升 | 無 |
| 意義諧音 | 佛跳牆、夫妻肺片、紅棗蓮子湯、元寶 | 無 |

餐飲小百科

### 中國名菜的典故

中國菜的命名，用辭典雅，涵義雋永深遠，富美學與文學之情趣，為科學與藝術的結晶，這些名菜典故令人無限遐思，回味無窮。茲列舉數則介紹如後：

◆口袋豆腐

口袋豆腐係屬於川菜，為一種「釀豆腐」，因其外形酷似上衣口袋，故以其形狀來命名。此外，尚有孔雀開屏，也是以形狀命名之佳餚，至於此菜餚為何物並未提及，而人們也不在意，此為一種工藝菜。

◆宮保雞丁

宮保雞丁係屬於川菜，清朝四川總督丁寶楨（被封為太子少保，別稱宮保），因酷嗜以曬乾的紅辣椒切段與花椒做配料炒雞丁，故以其人名命名，此美食已成為川菜之代表。

◆滿漢全席

滿漢全席係清代乾隆年間皇室重大慶典之國宴，分為滿席六等、漢席三等，其菜餚乃結合滿族與漢族菜色之大成，用料華貴，烹飪精巧，儀典隆重。其菜餚均循古法烹調，以大小八珍及熱鬧莊重場面和氣氛著稱。

◆麻婆豆腐

麻婆豆腐係屬於川菜，為四川成都市北門外有位婦人陳麻婆其所烹調之豆腐，極具辛辣且味美，為紀念她而命名。

◆佛跳牆

佛跳牆係屬於福建菜，或稱閩菜之首，此道菜用料講究，計有魚翅、鮑魚、豬肚、海參、干貝等等主料及配料，香氣撲鼻味鮮美，有位文人雅士乃即興吟詩：「罈啓葷香飄四鄰，佛聞棄禪跳牆來」，後人乃將此菜定名為「佛跳牆」。

◆叫化雞

叫化雞此道菜為江浙菜。據說當年有位叫化子，偷了人家一隻雞，但卻窮到連煮的地方都沒有，乃急中生智，將雞開膛，連帶毛以爛泥包起來，放在火上烤，熟後剝開，清香撲鼻，風味奇佳，因而得名。由於此名稱不雅，有人將其作法稍加修改，更名為富貴雞，如今日新加坡即是例。

# 第四節　飲料單與酒單

「餐飲」一詞英文稱之爲 "Food & Beverage" ，事實上人們的飲食文化中，餐與飲是無法分割開來的，否則用餐之情趣美也會受影響。語云「酒足飯飽」、「美酒佳餚」乃人類的美食文化與飲食哲學。爲滿足消費者之餐飲需求，餐飲業者往往會在菜單主菜旁附註適宜搭配的酒，或在菜單中另附飲料單，或特別提供設計精美的整本飲料單或酒單。

## 一、飲料單（**Beverage List**）

所謂「飲料單」，係指餐飲業者針對顧客需求，提供各種酒精性飲料與非酒精性飲料之全套產品目錄或價目表。酒精性飲料一般可分爲下列幾種：啤酒、烈酒與混合酒等；至於非酒精性飲料主要有：無酒精啤酒、咖啡、茶、碳酸飲料、蔬果汁、奶製品飲料以及各類包裝飲用水等七種。一份設計精美的飲料單不但便於客人點選所需之飲料，且能激發顧客消費之意念，增加餐廳收益。

### (一)飲料單的種類

由於餐廳的類型與規模不一，其供食方式與客源需求也不同，因此所提供的飲料單也互異，僅就一般常見的飲料單予以歸納爲下列幾種，茲介紹如下：

#### ◆全系列酒單（**Full Wine Menu**）

所謂「全系列酒單」，係指高級精緻餐廳所常使用的一本厚達十五至四十頁之綜合飲料單，其特色係將所有酒精性飲料與非酒精性飲料全部彙整在此酒單中，並加以區分爲葡萄酒單與其他飲料單等兩種。

#### ◆限定酒單（**Restricted Wine Menu**）

所謂「限定酒單」，另稱「限制酒單」，其主要特色爲餐廳所提供給客人點選的酒品名較少，僅列出幾種較常見的名牌酒，且其計價方式係以

「杯」或「瓶」為單位。此類酒單在中級餐廳較廣為人所採用。

## ◆宴會酒單（Banquet Menu）

宴會酒單又稱功能性酒單（Function Menu），係依據各類型宴會之不同需求而設定的酒單，如國內宴席酒單通常是以紅酒、威士忌、紹興酒、啤酒、汽水和果汁為多。

## ◆酒吧飲料單（Bar Menu）

酒吧飲料單通常有兩種，一種是政府核准上市販賣的飲料，另一種是雞尾酒單。大部分酒吧飲料單的酒，一半以上均是以「杯」為單位計價。

## ◆客房餐飲服務飲料單（Room Service Beverage Menu）

所謂「客房餐飲服務飲料單」，通常係指觀光旅館客房所提供迷你酒吧（Mini Bar）之飲料單。客人可以自行選用，再登錄於飲料單上即可。

## ◆雞尾酒單（Cocktail List）

雞尾酒單在國內外餐廳甚受歡迎，尤其是在桌邊服務的餐廳均提供此酒單，以滿足消費顧客之需求（圖7-9）。

一般而言，雞尾酒單可分兩種：

1.依基酒而分：

此類酒單乃依主要基酒，如琴酒、伏特加、蘭姆、威士忌等，就各系列之主要雞尾酒分別逐一陳列。

2.依酒精濃度而分：

此類酒單將雞尾酒分為下列三類：

(1)羅曼蒂克（Romantic）——溫和的飲料類。

(2)戀戀情懷（Passionate）——較烈的飲料類。

(3)熱情如火（Wild）——特別烈的飲料類。

## ◆餐後酒單（After-Dinner Drink）

此類酒單通常包括：利口酒、波特酒及白蘭地。

**COCKTAIL雞尾酒**

Pink Lady Cocktail
紅粉佳人　NT$150
Grasshopper
綠色蚱蜢　NT$150
Angel Kiss
天使之吻　NT$150
Screwdriver
螺絲起子　NT$150
Gin Tonic
琴湯尼　NT$150
Singapore Sling
新加坡司令　NT$150
Whisky Sour
威士忌沙瓦　NT$150
Rum Alexander
蘭姆亞歷山大（甜）（酸）　NT$150
Alexander Cocktail
亞歷山大　NT$150
Knickerbocker
紐約　NT$150

以上產品均為含稅價格
另加10%之服務費
客房餐飲服務另加20%之服務費
All price will be added 10% service charge to your bill
Room service will be added 20% serivce charge to your bill

**圖7-9　雞尾酒單**

◆利口咖啡單（**Liqueur Coffee List**）

此類酒含有濃郁的咖啡香味，酒精含量約二十度左右。此類飲料單僅在少數酒吧等精緻餐廳才提供。

(二)飲料單的結構

飲料單的內容係包括除葡萄酒外，任何的酒精性與非酒精性飲料，其項目類別之排列順序如下：

1.開胃酒（Aperitif）。

2.雪莉酒（Sherry）、波特酒（Port）。

3.威士忌（Whisky）：

　(1)蘇格蘭威士忌（Scotch Whisky）。

　(2)愛爾蘭威士忌（Irish Whisky）。

　(3)加拿大威士忌（Canadian Whisky）。

　(4)美國威士忌（American Whisky）

4.伏特加（Vodka）。

5.琴酒（Gin）。

6.龍舌蘭（Tequila）。

7.干邑（Cognac）。

8.雅馬邑（Armagnac）。

9.甜酒（Liqueur）。

10.啤酒（Beer）。

11.雞尾酒（Cocktail）。

12.礦泉水（Mineral Water）。

13.果汁（Fruit Juice）。

## (三)飲料單的構成要素

一份完整的飲料單，務必包括下列三大要素：

### ◆飲料品名及其密碼或代號

飲料單由於內容複雜，為了方便顧客點選飲料，同時也可避免服務員填錯品名，且便於餐廳會計出納之收銀機作業，國外很多餐廳均在飲料品名給予固定密碼代號，使餐廳飲料單每項飲料均有代碼。

### ◆飲料特色之解說介紹

餐廳飲料單之命名，尤其是招牌飲料或特色飲料均會詳加描述，藉以吸引顧客注意力，增進顧客對產品之認知，從而激起點選飲料之需求。

### ◆價格及計價方式

餐廳飲料單的計價方式並不是每家餐廳均一樣，即使同一份飲料單，由於品名不同，其計價方式也不同。因此為避免徒增結帳之困擾或不必要的糾紛，最好在設計飲料單時，務須標示註明清楚。通常飲料之計價方式有下列幾種：

1.以「杯」計價。
2.以「瓶」或「半瓶」計價。
3.以「公升」為單位計價。

## 二、酒單（**Wine List**）

酒單係指葡萄酒單，是餐廳全系列葡萄酒的產品目錄，顧客可以從餐廳所提供的酒單中，瞭解各類葡萄酒的特性，並經由酒單的精巧設計與圖文解說來吸引顧客，激發其選用葡萄酒產品之慾求。

### (一)酒單的種類

酒單所列的葡萄酒（**圖7-10**）依其製造方法之不同，可分為四大類：

**圖7-10　酒車上的各類葡萄酒**

◆**不起泡的葡萄酒**（**Still Wine／Light Beverage**）

此類葡萄酒另稱為「佐餐酒」（Table Wine），其酒精濃度約九至十七度左右。若再就其顏色來分，則可分為下列三種：

1.紅葡萄酒（Red Wine）。
2.白葡萄酒（White Wine）。
3.玫瑰紅酒（Rosé Wine）。

◆**起泡的葡萄酒**（**Sparkling Wine**）

此類葡萄酒的瓶蓋若打開，會發出「碰」的響聲，故另稱其為「氣泡酒」。因為此類酒係在發酵尚未終止前，即予以裝瓶，使其在瓶中繼續第二次發酵產生二氧化碳之氣體，故開瓶時會有一種響聲，可增添享用此酒的氣氛。其酒精濃度約九至十四度，產地以法國香檳區（Champagne）最有名。

◆**強化葡萄酒**（**Fortified Wine**）

此類葡萄酒係在葡萄酒釀造過程中，於發酵階段時注入適量的白蘭地，使其中止發酵。因為此時葡萄酒中所含的糖分尚未分解成酒精及二氧化碳，因此糖分仍保留在酒中，所以這一類型的葡萄酒之特性為：有甜味、酒精度較高，其酒精含量在十四至二十四度左右。

此類葡萄酒酒單常見的有西班牙的雪莉酒、葡萄牙的波特酒，此外尚有馬德拉（Madeira）、馬拉加（Malaga）等，均屬於此類強化葡萄酒。

◆**加味葡萄酒**（**Aromatized／Flavored Wine**）

此類葡萄酒係一種添加香料、藥草等添加物之葡萄酒。在酒單中較常見的有義大利和法國生產的紅、白苦艾酒（Vermouth），即為此類酒的代表，酒精的含量在十五至二十度左右。

(二)酒單的結構

所謂「酒單」，係指葡萄酒系列的產品目錄或價目表。一份完整的酒單，須有各類葡萄酒之酒名、酒類特色介紹、適宜飲用方式或搭配食物等之描述，以及酒的計價單位，如「杯」、「瓶」、「半瓶」或「公升」等，均

須明確標示。

一般酒單之排列，係依各類葡萄酒之特性與產地國來分別編排，其結構內容如下：

1.香檳類（Champagne）。
2.起泡酒類（Sparkling）。
3.勃根地（Burgundy）。
4.波爾多（Bordeaux）（圖7-11）。
5.玫瑰紅（Rosé）。
6.德國酒（German Wine）。
7.加州酒（California Wine）。
8.義大利酒（Italian Wine）。
9.招牌酒（House Wine）。

圖7-11　波爾多酒莊的葡萄酒

## 學習評量

### 一、解釋名詞

1. Cycle Menu
2. California Menu
3. Halal
4. Kashrut
5. Menu Engineering

6. Main Courses
7. Competition-oriented Pricing
8. Food & Beverage
9. Beverage List
10. Wine List

### 二、問答題

1. 你認為一份完美的菜單，基本上其內容須具備哪些要件？試述之。
2. 循環菜單為何較受學校餐廳所樂於採用，其原因何在？試述之。
3. 菜單設計的形式有多種，你認為哪一種最好？為什麼？
4. 你認為回教徒及佛教徒的菜單有哪些禁忌？試各列舉三項說明之。
5. 試述菜單設計應考量的基本原則？
6. 試述菜單工程的意義及其重要性？
7. 你認為餐廳所提供的菜單有何功能？試摘述之。
8. 現代中餐宴會菜單，其菜色內容及上菜順序是如何安排？試述之。
9. 試比較古典與現代西餐菜單之主要差異。
10. 中西餐菜單之命名方式，其最大不同點為何？試述之。
11. 飲料單的類別主要可分為哪幾大類？試述之。
12. 飲料單與酒單的主要差異何在？試列舉其要說明之。

Chapter

# 8

## 廚房生產製備管理

### 單元學習目標

- 瞭解廚房組織編制人力
- 瞭解廚房生產製備的標準化作業
- 瞭解餐具維護管理的要領
- 瞭解廚房安全衛生的控管方法
- 培養緊急意外事件的處理能力
- 培養良好安全衛生的工作習慣

　　餐廳為提供顧客優質的用餐體驗，除了餐廳地點、裝潢、服務及完善設施外，更需仰賴「色、香、味、形、器」的精緻且營養衛生的美食。為確保餐廳的菜餚服務品質及生產製備作業的順暢，務須加強廚房作業標準化及安全衛生管理。

# 第一節　廚房組織及其標準化作業

　　餐廳營運的主要目標乃在滿足客人需求，以獲取合理的利潤。由於餐廳規模大小不一，供食方式、供食內容及營運對象互異，因此餐飲業者所投資的設備及聘用配置的人力也不盡相同，導致每家餐廳之組織系統及廚房編制均不一樣。謹就一般常見的廚房組織及廚房標準化作業介紹如後：

## 一、廚房組織

　　一般而言，廚房組織大致可分為冷廚房、熱廚房、麵包房、蘇打房、切割區及洗滌區（**圖8-1**）。至於廚房編制人力則設有行政主廚、主廚、副主廚、廚師、切割師、麵包師、點心師、助手及洗滌工等。

### (一)冷廚房

　　冷廚房係一個富創意的生產單位，此單位係負責自助餐食之特殊宴會活動所需展示菜餚，如冷盤、前菜、蔬果雕、冰雕等工作。

### (二)熱廚房

　　熱廚房通常係負責肉類禽類、海鮮類等主菜以及高湯的製備工作。由於其主要烹調設備，均是烤爐、蒸鍋、煎板爐、油炸鍋等大型爐灶設備，因此工作環境相當悶熱，工作壓力也最大。

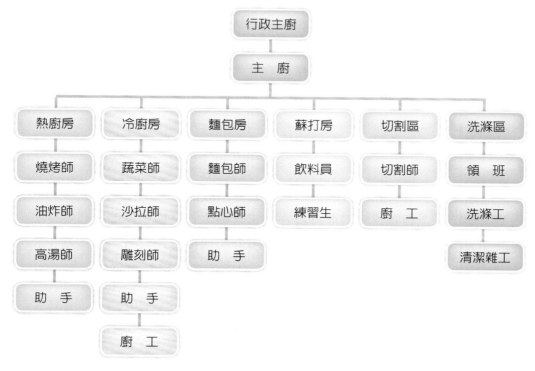

**圖8-1　廚房組織圖**

(三)麵包房

　　麵包房係負責餐廳所需各類西點麵包、蛋糕、餅乾及甜點之製備與供應作業。至於中餐廳則稱之為「點心房」，負責一般中式點心之製備與供食服務。

(四)蘇打房

　　蘇打房係負責餐廳所需飲料、冰淇淋之製備與供食服務；至於較小型餐廳，此單位係與麵包房合併。

(五)切割區

　　切割區設有魚、肉切割師，負責餐廳所需魚類、肉類、禽肉類之切割工作，以供廚房烹調用。

### (六)洗滌區

洗滌區係負責餐廳廚具之洗滌、消毒工作,通常由清潔工及廚房助手來負責。

## 二、廚房標準化作業

為滿足顧客對餐飲品質的需求,餐廳必須設法有效地控制餐飲產品的質與量,使菜餚色香味之質量能維持在一定水準,且具穩定性與一致性。因此餐飲業者為有效控制其餐飲品質,對於餐廳廚房作業均訂有一套標準化的作業流程,以協助業者有效管制督導整個廚房作業,舉凡自採購、驗收、儲存、發放、切配、烹調、銷售及服務等系列營運作業,均制定有相當完善的標準化生產作業與服務規範,其中尤以標準採購、標準得利、標準產量、標準食譜及標準分量最為重要。茲分述如下:

### (一)標準採購(**Standard Purchase**)

為確保餐飲品質的穩定性,首先須有質量始終如一的食品原料才可,因此餐廳廚房對於物料的採購,均事先由餐廳經理、主廚及採購人員共同研商擬訂一套標準化的採購作業程序,依據採購物料規格標準編製採購規格表,再由餐飲採購人員根據此物料採購規格來進行採購及驗收。

餐飲採購規格標準係由餐廳與廚房負責人,根據餐廳菜單及餐廳營運政策,對各種所需採購物料品質加以嚴格明確詳細規定,例如品名、規格、等級、數量、色澤、重量、包裝、產地、性能及尺寸大小等均有詳盡規範。至於較特殊物料,甚至佐以圖片商標照片,其目的乃在維持餐飲物料品質的穩定性,並避免不當採購的發生。

### (二)標準得利(**Standard Yield**)

所謂「標準得利」,係指採購入庫的食材原料,經初步洗滌、浸泡、漲發、切割修剪或調理後所得到的淨料率或產出率而言。餐飲採購的食材原料

須考量並控管其耗損率及廢棄率,始能確實做好廚房作業標準化。

## (三)標準產量（**Standard Production**）

所謂「標準產量」,係指餐廳根據其預估餐飲產品的銷售數量,而進行調整或控制其物料採購數量與食物生產製備量,並據以進行餐膳生產管制。通常餐飲部經理將會與相關人員,根據當地季節、氣候與消費市場的變遷,配合餐廳以往銷售紀錄與週期性菜單來預估可能的銷售量,並據以作為餐廳產量的生產管制計畫。

標準產量的訂定,有助於餐飲物料成本與勞務成本的控制;另方面可確保庫存量不致於過多而浪費,也不會由於存量不足,無法滿足顧客需求而導致營收上的損失。此外,標準產量的訂定也可使採購作業更方便,並可減少物料腐敗與失竊之機率。

## (四)標準食譜（**Standard Recipe**）

所謂「標準食譜」,係指將食物或菜餚的生產製備過程與方法,以書面格式化方式詳加記錄,其內容包括:菜名、主要材料、配料、調味料成分、數量、成本、營養價值,以及整個製備過程與調理方法。

標準食譜由於它詳細記載食物與菜餚在生產作業中的程序與方法,甚至將盛裝器皿與盤飾方法均附有照片圖示,因此無論餐廳係由那位廚師輪流當班,均可確保菜餚品質維持在一定水準,不致於因廚師之不同而導致菜餚品質的改變。此外,由於餐廳標準食譜的建立,更可便於準確計算菜餚的食物成本與定價,對於餐飲成本控制極具意義與價值。

## (五)標準分量（**Standard Portion**）

所謂「標準分量」,係指餐廳供應給客人的每一道菜,均有一定的規格、數量與大小,無論在餐食的質量與數量上均維持著等值的定量供食（**圖8-2**）。餐廳標準分量的釐訂,不僅可保障自己的利潤,也是對顧客合理權益的有力保證,對餐廳形象與信譽的提升具有舉足輕重的地位。

**圖8-2 標準分量便於成本控制,並可保障消費者權益**

綜上所述,現代廚房作業標準化,除了在製備食物的過程中,要求遵循既定的標準程序與步驟來操作外,更應該確實嚴格要求烹調前食品物料之切割配膳工作,應使用各種測量計量工具,如磅秤、天平、量杯、量匙等度量衡器皿來控制餐飲產品的質量,使餐食分量能維持在標準的定量水準之上。目前歐美各先進國家餐飲業界,對於標準分量與標準食譜均十分重視,且被廣為沿用,作為提升餐飲品質與成本控制的主要管制工具。

##  第二節 廚房生產製備的方式

餐廳型態不一,餐飲營運方式互異,再加上現代食品工業科技發達,許多冷凍、冷藏的加工食品或半成品陸續問世,也逐漸廣為餐廳廚房所採用,使得昔日傳統制的廚房生產方式產生蛻變,並衍生出不同作業型態的廚房餐飲生產製備方式。茲分述如下:

## 一、傳統生產製備法（**Conventional Methods**）

所謂「傳統式生產製備法」，係指廚房從採購生鮮食材原料，經由初步事前適當的洗滌、切割、整修或浸泡，然後再烹調成美食上桌服務等整個生產作業，均完全在餐廳內部廚房完成。

目前人工成本日益高漲，再加上廚房原有的人力、物力及空間等資源有限，使得傳統式生產方式日漸式微。唯尚有部分高級精緻美食餐廳，仍堅持此傳統生產方法，以確保其優質的服務品質。

## 二、修正傳統生產製備法（**Modified Conventional Methods**）

所謂「修正傳統生產製備法」，係指廚房在其食物生產製備的作業流程中，採用部分食品供應商所提供的半成品或成品，以節省人力、物力與時間，期以更靈活運用有限的資源來提升生產力，並可達節省成本之目的。此類方式在目前餐飲業極受歡迎，且廣為人所沿用，例如：很多餐廳所使用的麵包或點心，均非由其自己所設的麵包房烘焙的食品，而是委由外面廠商來供應（**圖8-3**）；雞鴨等肉類也是委由供應商直接預先屠宰好，再購入烹調製備。

## 三、預先調理法（**Ready-Food Methods**）

此類食品生產製備法，係將生鮮原料事先在廚房烹調料理妥後，再予以冷凍或冷藏備用。此類烹調方式較適用於大型團膳供食的機關、學校、醫院或大型宴會供餐服務用。唯涉及包裝、分類及儲藏等問題較繁瑣，且菜餚口味也較難以保留原來的色香味。

## 四、中央廚房製備供應法（**Commissary Methods**）

所謂「中央廚房製備供應法」，係指所有的餐食均事先在一處中央廚房

圖8-3　餐廳烘焙食品很多均委外供應

統一烹調製備完成，再分送到各不同的餐廳備用。由於此類中央廚房無論在採購食材或烹調製備食物等均達一定的規模水準，因此其品質控制也較嚴謹。唯餐食自中央廚房運送到各餐廳時，此過程則須特別留意食物的安全衛生。例如飛機上的航餐供食均為此類方式。

## 五、便利食品調理法（Convenience Methods）

　　所謂「便利食品調理法」，係指餐廳廚房所購買的食物均已事先完全烹調好或組合好，餐廳僅須在廚房再加熱或稍微進一步處理即可立即供食服務。此類食品菜色有限，物料成本較高，唯不需花費太多人事成本聘請專業廚師，也可節省廚房空間，並省下購買昂貴系列烹調設備之費用。但是此類調理法須另設較大的冷凍冷藏庫以便於儲存。

　　由於這些便利食品均係事先早已烹調好，再以袋裝或真空包裝方式冷凍冷藏，供食服務時再以微波爐解凍加熱或另稍調味處理而已。因此，便利食品之風味能否為顧客所認同，則有待商榷。目前市面上有些速食餐廳或咖啡簡餐之餐廳，均慣於採用此類烹調方式，以節省人力及彌補廚房空間之不足。

## 第三節　餐具之維護與管理

餐飲業者為滿足顧客追求高品質服務的需求，對於餐飲供食所需各種餐具之選用與維護管理均相當重視，因為良好的餐具維護管理工作，不僅可提升餐廳形象，確保餐飲安全衛生之品質，更可避免餐具無謂的耗損及營運成本之增加。

### 一、餐具的類別

餐具的類別很多，性質也互異，謹就其材質加以分類：

### (一)金屬餐具（**Metal Utensil**）

餐廳所使用的金屬餐具如刀、叉、匙等等，其所用的材質主要以不鏽鋼製品為最常見，其次是銀器、金器及鋁、鐵器皿，但純銀或純金製品較少，一般高級餐廳所使用的銀器或金器均以電鍍較多。茲將常見金屬餐具特性說明如**表8-1**。

### (二)玻璃餐具（**Glass Utensil**）

餐飲業所使用的玻璃器皿，主要是各式酒杯、水杯、果汁杯及沙拉水果盅為多。由於玻璃杯皿本身較脆弱，尤其是杯口最容易破損，因此很多餐廳均採用蘇打石灰強化玻璃杯皿，以便於維護。另外，有部分較高級餐廳則購置一種價格較高的，以鋇、鈣、鉀替代氧化鉛的無鉛水晶玻璃，或含氧化鉛7%～24%的水晶強化玻璃，或耐熱玻璃杯皿來取代一般玻璃杯。

◆優點

　1.美觀大方。
　2.耐酸、耐鹼，清洗容易。
　3.優質玻璃折光率強，敲擊聲輕脆耐用。

表8-1 金屬餐具之特性

| 材質 | 優點 | 缺點 |
|---|---|---|
| 不鏽鋼 | 1.不鏽鋼本身美觀堅固實用,極適於作為儲存器具,不會起化學變化,穩定性高。<br>2.「不鏽鋼18-8」品質較好,其意思為鉻18%、鎳8%,其餘74%為鋼。<br>3.可作為須文火低溫烹調時之容器,如保溫櫃上之保溫鍋,或蒸箱內之蒸盤。 | 1.不鏽鋼為熱的不良導體,若以它作為烹飪鍋具,易使食物燒焦或變黑。<br>2.不適於作為烹、烘、烤器具。 |
| 銀器 | 1.美觀高雅,光澤亮麗。<br>2.傳熱快,質輕耐用。 | 1.容易刮傷、保養較費神費力。<br>2.銀製品容易氧化,產生氧化銀而呈咖啡色斑紋或黑色汙垢。<br>3.成本高、維護不易,宜由專業人士負責保養。 |
| 銅器 | 1.銅係一種貴金屬,高雅精緻。<br>2.銅是所有金屬中最佳的良導體。 | 1.價格較貴,成本高。<br>2.使用時要小心維護擦拭,否則易生有毒的銅綠。<br>3.銅必須摻雜其他金屬,如錫、不鏽鋼才可,以免使裝在銅器內的食物產生化學變化。 |

◆缺點

1.維護不易。

2.破損率高。

(三)陶瓷器皿（**China & Pottery Utensil**）

　　餐廳所使用的陶瓷器皿相當多,如各式大小餐盤、味碟、湯匙、湯碗均屬之。一般高級餐廳係以瓷器為多,其次才選用陶器,不過基於成本投資考量,目前許多餐廳逐漸以較精緻陶製餐具來取代高成本的瓷器。

◆優點

1.美觀高雅,可彩繪。高品質瓷器質輕,呈半透明如玉。

2.清洗方便,保溫性佳。

3.耐用實惠,抗酸、抗蝕性佳。

◆缺點

　　1.成本較高，破損率大。

　　2.部分陶瓷器遇熱，有時會釋出有害物質，如塗料釋出。

## (四)塑膠餐具（**Plastics Utensil**）

　　現代科技文明使得許多塑膠製品的餐具，無論在材質、外觀、衛生、安全等各方面，均不遜色於一般陶瓷器皿，因此塑膠餐具已逐漸廣爲餐飲業者所採用，尤其是一般大衆化餐廳、自助餐廳及兒童用餐具，均以此類塑膠製品餐具爲多（**圖8-4**）。

◆優點

　　1.質輕耐用。

　　2.不易破損。

　　3.成本合理。

**圖8-4　質輕耐用的塑膠餐具深受平價餐廳喜愛**

◆缺點

1.不耐高溫，遇高溫會釋出有毒物質——甲醛。

2.容易磨損，質軟。

(五)紙製餐具（**Paper Utensil**）

近年來社會快速變遷，人們非常重視飲食衛生，因此紙製餐具逐漸取代塑膠製品餐具。同時業者因工資日漸高漲，為節省營運成本，均逐漸採用紙質免洗餐具，尤其是速食餐廳、自助餐廳幾乎均有採用此類餐具，如紙杯、紙盤、紙杯墊、餐巾紙。

◆優點

1.價錢便宜，減少清洗設備及人工費用。

2.安全衛生，減少失竊及破損率。

3.適宜外帶，易於搬運，也可減少儲存空間。

◆缺點

1.一次使用，較不耐高溫，且不符合垃圾減量環保政策。

2.質輕欠穩，正式場合較不適用。

二、餐具維護管理的重要性

餐廳之所以能吸引老顧客再度光臨，根據美國一項調查研究發現，有三項主要誘因，即高質量的餐食占82%，親切的服務占77%，清潔衛生占39%，而此三者均與餐具之維護管理有關。此外，良好的餐具維護管理，尚可降低餐具之耗損率與失竊率，減少不必要之營運成本的浪費。謹將餐具維護管理的重要性，歸納摘述於後：

1.確保餐飲衛生，提供消費者健康營養美食。

2.提升服務品質，建立餐廳品牌與信譽。

3.減少餐具耗損,降低營運成本,增加餐廳利潤。

4.增進生產效能,提升餐飲服務質量。

## 三、餐具清洗維護管理的方法

清潔衛生的餐具,不僅可平添餐廳高雅氣氛,襯托菜餚美食價值感,更是顧客健康飲食的保障。餐廳要確保其餐具之清潔衛生,除了愼購餐具外,更應有完善的洗滌設施及儲藏設備,以維護餐具的清潔衛生,並可避免乾淨的清潔餐具遭受汙染。謹將餐具清潔維護管理的方法摘述於後:

### (一)餐具洗滌場所須有完善的規劃

1.餐具洗滌區應規劃在廚房清洗區的專屬場所,以避免汙染到清潔的食品或乾淨的其他餐具。

2.洗滌區進出路線之動線應分開,以免乾淨餐具與汙染餐具重疊或交錯,而遭受到再汙染。

3.清洗消毒後的乾淨餐具,應置放在清潔區的存放櫃或架子。

### (二)餐具洗滌程序須依規定的標準作業步驟

餐具洗滌作業無論是採機器或人工方式,其前置作業均須先刮除殘留菜餚,再將餐具分類疊放一起,以便於洗滌作業之進行,通常三槽式洗滌的順序爲預洗、清洗與沖洗等三階段,餐具洗滌標準作業如**表8-2**所示。

**表8-2 餐具洗滌標準作業**

| 洗滌程序 | | 說明 |
|---|---|---|
| (一)刮除、分類 | | 餐具在洗滌前須先經刮除(Scrape)殘菜→堆疊整齊(Stack)→分類送洗(Separate),即殘盤處理三S原則。 |
| (二)預洗 | | 以高壓噴槍或水先沖洗殘盤或餐具上殘留的汙物,如油脂、醬汁等。 |
| (三)清洗 | 第一槽 | 清洗時水溫需在43～49℃為宜;清洗刀、叉、匙等餐具水溫以65℃為佳。清潔劑最好採用天然有機中性或弱鹼性者為佳。 |
| (四)沖洗 | 第二槽 | 以流動的自來水來沖洗清潔餐具。 |

（續）表8-2　餐具洗滌標準作業

| 洗滌程序 | | 說明 |
|---|---|---|
| (五)消毒 | 第三槽 | 餐具沖洗後須經消毒，始具殺菌之效。依「食品良好衛生規範」規定，有效殺菌消毒方法有下列幾種： |

| 方法 | 要件 | 餐具 | 布巾、抹布 |
|---|---|---|---|
| 煮沸殺菌法 | 溫度100℃的沸水 | 煮沸1分鐘以上 | 煮沸5分鐘以上 |
| 蒸氣殺菌法 | 溫度100℃的蒸氣 | 加熱2分鐘以上 | 加熱10分鐘以上 |
| 熱水殺菌法 | 溫度80℃以上 | 加熱2分鐘以上 | — |
| 氯液殺菌法 | 不低於200PPM的氯液溶液 | 浸泡2分鐘以上 | — |
| 乾熱殺菌法（所費時間最長） | 溫度110℃以上的乾熱 | 加熱30分鐘以上 | — |

## (三)餐具洗滌應慎選適當的洗滌方法

餐廳餐具種類很多，且材質互異，有些餐具適宜用機械式洗碗機或洗杯機來清洗，諸如餐盤、碗碟等陶瓷或木質餐具。至於金屬餐具如刀、叉、匙或銀器、金質等貴重精緻餐具，仍以手工洗滌較適宜。

為了維護進價昂貴的金、銀餐具之材質，避免其變色或失去原有亮麗的光澤，應時常以專用亮光粉或擦銀液，予以擦拭或浸泡，再用清水沖洗，晾乾後，再予以密封包裝儲存備用。

## (四)消毒乾淨的餐具，應置放於專用不鏽鋼櫥櫃或餐具架

餐具消毒清潔後，應烘乾或令其晾乾，不可再用抹布擦拭。經檢查通過後，應立即依餐具的類別，分別儲存置於可防蟲害且有隔間的餐具櫥櫃架上。

為便於管理，餐具櫥櫃上應分別貼各類器皿品名、規格、數量之標籤，同時碗盤堆疊不宜過高，以免取用不便且易於破損。經常使用的餐具，最好置放於距地面約1公尺以上之架子上，如此較方便取用置放。至於置物架之深度以54公分，上下層間距則以45公分以上為宜。

## 第四節 餐飲安全與衛生

在觀光餐飲業中，有件極重要而卻經常被業者們所疏忽的是——衛生與安全。在觀光先進國家，對餐飲衛生與安全均十分重視，因為一家餐廳之規模不論多宏偉，設備多完善，若一旦衛生有問題，對餐廳與整個社會將造成相當大的衝擊。影響餐飲衛生、安全之因素很多，如餐食衛生、餐廳與廚房的安全衛生，以及工作人員的個人衛生等均是。

### 一、廚房工作人員衛生習慣

為確保餐飲安全衛生，廚房工作人員必須養成下列良好的工作衛生習慣：

#### (一)整潔的服裝

廚房工作人員上班時，應穿戴整潔之工作衣帽，其目的乃在防止頭髮、頭皮屑、細菌等異物混滲入食物中，其工作衣帽之製作原則如下：

1. 衣帽以合乎衛生、舒適、方便、美觀為主，但工作帽蓋頭髮為原則。
2. 廚房工作人員之服裝以白色為主，布料以不易沾黏毛絮、不起毛、易洗、快乾、免燙、不褪色為原則。

#### (二)整潔的儀容

餐飲從業人員經常與食物接觸，若儀容不整潔，將會對所製作或服務之餐食造成汙染，因此餐飲從業人員絕對不可留鬍鬚，頭髮宜剪短，經常梳洗頭髮，每週至少二次，工作時務必服裝整齊。

#### (三)手部衛生

手是傳播病原菌及有害微生物的主要媒介源，工作人員為維護手部衛

生，須養成經常洗手的良好習慣。洗手只能清除皮膚表面附著之細菌，至於附在皮膚皮紋上及皮脂腺內的永久性細菌是無法去除掉的。因此當餐飲從業人員須用手直接接觸食物時，最好戴上完整清潔的手套，以確保食物衛生。

### ◆指甲剪短，不可塗指甲油

指甲為藏汙納垢之處，尤其是蓄留長指甲時，更易使食物汙染或感染病原菌，故從業人員不可留長指甲，以確保食品衛生，同時手上飾物及指甲油易脫落，若滲入食品中則有礙衛生。

### ◆手部有創傷、膿腫時，不得接觸食物

因為創傷、膿腫時，可能有綠膿菌，它是一種「葡萄球菌」，一旦汙染食品，則會在食品中迅速繁殖，並產生耐熱腸內毒素，極易造成食物中毒，因此從業人員若手部有創傷膿腫時，嚴禁從事食品作業。

## 二、食物中毒的問題

食物中毒事件不僅影響顧客的健康安危，也會影響餐飲企業的形象地位，嚴重者尚須面臨司法與歇業之危機。因此，餐飲業者對於食物中毒事件

餐飲小百科

如何正確洗手

餐飲工作人員必須瞭解正確洗手方法，才能確保手部清潔。正確洗手方法，須遵循五大步驟，依序為：

◆濕：先以水潤濕手部，再擦肥皂或洗潔劑。
◆搓：用力互搓兩手，包括指尖、手掌及手背。
◆沖：沖去肥皂，洗淨手部。
◆捧：雙手捧水將水龍頭沖乾淨，再關閉龍頭。
◆擦：將手擦乾或烘乾。

之處理，應首重防範措施，期以防患於未然，而非著重於事件發生後之善後作業。謹分別就食物中毒發生的原因、防範措施及善後處理方式，予以摘述如下：

## (一)食物中毒的原因

1. 食物中毒最常見的原因為保溫儲藏不當，如冷凍、冷藏溫度不夠。通常食物冷藏溫度應在7℃以下，冷凍溫度在-18℃以下。例如：乳類、肉類為4℃以下，蔬果為7℃。
2. 食物加熱處理不當，如海鮮餐廳海產處理不當所造成的腸炎弧菌中毒。
3. 食品或原料在處理製造過程中，冷熱食或生熟食交互感染，或被已感染病毒的人接觸過。
4. 食用遭汙染之食物或生食（**圖8-5**）。
5. 容器、餐具不潔。
6. 誤用添加物或不當使用添加物。

**圖8-5 食用不潔生食易導致食物中毒**

## (二)預防食物中毒的基本原則

### ◆清潔

所謂「清潔」之措施，包括原料清潔、工作區清潔、炊具餐具清潔、儲藏庫與從業人員本身之清潔。易言之，清潔之範圍包括整個食品加工、調理、儲藏等過程在內，其主要目的乃儘量減少並防止細菌之汙染。

### ◆迅速

所謂「迅速」，係指以最短、最快之時間來處理食物，勿使細菌有足夠的空間來滋長，因此採購回來的食物，須立即儘快處理，如分類冷凍、冷藏，或烹飪處理。

### ◆加熱或冷凍冷藏

一般細菌生長最適宜之溫度為攝氏7～60℃之間，若溫度超過60℃以上，細菌大都會被消滅；若溫度在7℃以下，細菌繁殖不易，生長速度減慢，到-18℃時，則細菌根本不能繁殖，所以加熱或冷凍冷藏是一種消滅細菌、破壞毒素，以及抑制其生長的最好方法。

## (三)實施「危害分析重要管制點」的管理系統

所謂「危害分析重要管制點」（Hazard Analysis and Critical Control Points, HACCP），係指針對餐飲食品整個製作生產過程，予以分析探討各個步驟所有可能產生的危害因子及其危害程度，然後據以訂定有效控制與防範措施，藉以確保餐飲產品達到一定的水準，如達到食品良好衛生規範（Good Hygienic Practice, GHP）的程度，以提升餐飲安全衛生之服務品質。

## (四)食物中毒事件的處理

1.當餐廳發生兩人或兩人以上疑似食物中毒事件時，首先要立即保存剩餘食物或患者的嘔吐物或排泄物，以利追查原因。

# 論病從口入的食品中毒

　　所謂「食品中毒」，係指兩人及兩人以上，因食用相同的食品而發生相似的病症，且其送驗檢體也呈現相同的病因，乃稱之為食物中毒。唯因誤食肉毒桿菌毒素或化學物質食品而致死亡者，雖僅一人，也可視為食品中毒。

　　台灣地區氣候濕熱，尤其是夏季天熱，最容易發生細菌性食品中毒，其中以腸炎弧菌及金黃色葡萄球菌所引起的中毒事件為最。究其原因以餐點生產製備過程，未注意清潔衛生所引起的事件最多，如熱處理（60℃以上）不足或生食、熟食交互感染等均是。

　　一般而言，食品中毒的類型，概可分為下列三大類：

## 一、細菌性食品中毒

1.感染型：沙門氏桿菌，係由牛、鼠、蛋所引起。

2.毒素型：金黃色葡萄球菌，係由膿瘡傷口引起；肉毒桿菌，係由動物糞便及土壤引起。

3.其他：如病原性大腸桿菌。

## 二、天然毒素食品中毒

1.動物性：河豚毒、有毒魚貝類等。

2.植物性：發芽的馬鈴薯、毒菇等。

3.黴菌毒素：儲存太久長霉的花生、玉米或豆類。

4.其他：如過敏原物質──組織胺。

## 三、化學性食品中毒

1.化學物質：有毒非法食品添加物，如塑化劑、瘦肉精、二氧化硫、硼砂及工業用色素等。此外，尚有農藥等所導致的中毒事件均屬之。

2.有害物質：砷、鉛、銅、汞及鎘等所引起者。

2.除非患者昏迷，否則先給予食鹽水喝下。

3.迅速將患者送醫診治，並盡速於二十四小時內向當地衛生局（所）聯絡或報告。

## 三、廚房衛生

### (一)餐飲設施與衛生

#### ◆良好採光與通風

在採光不良的場所工作，人員易疲勞，工作效率低，所以廚房內之採光應在100燭光，工作檯面須200燭光以上，並避免太陽光直射。至於燈管、燈泡之光源，也應避免設在工作檯正上方，最好加裝護罩。此外，通風方面可以使用天窗、抽風機、風扇、排氣管、排氣機與空氣調節裝置等設備來保持良好通風，使廚房內外溫度與濕度平衡，減少凝結水氣，以及排除不良氣味、熱度與有害物質，使員工感到舒適。

#### ◆牆壁、支柱與地面須考究建材與施工品質

廚房地面、牆壁、支柱（離地面1公尺內之部分）須經常清洗，因此其建材應選擇不透水、易清洗、耐酸鹼的淺色材料為原則。

#### ◆樓板、天花板應選擇防火、防塵、易清洗的材質

廚房樓板、天花板的顏色應為白色或淺色，表面平滑、易清洗，並有防止吸附灰塵設備，且不得有破損。

#### ◆良好排水系統

廚房排水系統若不暢通，很容易產生臭味，孳生蚊蟲、細菌，不但影響員工情緒，且易汙染食品。通常水溝上方宜加蓋子，避免雜物滲入溝渠造成堵塞。此外，餐廳廚房水溝尚須設有防範病媒體入侵，以及防逆流措施，以免外面廢水、汙水倒灌入內。

#### ◆出入口、門窗等要有防範病媒體入侵設備

　　為防範病媒體入侵，必須在餐廳或廚房加裝紗門、紗窗、空氣簾、塑膠簾、捕蟲燈等附加設施，至於水溝最好採用水封式水溝，以防蟲鼠入侵。

#### ◆廚房水源要充足，並設置足夠洗手槽及排氣設備

　　廚房水槽、工作檯、調理檯，均需鋪設不鏽鋼板，避免以木材製作，以免腐蝕、生鏽、且易清洗、消毒。

#### ◆廚房內須嚴格分區

　　廚房應劃分清潔區、準清潔區與汙染區，不可混淆，以免食物受汙染。

#### ◆廁所要遠離廚房

　　廁所之位置至少要遠離廚房3公尺以上，其化糞池須離水源20公尺以上，以防範汙染。

#### ◆餐廳廚房須備有蓋之廢棄物處理容器

　　有蓋廢棄物處理容器，每次作業後即須進行清理，以防臭味四溢，杜絕汙染源，切斷蟲鼠物源，並可確保廚房之清潔。

#### ◆餐廳廚房須有足夠之面積

　　一般而言，廚房面積與供膳場所面積之比例為1：3，易言之，廚房面積應占整個餐廳面積的四分之一為最理想。

### (二)廚具設備之衛生

#### ◆冷凍冷藏庫

　　冷凍冷藏庫之管理是防止品溫回升及二次汙染。為防止汙染食品，冷藏庫須經常定期清洗、消毒，食品須妥為包裝再分類儲藏，以避免交互汙染。此外，須注意儲存時間不宜太久（**圖8-6**）。

#### ◆餐具櫥櫃

　　餐具櫥櫃係放置洗淨、消毒過的餐具之地方，本身須有防止病媒體侵入、灰塵汙染的措施。餐櫥架最好採用不鏽鋼，且須定期清理、消毒、保持乾燥。

**圖8-6　餐點不宜儲存太久以免變質**

◆砧板

　　砧板若使用不當或衛生不好，很容易引起食品交互感染，甚至引發食品中毒。使用砧板須注意下列幾點：

1. 為了避免生熟交互感染，至少應準備兩塊砧板，一塊為熟食，另一塊為生食，不過最好能準備四塊砧板，並以顏色標示其用途。
2. 宜用合成塑膠砧板，因為此種砧板易清洗、消毒及乾燥，衛生條件較木質砧板佳，但其缺點是易滑、質輕。
3. 使用後，須立即清洗，每次作業後應充分洗淨且加以消毒，可用熱水85℃、日光、氯水或紫外線來消毒。
4. 砧板消毒洗淨後，應以側立方式存放，避免底部受汙染，最好有專門儲存場所。

◆金屬器皿之衛生

　　常見金屬器皿如廚師刀叉、鍋、杓子、鍋鏟、濾網等此類器皿清洗容易，每次使用後應先清洗再以熱水、氯水、紫外線加以消毒，並存放於專用櫥櫃內。

### ◆用水衛生

餐廳用水應符合飲用水水質標準，若非使用自來水，應設置淨水及消毒設備。蓄水池須有汙染防護措施，定期清洗，以防蓄水槽受汙染。

## (三)工作環境衛生

### ◆室內環境之衛生

1.室內不得畜養家禽、牲畜。
2.室內溫度、濕度須保持一定範圍，如24～26℃，相對濕度50%，對員工工作效率較佳。
3.二氧化碳濃度不得高於0.15%。
4.落菌量應儘量減少，它是室內衛生之指標。一般規定，清潔作業區與原料儲藏室之落菌量每五分鐘不可超過七十個。

### ◆室外環境衛生

1.四周環境要保持整潔，避免因人員、物品進出而汙染了室內場所。
2.需有完整排水系統，經常清理保持暢通，防止積水與產生逆流現象。

 第五節　餐廳廚房緊急事件的種類及處理

餐飲業的產品其生產過程時間短，且採個別化方式服務，為避免客人久候，通常在生產、製備或服務上，均十分重視效率。有時因服務人員的疏失或場地設施規劃不當，極容易在繁忙工作之際，發生碰撞跌倒或刀傷、燙傷等意外事件。至於餐廳所發生的緊急意外事件當中，除前述的食物中毒之外，首推火災、瓦斯中毒，以及其他意外傷害事件。茲分述如下：

## 一、火災意外事件

餐廳意外事件以火災為最嚴重，餐飲業者平時要加強餐廳消防設施與設

備外，更要落實其員工消防安全教育訓練，以免一旦發生火警而驚慌失措，甚至造成嚴重災害。

## (一)火災的類別

火災之發生，一定要有可燃物或易燃品，由於引起火災的易燃物特性不同，因而所產生的火災類型也不同。一般可分為下列四種：

### ◆A類火災（普通火災）

係指一般可燃性材料所引起的火災，如木造房屋、紙類、家具、纖維製品及塑膠等可燃物所引起的火災（**圖8-7**）。

### ◆B類火災（油類火災）

係指油脂類火災而言，如石油類、天然氣及油漆等可燃性液體或氣體所引起的火災。

### ◆C類火災（電氣火災）

係指由電器、電線所引起的火災，如電器用品、電壓配線及電動機械等所引起的火災。

**圖8-7　木造材質餐廳須慎防A類火災**

◆**D類火災（金屬火災）**

係指由金屬化學原料所引起的火災，如鉀、鎂、鋰及鈦等可燃性金屬原料所引起的火災。

## (二)各類火災適用滅火器之比較

茲將各類火災適用之滅火器，列表說明如**表8-3**。

## (三)火災緊急事件的處理

當你發現起火時，須當機立斷切忌慌亂，並判斷是否可以自行滅火，若可以，應立刻以滅火器或消防栓來滅火。反之，若經判斷無法自行滅火，須立刻按警鈴，或電話通知總機打119電話報警，並廣播及派員協助顧客緊急疏散，由安全門或太平梯前往較安全地區。

◆**火災疏散作業要領**

1.引導顧客疏散時須力求鎮靜勿慌亂，以鎮靜語調告知客人說明火災地點，並聲明火災已在控制中，引導顧客朝安全方向疏散。
2.引導人員須手提擴音器及手電筒，避免客人跌撞而產生意外。
3.疏散時，從最靠近火災起火點之樓層客人優先疏散，老幼婦女為優先。成群顧客疏散時，前後均須安排引導人員，以安定顧客心理，避免因驚慌滋生意外，此為最有效的疏散方法。

**表8-3 各類火災適用之滅火器**

| 滅火器種類<br>火災類別 | 乾粉<br>滅火器 | 二氧化碳<br>滅火器 | 泡沫<br>滅火器 | 鹵化烷<br>（海龍） | 潔淨<br>滅火器 | 水 |
|---|---|---|---|---|---|---|
| A類火災（普通火災） | ○ | × | ○ | ○ | ○ | ○ |
| B類火災（油類火災） | ○ | ○ | ○ | ○ | ○ | × |
| C類火災（電氣火災） | ○ | ○ | × | ○ | ○ | × |
| D類火災（金屬火災） | × | × | × | × | × | × |

註：1.○記號表示適合；×記號表示不適合。
　　2.D類火災係由鎂、鉀、鋰等活性金屬或其他禁水性物質所引起，須分別以能有效控制這些可燃金屬燃燒的特定滅火劑來滅火。

4.若有濃煙要先使用濕毛巾掩住口鼻，或以防煙袋先充滿空氣罩套頭頸
後，再迅速沿著走廊牆角採低姿勢，由太平門或太平梯往外或朝下層疏
散。

◆火災逃生疏散時應注意事項

1.救火最重要的黃金時刻為剛起火的三至五分鐘內，若無法自行滅火，須
立即報警、廣播、疏散顧客。

2.疏散時不可穿拖鞋逃生，避免燙傷、刮傷等意外。

3.若使用防煙塑膠袋，在套取新鮮空氣時，須在接近地板上方撈空氣（圖
8-8），若以站姿雙手在上空撈可能盡是濃煙。

4.逃生時嚴禁使用電梯，若無法逃生時，可用濕毛巾掩住口鼻在窗口、陽
台呼救，但絕對不可貿然跳樓。

5.逃生過程若需要換氣，應將鼻尖靠近牆角或階梯角落來換氣。

6.如果濃煙多的時候，當你站著或蹲著都呼吸不到空氣時，只有趴在地板
上方，鼻子距地面20公分以下始能吸到微薄新鮮空氣，此時宜以趴行方
式逃生，雙眼閉著以雙手指頭代替眼睛，沿牆壁前進較容易找到逃生門
（圖8-9）。

圖8-8　接近地板上方撈新鮮空氣

**圖8-9　濃煙多時以趴行方式逃生**

## 二、瓦斯中毒事件

餐廳營業時間通常會緊閉門窗，再加上通風排氣系統不良或瓦斯管線老化等，有時會造成一氧化碳等瓦斯中毒事件。謹分述如下：

### (一)瓦斯中毒的原因

1.瓦斯用畢未關閉或開關故障漏氣。
2.瓦斯管線老化、破裂而氣體外洩。
3.瓦斯在密閉空間燃燒，氧氣不足而產生一氧化碳中毒事件。

### (二)瓦斯中毒事件的處理

1.首先應以濕毛巾掩住口鼻，迅速先將瓦斯關閉。
2.立即打開室內所有門窗，以利沖淡室內瓦斯，但絕對嚴禁扳動電器（如抽風機）的電源開關，以防爆炸。
3.將患者迅速抬到通風良好的地方，令其靜臥。

4.如果患者已呈昏迷狀態或呼吸停止，此時需先給予人工呼吸急救，或心肺復甦術。

5.儘量給患者保暖，但不要有出汗的現象。

6.儘速送醫急救。

## 三、意外傷害事件

餐廳意外傷害事件的發生，通常是由於人為的疏失所造成，也有部分是出自於餐廳設施設備或維護不當所引起，以致造成餐廳顧客或餐廳員工的意外受傷情事發生。為避免意外傷害事件的發生，須從工作環境設施改善及員工教育訓練等兩方面來加強。

### (一)提供安全無慮的用餐環境與工作場所

安全無慮的餐廳與廚房，不僅是顧客、員工生命的保障，也是餐飲企業的社會責任。因此，須加強下列安全措施，以防意外事件的發生：

1.餐廳與廚房動線規劃須流暢，且有足夠的作業空間規劃，最好廚房面積須有餐廳供膳場所三分之一的面積，以免空間不足而發生碰撞意外。

2.走道和工作場所照明要充足；地板要有防滑或抗滑的設施。

3.任何設備須定期保養，妥善維護，一切以安全為考量。如電線、插座、電梯之維護。

4.出口處、安全門等有明確的標示與照明設施。

5.滅火器、急救箱等緊急物品應置於方便取得的定點。

### (二)加強員工安全教育訓練

加強員工安全教育，乃在培養員工良好的安全工作習慣與正確工作態度，期以減少員工的職業傷害，期以維護顧客的安全。例如預防刀傷、跌倒、燙傷、燒傷或機器設備傷害等之安全教育與訓練。茲摘述如下：

◆預防跌倒、碰撞

1. 餐廳或廚房地板，必須經常保持乾淨，若發現有油漬或水跡應立即擦拭乾淨，以免員工或顧客不慎滑倒受傷（**圖8-10**）。一般廚房之地板須鋪設抗滑建材或灑些鹽以止滑，餐廳最好要鋪地毯以免客人滑倒。
2. 餐廳或廚房出入口，其動線要劃分清楚，避免員工、顧客因來往進出發生擦肩或碰撞情事。
3. 避免奔跑、避免拿過重或太大件的物品。
4. 應以安全梯取高處物品，不可拿紙箱或椅子墊腳取物。

◆預防刀傷、割傷

1. 餐廳或廚房所有刀叉餐具，須依規定位置收藏妥當，如置於廚房刀架上，不可置放於水槽內或隱蔽處，以免不慎碰傷。
2. 保持刀刃銳利及刀把乾淨無油脂，使用時較不費力且不易滑。
3. 為避免砧板滑動產生意外，可在砧板下面墊濕毛巾。
4. 使用刀具時，須專心不可分神。

**圖8-10　餐廳地板宜保持乾淨，以免客人滑倒受傷**

5.清洗刀子時，刀鋒要朝外；拿刀子時，刀鋒要朝內，以免誤傷他人。

6.勿徒手去接滑落的刀子。

7.刀具除切割外，避免供做其他用途，如開瓶、開罐。

8.破碎的玻璃、陶瓷杯皿勿以手撿取，須以掃把掃乾淨裝入特別包裝的袋內，勿直接丟入垃圾桶。

## ◆預防燙傷

1.需以乾抹布去拿熱鍋，避免用濕抹布，以免蒸氣燙傷。

2.鍋內熱湯勿裝太滿，以免溢出而燙傷。

3.打開熱鍋蓋時，要避開熱蒸氣。

4.鍋子的把柄若鬆動或脫落時，應避免使用。

5.使用瓦斯爐灶時，須先點母火，再打開瓦斯。

6.萬一鍋子著火，可灑鹽巴或蘇打粉，唯勿以水潑灑。

7.端取熱鍋或熱湯時，要提醒顧客或附近的工作人員。

8.油炸時，須先將食材瀝乾再入鍋，以免熱油濺出。

## ◆預防扭傷

1.收拾盤碟，須依規定要領分類平放於托盤或推車，但不可堆砌過高，以防盤碟滑落或因太重而扭傷腰部。

2.搬運重物時，須先蹲下拿穩後，再以雙腿之力支撐慢慢站起來，避免以背部彎腰使力來抬重物，否則易扭傷腰背。

3.工作場所絕對不可跑步，須培養走路之步伐，使之有節奏感。

## ◆預防機器設備傷害

1.凡是機械或手工具之操作，宜事先加以訓練，使其完全熟練後，才可正式操作，以免因操作錯誤或使用不當而產生意外。

2.機械、電力、熱力、瓦斯等必須經常定期檢查，並作記錄，以避免發生危險。

3.使用機器設備時，須先關機，然後再插電，以防意外。

4.避免以濕手觸摸插座、電線或電器設備。

## (三)意外傷害事件的處理

### ◆刀傷、碰傷的處理

1.若不慎受傷，絕對不可以口吸吮傷口，以免細菌感染。
2.若流血量多，須立刻先對傷口加壓止血。
3.清潔消毒傷口，擦藥治療。
4.若傷口較大，情況嚴重者須立即送醫診治。

### ◆燙傷、灼傷的處理

1.若不小心被熱沸油湯或爐火燙灼，此時應遵循「沖、脫、泡、蓋、送」五大步驟處理。
2.首先以流動冷水沖洗傷口十五至三十分鐘。
3.再於水中小心脫掉受傷部位衣物。
4.再用冷水浸泡十五至三十分鐘。
5.將受傷部位以乾淨的布巾覆蓋。
6.最後再送醫診治。

### ◆扭傷、骨折的處理

1.若因輕微扭傷，則可先行塗抹消炎藥膏或冰敷即可。
2.若患者骨折脫臼，則要小心處理，避免不必要的移動。
3.首先必須小心觸診檢視受傷部位。
4.若有傷口不可碰觸，須先以乾淨紗布繃帶包紮傷口。
5.將骨折部位以夾板或固定物先予以暫時固定住，再迅速送醫診治。

## 一、解釋名詞

1. Standard Yield
2. Standard Recipe
3. Modified Conventional Methods
4. Commissary Methods
5. HACCP
6. GHP
7. Convenience Methods
8. Metal Utensil

## 二、問答題

1. 如果你是餐廳廚房的主廚，為求有效控管廚房生產作業之質量達一定水準，請問你將會採取何種有效的因應措施？試申述之。
2. 目前市面上常見的餐廳，其廚房生產製備的方式有哪幾種？你知道嗎？請想一想。
3. 餐廳所使用的餐具其材質互異，請就不鏽鋼及銀器之餐具來介紹其優、缺點。
4. 為確保餐具之清潔衛生，你認為餐廳該如何來規劃一套標準的餐具洗滌作業流程呢？試述之。
5. 餐具消毒的方法可分為哪幾種？試述之。
6. 你認為廚房工作人員的衛生習慣，須自哪方面來加強教育訓練及考核呢？試申述之。
7. 為確保手部的清潔，請說明正確洗手的步驟。
8. 何謂「食物中毒」？並請說明預防食物中毒應遵循的基本原則。
9. 目前常見的火災，可分為哪幾大類？試述之。
10. 如果你是餐廳經理，請問你會如何來防範餐廳意外事件之發生？

Chapter

9

餐飲服務

單元學習目標

- 瞭解各種餐桌服務的要領
- 瞭解自助式服務的特性
- 瞭解櫃檯式服務的特色
- 瞭解宴會作業服務的方式
- 培養良好餐飲服務專業知能

服務乃餐廳主要的產品，也是餐廳的生命，若捨棄服務即無餐廳可言。餐飲服務的良莠是當今二十一世紀餐廳營運成敗的主要關鍵因素。

由於餐廳類別繁多，不同類型餐廳所提供的餐飲服務方式也因而互異。一般而言，餐廳所採用的餐飲服務（Food Service），其基本型態可分為：餐桌服務、自助式服務及櫃檯式服務等三種。不過隨著社會、經濟、文化及市場的變遷，此三種基本服務型態在今日餐飲業之運用上，也做了很多調整與改變，以因應實際營運市場之需。

餐廳究竟採用哪一種餐飲服務型態，完全端視市場需求及餐廳定位而定，如客人可自由支配的用餐時間、願意支付費用多少，以及餐廳員工能力、菜單內容與餐廳價位政策而定。

# 第一節　餐桌服務

餐桌服務（Table Service）係一種最古老、典型、複雜的餐飲服務方式，也是一種既專業且溫馨的服務方式。

近年來，隨著餐飲文化之發展，餐桌服務方式也因地而異，主要有三大類，即餐盤式服務、銀盤式服務及合菜服務。所謂「餐盤式服務」（Plate Service）係指美式服務；「銀盤式服務」（Platter Service）乃指法式、英式、俄式等三種經常使用大銀盤及銀餐具之服務方式，另稱其為銀器服務（Silver Service）；至於「合菜服務」（Plat Sur Table）則類似中餐服務。謹分別摘述如下：

## 一、美式服務（American Service）

美式服務又稱「餐盤式服務」或「手臂式服務」（Arm Service），大約興起於十九世紀初，那時美洲大陸掀起一股移民熱潮，許多來自世界各地的移民，紛紛成群結隊湧至美國大陸，由於當時各大港埠餐館林立，這些餐廳之經營者大部分以來自歐洲為多，因而餐廳供食方式不一，有法式、瑞典式、英式及俄式等多種，後來由於時間之催化，民族文化之融合，使得這些

供食方式逐漸演變成一種混合式服務,即今日的「美式服務」。

## (一)美式服務的特性

美式服務係所有餐桌服務方式當中,服務最為快速、翻檯率最高、價格合宜、且廣為今日美國餐飲界所普遍採用的一種現代餐廳服務方式。謹將美式餐桌服務的特性分述如後:

### ◆美式服務是一種餐盤式服務,又稱手臂式服務

1. 美式服務的餐廳,所有菜餚均事先在廚房烹調好並裝盛於餐盤上,然後再由服務員將餐盤從廚房端入餐廳服務客人。
2. 服務員以手持餐盤,最多以三盤為限,如果手持熱盤則須以服務巾拿取,以免燙傷。

### ◆美式服務快速便捷,翻檯率較高

1. 美式服務最大優點為服務速度快,工作效率高。
2. 服務員一人可同時服務三至四桌的客人,因此餐廳翻檯率較高。

### ◆美式服務較之其他服務方式簡單,成本較低

1. 美式餐廳座次排列較法式餐廳多,餐廳座位數相對提高(**圖9-1**)。
2. 美式餐廳所使用之生財餐具,無論在類別或數量上也較其他服務方式少,並且以瓷器或不鏽鋼餐具為多,銀器類較少。

### ◆美式服務餐飲服務員不須特別長期專業訓練

美式服務餐廳的服務員由於一般工作性質較單純,不必桌邊烹調或現場切割表演,因此服務員只要施以短期訓練即可上場服務,不像其他服務方式的服務員須長期培訓,如法式正服務員至少要三年以上之訓練,始能上場服務。

## (二)美式服務的方式

美式服務可以說是所有餐廳服務中最簡單方便,沒有採用銀盤服務的一

**圖9-1 美式餐廳桌椅擺設**

種餐飲服務方式。主菜只有一道,而且都是由廚房裝盛好,再由服務員端至客人面前即可。美式上主菜一般均自客人左後方奉上,但飲料則由右後方供應。謹分述於後:

1.當客人進入餐廳,即由領檯引導入座,並將水杯口朝上擺好。

2.將冰水或溫開水倒入杯中,以右手自客人右側方服務。

3.遞上菜單,並請示客人是否需要飯前酒。

4.接受菜單,並須逐項複誦一遍,確定無誤再致謝離去。

5.所有湯道或菜餚,均須從客人左後方供食。

6.上菜時,除飲料以右手自客人右後方供應外,其餘均以左手自客人左後方供應。

7.若同桌均為男性,則由主人右側之賓客先服務,然後再依逆時鐘方向逐一服務;如果同桌有女士、年長者或小孩時,則須由主人右側優先依次服務。

8.若客人有點叫前菜,則前菜叉或匙須事前擺在餐桌,或是隨前菜一併端送出來,將它放在前菜底盤右側。

9.收拾餐具與桌面盤碟時，一律由客人右側收拾。

10.客人吃完主菜時，應注意客人是否還需要其他服務，並遞上甜點菜單，記下客人所點之甜點及飲料。

11.供應甜點時，須先清除桌面殘餘麵包屑或殘渣。

12.準備結帳，將帳單準備妥，置於客人左側之桌緣。

綜上所述，傳統美式服務係一種餐盤式服務，速度快、翻檯率高，餐桌服務時飲料係「右上右下」，菜餚為「左上右下」。唯現代美式服務之上菜方式，有些餐廳均一律改為「右上右下」之改良式服務。

## 二、法式服務（French Service）

法式餐飲服務，係一種相當精緻細膩的高雅服務。法式服務源於法國路易十六的宮廷豪華宴席，後來才流傳到民間，並逐漸精簡改良成為今日西餐最豪華的一種餐飲服務方式。

法式餐飲服務在美國通常係指精緻美食（Houte Cuisine）餐館的服務而言。客人所點叫的食物先在廚房預先烹調、初步處理，然後再由助理服務員端至餐廳，放在客人旁邊的手推車（Guéridon）或旁桌（Side Table），由正服務員現場加熱完成最後的烹調，再由助理服務員完成上桌供食服務。謹將法式餐飲服務的特性、服務方式及旁桌服務，分述如下：

### (一)法式服務的特性

法式服務之所以引人入勝，備受歡迎，其主要原因除了餐廳典雅高貴的裝潢、精緻美食佳餚外，尚搭配高雅華麗的銀器，以及擁有專精技術的優秀服務員，為客人提供溫馨的現場烹調服務。謹將其特性分述於後：

### ◆法式服務擁有專精的正服務員與助理服務員

1.法式服務最大特性，是有兩名經過專業訓練的服務員，即正服務員與助理服務員搭配為一組來為客人服務。

2.在歐洲法式餐廳服務員，必須接受正規教育訓練後，再實習一、二年，

始可成為準服務生（Commis de Rang）或稱助理服務員，但仍無法獨立
作業，須再與正服務員一起工作見習二、三年，始可升為正式合格服務
員（Chef de Rang），如此嚴格訓練前後至少四年以上，此乃法式服務
的特性之一。

### ◆桌邊現場烹調的供食服務

1.法式服務所有菜餚係在廚房中先予以初步烹調處理，略加烹調再由助理
服務員自廚房取出，置於現場烹調車或手推車上。

2.正服務員於客人餐桌邊，當眾以純熟精湛的技術現場烹調，或加熱、加
工處理，最後再分盛於食盤，由助理服務員端送給客人。

3.桌邊現場烹調的供食服務乃法式服務之重要特色，這一點與其他服務方
式不同。

### ◆溫馨貼切、以客為尊的個人服務，不追求快速高翻檯率

法式服務由於擁有經歷嚴格訓練的專業服務員，以及桌邊現場烹調的個
人式、人性化服務，因此不強調高翻檯率，重視客人悠閒舒適的享受，期使
客人有一種賓至如歸之感。

### ◆高雅的銀質餐具擺設與精緻的現場烹調車

1.法式服務所使用的餐具，不但種類多，質料也最好，大部分餐具均為
銀器或鍍銀器皿，如餐刀、餐叉、龍蝦叉、田螺夾、蠔叉、洗手盅
（Finger Bowl）等，均為其他服務的餐廳所少用的高級銀器。

2.現場烹調車在法式服務的餐廳極為精緻且重要，其推車上鋪有桌布，內
附有保溫爐、煎板、烤爐、烤架、調味料架、砧板、刀具、餐盤等等器
皿。手推車之式樣甚多，不過其高度大約與餐桌同高，以方便操作服務
（圖9-2）。

### ◆洗手盅的供應

法式服務之另一特點乃「洗手盅」之供應，舉凡需要客人以手取食之菜
餚，如龍蝦、水果等等，應同時供應洗手盅。這是個銀質或玻璃製的小湯
碗，其下面均附有底盤，洗手盅內通常放置一小片花瓣與檸檬，除美觀外，

**圖9-2　現場烹調車一般均與餐桌同高，以利操作服務**

圖片來源：君悅飯店

尚有去除腥味之功能。此外，用餐後還要再供應洗手盅，並附上一條餐巾供客人擦拭用。

## (二)法式服務的方式

法式服務係由一群訓練有素的服務人員擔綱演出，通常係指精緻豪華餐廳的服務，也可說是最昂貴的餐飲服務方式。謹將法式餐飲服務的方式，摘述如下：

### ◆引導入座

當客人進入餐廳，即由餐廳經理或領檯引導入座，並將桌上口布幫客人攤開擺好。法式餐廳對於客人座位之安排相當重視，往往係由經理依客人身分、背景、地位來親自安排座次。

### ◆展示菜單、點餐前酒或飲料

當客人入座後，正服務員或領班會遞上菜單，並介紹菜餚；同時為客人點餐前酒或飲料，此餐前酒類似開胃菜的性質。

◆**點菜**

　　餐前酒服務完畢，此時正服務員或領班將前來為客人點菜，並將點菜單交由助理服務員送到廚房備餐。

◆**選取佐餐酒**

　　當正服務員為客人點菜完畢，此時葡萄酒服務員（Wine Steward／Sommelier）會遞上酒單，為客人介紹各類佐餐酒。通常在美國係以「杯」計價而非以「瓶」計價。

◆**餐桌服務**

1. 典型傳統的法式服務菜單結構為八道菜：開胃菜、湯、魚主菜、冰酒、肉類主菜、沙拉、甜點、乳酪。
2. 每用完一道菜，服務員須等同桌所有客人均吃完，才可由客人右側收拾整理餐具，並擺設下一道菜所需的餐具。
3. 上菜時，除了麵包、奶油碟、沙拉碟及其他特殊盤碟，必須由客人左側供應外，其餘菜餚、飲料均以右手自客人右側供應。
4. 若客人點叫需要以手取食之菜餚，如龍蝦、水果等，均應同時供應洗手盅。
5. 客人吃完主菜時，應注意客人是否還需要其他服務，並遞上甜點菜單，記下客人所點之甜點及飲料。
6. 甜點、乳酪上桌服務之後，最後才送上咖啡、茶等飲料。

**(三)旁桌服務（Guéridon Service／Side Table Service）**

　　所謂 "Guéridon" 原係指在顧客餐桌所擺設之專供備菜、擺盤、調理之小圓桌，後來引申為旁桌服務或現場烹調手推車服務。

　　典型傳統法式服務餐廳的菜餚，自開胃菜一直到甜點，如生菜沙拉、魚肉類主菜、火焰甜點（Flambeed Desserts）等等菜餚，均由正服務員在餐廳客人餐桌邊完成最後的烹調，係一種極具表演性質（Showmanship）的高雅服務方式，可滿足客人視覺、味覺、嗅覺等各方面之享受，提供客人最親切的個人服務，此乃法式餐飲服務最大特色。謹將旁桌服務的服務須知及其特性分

別摘述如下：

## ◆旁桌服務須知

旁桌服務原係法式服務的最大特色，但目前已逐漸成為各類精緻餐廳作為美食促銷之方式，透過桌邊現場烹調（Flambé）以及現場桌邊切割（Decoupage／Carving）等兩種方式，來吸引周遭客人的注意力，進而達到促銷服務的目的。為使旁桌服務達到促銷及展示表演的效果，必須遵循下列事項：

1.桌邊烹調須有完善環境及烹調設備：
　(1)餐廳用餐場所須有足夠空間，以便手推車或現場烹調車之移動或安置。如果餐廳空間、走道取得不易，則可考慮採用較窄小的手推車或固定的邊桌。
　(2)桌邊烹調車須有完善的烹調設備與特別服務器皿，如固定熱源、火爐、擱板（Shelf）、餐具，最重要的是須有煞車固定裝置，才能避免操作時滑動。
　(3)桌邊烹調的設備以簡單不花俏、實用、乾淨、安全為原則。
2.桌邊烹調須有特別研發的桌邊烹調食譜：
　(1)桌邊現場烹調的食譜可自傳統食譜中來研發，如凱撒沙拉（Caesar Salad）、蘇珊煎餅（Crepes Suzette）、火焰櫻桃冰淇淋（Cherries Jubilee）等，均是受歡迎的現場烹調菜餚，其中最有名的是「蘇珊煎餅」，已成為全球最流行的法式點心。
　(2)桌邊烹調食譜必須能在桌邊快速製備的食物，避免費時的工夫菜。服務人員不可耗費太長時間於食物製備上面，而忽視其他餐桌的客人。若食物無法在二十分鐘內完成烹調供食服務，則要考慮摒除於食譜之外。此外，儘量避免將食物先在廚房煮到半熟，然後才在旁桌予以完成，因為預煮往往會破壞食材的品質，而失去原味。
　(3)桌邊現場烹調的食譜，除了凱撒沙拉、蘇珊煎餅、火焰櫻桃冰淇淋外，其他常見的焰燒菜（Flaming Dishes）尚有火腿小牛肉捲、黑胡椒牛排，以及皇家咖啡、愛爾蘭咖啡等等多種美食飲料。

3.桌邊烹調須能以精湛技巧完成美食佳餚：

(1)桌邊現場烹調除了展示專精的烹飪藝術表演技巧外，最重要的是食物必須烹調得很精美可口，否則僅是徒具形式的失敗促銷而已，甚至失去實質的意義。

(2)現場烹調服務人員，除了須具備精熟專業技能外，更須講求服務儀態，以優雅的動作、可掬的笑容、眼光與客人保持接觸，始能贏得客人激賞。

4.桌邊烹調須注意安全衛生，防範意外：

(1)桌邊烹調手推車須有固定的安全加熱器或火爐，同時附有煞車裝置，以免餐車操作時滑動造成意外。

(2)烹調車須保持亮麗潔淨，擱板須墊上乾淨白布桌巾，烹調鍋或火爐至少要距離客人30公分以上。

(3)焰燒菜加入烈酒要適量勿太多，最好先將鍋子移離火焰，同時再將鍋背朝向客人，以避免酒瓶爆炸產生意外。

(4)焰燒菜點燃火焰的方式有兩種，即將柄端稍往上提，將鍋子傾斜，使烈酒揮發之氣體接觸到加熱器之火源來點燃火焰；另一種方法係先將湯匙盛烈酒，置於爐火上先點燃湯匙後，再以湯匙上之火焰來點燃鍋內之烈酒。此外，可加糖來改變火焰之顏色。

(5)避免使用打火機或火柴來點燃火焰，以免發生意外。

(6)蘇珊煎餅為增加柑橘香味，所使用的烈酒通常係採用含柑橘香味的Grand Marnier或Cointreau，一般的蘇珊煎餅是以上述兩種柑橘酒或是Triple Sec等為主。至於一般焰燒烈酒則以白蘭地為多。

◆旁桌服務的特性

　　旁桌服務係利用現場烹調車或服務桌，在餐廳客人餐桌旁做現場烹調或現場切割的餐飲服務方式，係一種具有表演性質的服務方式（圖9-3）。謹將其優、缺點摘述如下：

1.旁桌服務的優點：

(1)營造餐飲進餐環境情趣與氣氛。

**圖9-3　具有表演性質的旁桌服務**

　　(2)提供溫馨的個人化親切服務。

　　(3)提高菜單銷售之附加價值。

　2.旁桌服務的缺點：

　　(1)使用現場烹調車或服務桌，須占用較大空間，進而造成餐廳座位數
　　　減少，價格偏高。

　　(2)旁桌服務較重視進餐情境之舒適，以及欣賞具表演性質的高雅服務
　　　技巧，因此翻檯率最低。

## 三、英式服務（English Service）

　　英式服務另稱「家庭式服務」（Family Service）。傳統的英式服務，所
有食物均是先在廚房烹調好，以大銀盤端出，由主人在餐廳親自將肉切割好
再裝盤，置於餐桌供客人自行取用，客人則類似家庭式地自行服務自己。唯
目前英式服務通常係由服務人員來為主人擔任切割工作，並將食物由客人左
側分送服務。

　　英式餐飲服務大部分僅在學校、機關團體附屬餐廳或美式計價旅館（房

在歐洲銀器服務中，英式服務係由服務員自客人左側，由服務員將食物派送給客人；法式服務係由客人自大銀盤中自行取食（歐洲與美國對於餐桌服務方式名稱講法不一。本書以美國餐飲界觀點來定義名稱）。

租含三餐在內的計價方式）中使用。由於英式服務是一種非正式的服務，因此除了像宴會這種需要在極短時間內來服務大批客人的場合外，一般餐廳較少採用此種服務方式。謹將英式服務的優、缺點摘述如下：

(一)優點方面

1.服務迅速，不需太多人力。
2.適於用在短時間服務大批客人的宴會場合。
3.不需太大空間來放置器具。
4.客人可自行選取所需適量的食物，不會浪費食物。

(二)缺點方面

1.用餐氣氛較類似家庭式聚餐，因而較不正式。
2.有些菜餚如整條魚，較不適合此類服務。
3.如果客人均點叫不同食物時，則服務人員須端出許多大銀盤上桌服務。

四、俄式服務（**Russian Service**）

俄式餐飲服務又稱為「修正法式餐飲服務」，也是一種銀盤式服務。此型服務之特色，係由廚師將廚房烹飪好的佳餚，裝盛於精美的大銀盤上，再由餐飲服務員將此大銀盤以及熱空盤一起搬到餐廳，放置在客人餐桌旁之服務桌，再依順時鐘方向，由主客之右側以右手逐一放置一個空盤，待全部空盤均依序擺好之後，服務員再將已裝盛的秀色可餐之大銀盤端起來，讓主人及全體賓客欣賞，最後再依逆時鐘方向，由主客左側將菜分送至客人面前之食盤上。

俄式服務也是以銀盤為主要餐具，這種服務方式十分受人喜愛，最適於

「宴會」使用，尤其是使用在六至十二人的私人小型宴會上最為理想。此外，在豪華高級餐廳或世界各地旅館，均常使用此快速且高雅的銀盤式俄式餐飲服務。謹就其優、缺點摘述如下：

(一)優點方面

1.最適用於短時間內服務很多人的高級豪華宴會。
2.服務速度快，但動作依然優雅，可提供個人的服務。
3.服務速度取代法式表演技巧。所有食物均完全烹調好，再以大銀盤由廚房端出。
4.一名服務員即可獨立完成服務，但法式則須兩名服務員。

(二)缺點方面

1.沒有法式服務那麼華麗高雅的場景布置。
2.有些菜餚如魚類，較不適合此類型服務方式。
3.僅提供旁桌切割分菜，而不強調現場烹調。

## 五、中式服務（Chinese Service）

中華美食之所以能廣受人們喜愛，執世界各國名菜之牛耳，其原因除了中國菜強調色香味之特性與均衡營養食補外，更不斷地研發創新高品質之餐飲服務。

近年來，國內餐飲業者為提升中華美食文化，乃針對我國傳統中餐餐飲服務方式予以改良，因而有現代中餐服務所謂的「中菜西吃」與「貴賓服務」等方式產生。為使讀者對我國中餐服務方式之演變有正確的基本認識，茲分述如下：

(一)傳統的中餐服務

自古以來，我國餐飲業者對於中國菜之烹調藝術相當重視，唯對於餐桌服務方面則不如英、法等國那般考究。傳統中國餐館之服務方式非常簡單，

通常是等客人到齊後,服務員將所有佳餚均以14吋或16吋之大餐盤,一道一道直接端上圓桌,置於餐桌中央位置,任由顧客自行取食,服務員之工作僅是負責上菜與收拾餐盤而已,此乃早期傳統式中餐服務,其特色乃強調菜餚本身之量多,以及色香味俱全之「質美」而已,至於服務人員之態度與技巧較不怎麼重視,如目前鄉間之餐館或大眾化平價中餐廳,均仍採用此類傳統中式服務。

## (二)現代的中餐服務

### ◆合菜服務

所謂「合菜服務」,係指一桌客人在餐廳用餐,其所享受之菜餚完全以餐廳事先備妥的定食菜單內容為主,其菜色多寡視客人人數及價格高低而定。此供食方式可分為一般餐廳與高級餐廳的合菜供食,茲分述如下:

1. 一般中餐廳合菜服務:一般中餐廳這種供食方式,係由服務員將菜單內的菜餚,自廚房以托盤一道一道端出,並置於餐桌供客人自行取食。不過一些較講究的餐廳,客人所需的飯與湯是由服務員先以小湯碗裝盛妥再端給客人,而非整鍋湯、飯端上餐桌,由客人自行取用。
2. 高級中餐廳合菜服務:在觀光飯店或較高級的中餐廳,也有所謂的「合菜服務」,不過其服務方式,較之前者大不相同,雖然客人點的是合菜,這僅表示菜單的菜色是以餐廳定食菜餚所列為主,但每上一道菜均由服務員負責將菜餚自桌上大餐盤分菜到客人面前的骨盤供客人進食,而非將菜餚置於餐桌上,任由客人自行取用。有些較高級餐廳,甚至規定服務員每上一道菜均要附「公筷母匙」,並為客人換一次骨盤,這種服務方式已逐漸成為現代中式合菜服務之主流。

### ◆貴賓式服務

所謂「貴賓式服務」係指客人進餐所享用之佳餚,經客人點菜後,再由廚房依客人所點的菜單依序出菜,每道菜均由服務員自主人右側端上餐桌,置放轉盤(Lazy Susan)上,經主人過目後,再輕轉轉盤至主賓面前,一邊展

## 餐桌服務方式之比較

| 服務項目 \ 餐桌服務方式 | 銀盤式服務 | | | 餐盤式服務 | 合菜服務 |
| --- | --- | --- | --- | --- | --- |
| | 法式服務 | 英式服務 | 俄式服務 | 美式服務 | 中式服務 |
| 擺放空餐盤 | ○ | ○ | ○ | × | ○ |
| 空餐盤自客人右側放置 | ○ | ○ | ○ | × | ○ |
| 銀餐盤自客人左側秀菜 | ○ | ○ | ○ | × | × |
| 上菜服務 | 右 | 左 | 左 | 左 | 右 |
| 麵包、奶油、沙拉 | 左 | 左 | 左 | 左 | × |
| 飲料服務 | 右 | 右 | 右 | 右 | 右 |
| 上菜順序方向 | 順時鐘 | 逆時鐘 | 逆時鐘 | 逆時鐘 | 順時鐘 |
| 餐具收拾方向 | 右 | 右 | 右 | 右 | 右 |

附註：
1. 凡須自客人右側服務者，均依順時鐘方向，以右手來服務；凡須自客人左側服務者，均依逆時鐘方向，以左手來服務，此乃餐桌服務之一般原則，而非定律。
2. 表列餐桌服務方式係以美國餐旅業之分類為依據，但歐洲部分地區將前述英式服務內涵稱之為法式服務，並將前述法式服務稱之為英式服務。
3. 旁桌服務在美國係將它視為法式服務的主要特色，而不是一種獨立的餐桌服務方式。

示一邊解說菜名，當菜餚轉至主賓面前，然後才開始分菜（**圖9-4**）。這種貴賓式點菜服務係由客人右側點菜，所有佳餚均由主人右側上菜，但分菜時則須從主賓右後方開始先為主賓分菜，然後依順時鐘方式，以右手執服務叉與服務匙，逐一為賓客分菜，當服務完所有客人後，最後才回頭來為主人服務。

　　通常在中餐廳的貴賓廂房服務時，服務人員之配置一般係以一席一人為原則，為使佳餚得以迅速服務，服務員可同時為左右兩邊的客人服務，不過分菜時須把握一個原則，即每人分量應力求一致，所以服務員在分菜前應特別加以留意菜量，寧可少分一點，若分菜完後尚有剩餘佳餚，可第二次再分給需要的客人，或裝盛於較小盤碟，置於桌上供客人自行取用，但千萬勿因分配不當，以致造成客人有短少或不足之情況發生。

圖9-4　貴賓式服務的中餐擺設

　　此外，這種貴賓式的服務，最強調賓至如歸、客人至上的親切服務，因此服務員每上一道菜或分菜前，即須更換新的骨盤給客人，並且要能靈活純熟地使用服務叉與服務匙。為避免右手分菜時殘渣或菜汁滴落，可在左手置一個以口布墊底之骨盤，當右手執叉匙分菜時，可在下方移動，以防菜餚不慎滴落桌面。

### ◆中菜西吃服務

　　所謂「中菜西吃」的服務，是一種修正式中餐餐桌服務，其主要特色除了將中餐16吋（41公分）大盤菜供食方式，改良為西式8吋（20公分）或10吋（25公分）餐盤的個人供食方式外，並將傳統中式餐具改為以刀、叉、匙為主，筷子為輔。餐桌擺設方式與美式擺法類似，這是一種「中式餐食為體，西式服務為用」之新興中餐服務方式。

　　此類餐廳所供應的餐食大部分係以精緻中華美食套餐為主，個別點菜為輔，同時使用的餐具十分精緻，有些甚至以金器、銀器等刀叉餐具供食。此類型服務的餐廳，無論就外表造型或內部格局設計而言，均十分講究，使人在此用餐能享受到一種高雅溫馨之舒適感。

　　目前國內以「中菜西吃」爲號召的中式餐廳，雖然價位偏高，但由於其所標榜的是高品質服務與精緻美食，因此仍深受廣大消費者所喜愛，此類「中菜西吃」的服務方式，已步出由來已久的傳統中餐服務窠臼，且蔚爲現代中餐服務之另一主流，其未來發展備受矚目，值得重視。

　　語云：「七分堂口，三分灶」，其意乃指餐廳外場服務的重要性，不亞於廚房內場的美食烹調。國人對於中華美食一向十分重視佳餚烹調之藝術，但對於餐廳外場之餐飲服務與安全衛生則較爲疏忽，此乃二十一世紀我國餐飲業亟待改善的主要課題。

 第二節　自助式服務

　　近數十年來，產業結構改變，外食人口激增，爲求在短暫時間內能快速提供價格低廉、營養衛生的大眾膳食，提供出門在外的廣大消費者食用，許多自助式服務的餐廳乃應運而生。

### 一、自助式服務的緣起

　　自助式餐飲服務的概念係萌芽於1893年，由John R. Thompson在美國芝加哥創設全球第一家自助式餐廳爲肇始，之後被廣泛運用在機關、學校、軍隊以及醫院等團膳服務。直到1980年代，美國許多速食業者也將此服務概念正式引入速食餐廳之供食作業，如流暢的服務動線、具彈性的桌椅安排規劃均是例，如今自助式餐飲服務之風已盛行，且已蔚爲時代潮流。

### 二、自助式服務的特性

　　自助式服務之所以在全世界普受歡迎，主要原因乃在於此類服務具有下列特性：

　　1.琳琅滿目的菜餚，集中陳列展示。

圖9-5　歐式自助餐

2.客人自我服務，自行取食，自主性強。

3.快速供食，避免久候，無固定菜單（圖9-5）。

4.價格低廉，經濟實惠，節省人力及物料採購成本。

5.自由化、民主化的舒適個人用餐方式。

6.餐飲材料存貨控管不易。

三、自助式服務工作應注意事項

自助式服務的餐飲服務人員除了要遵循一般餐飲服務工作要領外，尚須特別注意下列事項：

(一)確保供餐檯的整潔，並適時補充菜餚、備品

1.自助式餐廳服務的特色乃在於秀色可餐、裝飾美觀的供餐檯食物展示與陳列，因此工作人員須隨時整理餐檯，確保餐檯整潔、亮麗。

2.如果餐盤或保溫鍋內食物，因客人取食後而形狀零亂，必須隨時加以修整，力求美觀為原則。

3.當餐盤上的菜餚量不足，約僅剩三分之一量時，須送回廚房補充整理，或另端上新裝盛好的餐盤更新，尤其是成本低廉的菜餚更須迅速補充。

4.絕對不允許讓客人感到菜餚不足或有菜餚告罄不補之感，因此內外場要密切配合加強溝通協調。

## (二)確保餐具供應檯的餐具量與清潔衛生

1.當餐具供應檯之餐盤、杯皿、刀叉匙等餐具數量約僅剩三分之一左右時，須立刻準備補充至定量。不可讓客人因餐具不足而造成困擾與不便。

2.隨時維護餐具及其供應檯之清潔衛生，不可有殘餘水漬或異物。

3.熱食盤務必要放置在保溫式的餐盤架上。

## (三)確保用餐區桌椅及環境之整潔

1.客人使用過之空餐盤，須立即收拾，不可任其堆疊置於餐桌上，以免妨礙客人用餐且影響觀瞻。

2.若客人不慎將菜餚掉落餐桌時，服務員須立即在不妨礙客人的原則下，將掉落桌面之菜餚刷進空盤，並以乾淨餐巾覆蓋在汙點上面；若菜餚或飲料掉落灑在地毯上時，須先以餐巾蓋在汙損地毯上，以防客人不慎踩踏滑倒，並立即清除乾淨。

## (四)注意保溫鍋及電熱盤之安全操作使用

1.隨時注意保溫鍋外鍋之熱水是否足夠，應經常留意，以免外鍋的熱水已燒乾而產生意外（**圖9-6**）。

2.酒精膏若不夠或將用完會影響保溫效果。補充酒精膏時，需要先將火罐頭火苗熄滅後，才可再添加酒精膏，嚴禁火罐頭尚有餘火時直接注入酒精膏，否則會造成意外災害。

3.電熱盤或電熱器之使用，須有專用插座，以免超過負載而產生電線走火之意外。

**圖9-6　精緻美觀的餐廳外場保溫鍋**

**(五)確保沙拉吧與熱食吧餐飲安全衛生**

1. 沙拉吧係自助餐式服務最受歡迎的主題區之一，也是自助餐廳客人的話題焦點。因此沙拉吧除了造型力求美觀、具特色外，更要注意冷食之冷藏溫度，須維持在0～7℃之區間，以免食物變質。

2. 沙拉吧須在供餐檯上方設置安全護罩（Sneeze Guard），其高度約在一般人胸部與下巴之間，其目的乃避免客人取食時不慎呼氣在食物上。

3. 熱食吧通常係運用紅外線保溫燈及電熱盤來控制溫度，將食物由上下同時加熱保溫，使食物溫度控制在60℃以上，以避免食物變質。

 ## 第三節　櫃檯式服務

　　櫃檯式服務（Counter Service）的主要特性是快速銷售、便捷服務、價格低廉，其所供應的食物通常均附照片陳示在菜單或懸掛在牆上。此類型服務的特色為：服務人員均經由餐廳櫃檯與客人對話或提供餐食服務，乃因而得名。

## 一、櫃檯式服務的方式

傳統櫃檯式服務的方式經常被運用在速食餐廳、百貨公司超級市場之美食街小吃店、咖啡專賣店、日式壽司店、鐵板燒餐廳、酒吧,以及冰品飲料店等大眾供食場所。此類型的服務方式如下:

### (一)全方位的餐飲服務

櫃檯服務人員自接受客人點餐、向廚房或吧檯叫菜、領取食物快速供應客人、收拾整理餐盤清理檯面,一直到結帳等全方位整套作業,必須能在最短時間內完成。

### (二)定點式的餐飲服務

1.櫃檯服務人員有時須同時服務許多客人,因此僅有少數時間可以花費在走動上。此外,有些櫃檯服務的餐廳,均設有固定服務窗口或服務檯,因此值勤人員僅能在其工作檯與客人做最低限度的對話及活動。
2.為便於點叫、領取餐食及快速供應,餐飲製備區必須儘量鄰近櫃檯,便於服務作業之順暢。

### (三)混合式的便捷服務

櫃檯式服務經常結合餐桌服務、自助式服務的方式於實際供食服務上。例如有些快餐廳、咖啡廳或冰品飲料店,雖然以櫃檯式服務營運,但也會在櫃檯的開放供食區,由服務員在餐桌為客人點菜或拿取客人點菜單,再將餐食端送到餐桌。用餐畢,由客人自行前往櫃檯結帳。

## 二、櫃檯式服務的特性

櫃檯式服務的餐廳,近年來成長相當迅速,如鐵板燒、各類冰品飲料店等到處林立,且備受消費者喜愛,其主要原因乃這些櫃檯式服務的餐廳具有

下列特性：

### (一)快速便捷的供食服務

櫃檯式服務的餐廳大部分均設立在人口聚集的商圈、交通要道，或機關團體所在地附近，其主要營運對象乃針對那些過往迎來，正在趕時間且需一份快速簡餐或飲料來充飢解渴、稍待休憩片刻之客人而設置，因此須以最快速及方便的方式來提供客人所需之服務。

### (二)價格低廉的速簡餐飲

櫃檯式服務的餐廳（**圖9-7**），所提供的餐食內容大部分爲不需要長時間烹調或容易製備的速食、快餐或飲料爲主，如三明治、熱狗、薯條、炸雞、漢堡、點心、壽司、小吃，以及各種甜點、冰品、飲料等等。此外，此類供食服務通常均不必另給小費。

### (三)勞務成本最爲節省的餐飲服務方式

櫃檯式服務所需的人力最精簡。通常一位服務人員的工作範圍從迎賓、

**圖9-7　櫃檯式服務的日式壽司店**

點菜、叫菜、取菜、供食服務、結帳，一直到餐後清潔整理工作，幾乎一手包辦。此外，每一個營運窗口均僅由一名服務員負責。

### (四)可欣賞食物現場烹調的開放性廚房

有些櫃檯式服務的餐廳，通常採開放式廚房或開放式生產作業區，因此客人可以欣賞廚師精湛優美的現場烹調切割技巧，如鐵板燒餐廳。此外，客人在酒吧可以欣賞調酒員輕鬆逗趣的花式調酒技巧，或咖啡廳欣賞吧檯人員純熟的咖啡調配手法均是。

### (五)休憩、聚會、自我娛樂的餐飲服務

櫃檯式服務的餐廳如酒吧、冰品店、咖啡廳等場所，通常在櫃檯或吧檯前方，均設有高腳椅（Stools），客人可以自由自在輕鬆喝杯飲料，且可與人愉快交談，不會感到孤獨或無聊。

## 第四節　宴會與酒會服務

所謂「宴會」，英文稱之為"Banquet"，係一種以餐會為目的之現代社交活動，如酒會、園遊會、晚宴，以及最正式的官方宴會——國宴（State Banquet）等均屬之。由於宴會種類很多，其舉辦的目的與性質互異，有些是由旅館舉辦，另有些是委由其他單位如會議中心等來辦理，因此所須提供的服務內容與工作項目也不同。不過宴會服務作業已成為當今旅館極重要的一項業務，且均設有專人或宴會部來負責此業務之規劃與執行。

### 一、宴會服務作業程序與步驟

為確保旅館宴會作業之服務品質，須依循下列作業程序與步驟來執行，茲摘述如下（**圖9-8**）：

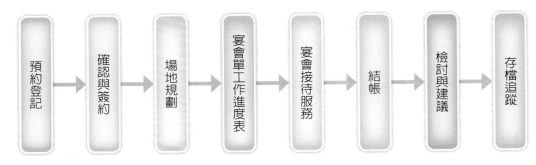

圖9-8　宴會服務作業流程

(一)預約登記

　　當客人前來旅館預約場地，通常應即登錄在總宴會登記簿，並予以登錄預約日期、地點、宴會人數、服務方式、費用金額等，並列為暫時性預約，待進一步確認。

(二)確認與簽約

1. 當客人同意旅館所提供的宴會服務方式與付款條件後，應請其正式簽一份確認書（Letter of Confirmation）並付訂金，其金額依旅館規定而定。
2. 直到宴會舉行前一個月，始再正式簽定一份正式的合約（Contract）。倘若因故取消宴會，則依合約之規定處理訂金是否退回部分或全部的解約事宜。

(三)場地規劃，宴會平面圖繪製

1. 宴會場地規劃布置工作，通常係由旅館宴會部門負責。若宴會性質較特殊者，則須會同宴會主辦單位共同研商，並派員參與規劃布置事宜。
2. 宴會場地所需設施或設備，如音響、燈光、麥克風、講台、旗座、看板、展示架或視聽器材等等，均須依主辦者需求，並掌握宴會目的、性質來規劃。
3. 場地規劃最後一項工作即繪製「宴會平面圖」（Floor Plan），並影印分送宴會有關各部門及宴會主辦單位，作為宴會布置之藍本與作業依據。

**圖9-9　西式婚禮的宴會布置**

4.宴會布置之形式，可分為中式宴會布置與西式宴會布置兩種（**圖9-9**）。

(四)宴會單與宴會工作進度表之擬訂及執行

1.所謂「宴會單」（Function Sheet）係指一種合約副本，但無記載價格僅有合約內容。

2.宴會單可作為宴會所需器材、物品或食物採購之依據，並可作為宴會相關單位執行宴會工作的指令（Work Order）。

3.依據宴會單所記載工作內容項目來擬訂工作進度表（Work Schedules），分發給飯店相關部門，以確實掌握宴會工作之執行。

(五)宴會接待服務

1.所有宴會服務工作人員，必須清楚各自的工作職責。

2.若宴會主辦人員要求提供宴會契約所載內容以外的服務，則須請其簽名認可，以免結帳時徒增困擾。

(六)結帳

宴會結束後，須依合約內容所載金額及是否有額外服務項目，予以如數一併結清。

(七)檢討與建議

宴會結束後須做事後檢討，並提出書面檢討與建議之報告。此報告可作為宴會部門績效評估，也可供未來營運分析之參考。

(八)資料存檔，追蹤聯繫

宴會相關資料如合約、檢討報告、財務文件等資料，應加以建檔留存，並作為將來業務推廣之用。

二、宴會服務

宴會服務須根據宴會的種類與目的，提供所需之適當服務方式，如自助餐會、酒會，其服務方式通常採用半自助式之服務方式；若是正式晚宴（Dinner Party／Soiree）則須依標準宴會服務流程及要領來進行。謹就正式宴會服務流程及其工作要領，摘述如後：

(一)宴會前服務準備

宴會前服務準備（Mise en Place）工作，主要有：

1.宴會場所環境設施與場地布置之準備，如宴會平面圖、餐桌椅擺設、餐具準備，以及燈光音響等準備工作。
2.召開宴會服務前工作勤務會議（Briefing），由主任或領班在宴會前十五分鐘，召集所有宴會服務工作人員。先檢查服裝儀容、任務編組工

作分配，並告知宴會服務須特別注意事項，務使宴會所有服務人員充分瞭解整個宴會服務順序及宴會場地平面圖之配置情況。

## (二)迎賓接待，引導入座

1. 宴會服務人員在宴會開始前，須在宴會入口處迎賓。當賓客抵達時，予以熱烈歡迎並打招呼，同時引導客人入席。
2. 如果宴會主人親自在門口迎賓，此時服務人員只需從旁協助主人來接待賓客即可。
3. 值檯服務人員在賓客走近其座位時，須主動為客人拉開座椅入座。

## (三)茶水飲料服務

1. 賓客入座後，若賓客尚未圍上口布，則主動為其攤開，並開始為客人倒茶水、斟飲料。
2. 若是西餐宴會，通常備有多種酒水飲料，因此服務前須先請示來賓，再開始斟酒水。
3. 服務茶水、飲料時，須先由主人右側的主賓開始，再來是主人，然後依順時針方向為賓客服務。
4. 宴會進行中，須隨時注意每位來賓的杯中飲料，若僅剩三分之一時則需要主動添加，直到客人示意不要時為止。

## (四)上菜服務

1. 大型宴會上菜服務，務必做到行動統一，上菜動作要整齊劃一。因此須聽從指揮，如看信號、聽音樂節奏等方式來上菜或撤席。
2. 每上一道菜時，須先介紹菜名及其風味特色。
3. 西餐宴會菜單上菜順序，通常係依冷前菜、湯、魚類主菜、肉類主菜、甜點、飲料之順序服務。至於餐飲服務方式通常在正式宴會係採餐桌服務方式，如美式、法式、英式或俄式等服務為主，以歐式自助餐服務為輔。
4. 中餐宴會菜單之上菜順序，其原則為：「先冷後熱、先炒後燒、先鹹後

**圖9-10　中餐上菜順序「先冷後熱，先炒後燒」**

甜、先淡後濃」（**圖9-10**）。

5.中餐宴會若提供「分菜」服務時，其要領係將菜餚端上桌，擺在餐桌轉檯中央供賓客觀賞並加以介紹後，再將菜餚移到服務櫃或旁桌來分菜。分菜要依分量件數均勻分配，並擺放整齊美觀，通常係將主菜置於盤中央，配菜置於主菜上方。

6.席間服務均係由主賓開始，在斟酒、派菜、分湯等服務時，務必依賓客主次順序進行服務，最後再分給主人。若席間有女賓，應女士優先。

7.上新菜前，務必先撤走用過之餐盤。若是中式宴會，尚須更換新盤碟。此外，在服務甜點前，須先將桌面清理，收拾使用過的所有餐具，並換上甜點叉匙或新餐具。

(五)席間服務

1.西餐宴會若供應須由客人動手剝殼取食或易沾手之食物，如龍蝦、螃蟹、半粒葡萄柚等餐食水果時，須另供應洗手盅、小毛巾。

2.席間收拾殘盤，須等大多數人均用餐完畢或將刀叉餐具並排放在盤上時，服務人員才可撤收殘盤，最好統一撤席收拾為宜。

3.宴會進行中，服務人員須隨時關注每位賓客的表情，並適時主動為賓客提供溫馨的服務。

## (六)宴會結束

1.宴會結束，當主賓準備起身離去時，服務人員應當主動趨前將座椅往後拉開，以方便客人離席。同時要注意賓客是否有遺留物，以便立即歸還。

2.服務人員應微笑親切道別，目送賓客離去，或護送主賓至餐廳門口，若客人有寄放衣帽時，則須代為取之。

3.如果係重要宴會，旅館宴會部主管會率同迎賓人員於宴會場出口排兩列來歡送賓客。

4.當宴會賓客離開後，須會同宴會主人結帳，並以最迅速、安全、靜肅的方式來收拾餐具，並將餐桌椅、服務設備與器材歸定位。

## 三、酒會服務

酒會係今日社交場合極受歡迎之一種宴會，其適用於各種性質的社交活動，如歡迎會、發表會、慶祝會，甚至結婚喜慶等等均可。通常酒會規模大小，端視酒會性質、參加人數多寡而定（圖9-11）。一般酒會通常係在下午四時至八時舉行，酒會氣氛較輕鬆愉快、賓主可自由走動、相互敬酒、自由交談。至於酒會服務人員在酒會開始後，僅負責斟酒、維護供餐檯整潔、菜餚補充，以及收拾空杯、空盤等工作。

酒會服務的客人大部分均游離走動交談，並沒有固定座位安排，因此無法如餐桌服務般劃分工作人員服務責任區。不過為使酒會服務達到賓至如歸、賓主盡歡的最高服務宗旨，通常係先將所有酒會服務人員，依工作內容不同分為三組，即飲料服務組、餐飲供食組、清潔維護組等三組。謹在此就酒會服務工作須知摘述如後：

1.當賓客進入酒會會場，迎賓接待人員應向客人致歡迎之意，此時酒會飲料服務人員要迅速端上酒或飲料，並遞送紙巾。

2.吧檯或飲料檯須事先調好各式飲料或雞尾酒備用。當客人到吧檯取酒或

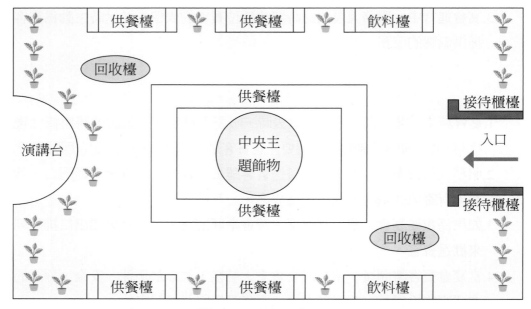

圖9-11　酒會場地布置

飲料時，則須親切請示客人需求，提供客人點酒的服務。

3. 吧檯人員須隨時保持檯面充足的飲料供應，及維護檯面之整潔。

4. 服務人員要在會場穿梭巡視，主動為客人斟酒或提供所需之服務，但不得從正在交談的客人中間穿過或打擾客人交談。

5. 主人致詞或敬酒時，須安排一位較資深的服務人員為主人斟酒服務，至於其他服務人員則穿梭於賓客間為客人斟酒，務使每位賓客手中各有一杯酒或飲料，以備賓主相互敬酒時使用。

6. 客人前往供餐檯取食時，服務人員要主動為客人送上盤碟並為客人提供必要的分送餐點服務。

7. 服務人員要隨時注意供餐檯之餐點存量，並適時補充至定量，絕對不可任由餐盤食物告罄才再填補。

8. 服務人員須隨時保持供餐檯面之整潔，及時收髒杯盤或空杯皿，以維護酒會高雅之環境與氣氛。

9. 酒會服務時，服務人員在端送飲料、餐具或菜餚時，均須使用托盤。嚴禁直接用手端送或以手指碰觸杯口、盤內緣等餐具之「入口處」。

10.酒會結束時，須親切向客人道別致意，並注意是否有客人遺留物品，以便即時送還客人。

**餐飲小百科**

### 蛋的烹調方式

　　現代旅館美式早餐服務，通常會提供各類不同烹調方式的蛋。一般較常見者計有下列四種方式：

◆煎蛋（**Fried Egg**）

　　煎蛋可分單面煎（**Sunny Side Up**）與雙面煎（**Turn Over**）等兩種。雙面煎又可分為：兩面煎熟、蛋黃呈固態之**Over Hard**，以及兩面嫩煎、蛋黃半熟之**Over Easy**等兩種。通常煎蛋須附火腿、培根或香腸，這些附加物及蛋的煎法，必須事先請示客人要哪一項，以免引起客人抱怨。

◆水煮蛋（**Boiled Egg**）

　　水煮蛋可分五分熟（**Soft Boiled**）與全熟（**Hard Boiled**）等兩種。五分熟的蛋，其蛋白為固體狀，但蛋黃仍呈液態狀，因此須以蛋杯（**Egg Cup**）附匙來供食服務。

◆水波蛋（**Poached Egg**）

　　此蛋係將蛋打入低溫水中烹煮，水溫約65～85℃，約二至三分鐘再撈取供食。

◆蛋捲（**Omelete / Omelette**）

　　蛋捲另稱蛋包、杏力蛋、恩利蛋等各種名稱。通常一人份係以三個蛋來製作。

## 一、解釋名詞

1.Plate Service
2.Platter Service
3.Guéridon Service
4.Buffet Service

5.Counter Service
6.Function Sheet
7.Mise en Place

## 二、問答題

1.何謂「餐桌服務」？並請列舉常見的餐桌服務方式三種。

2.現代餐廳所使用的餐桌服務，係以哪一種方式為最常見且普遍？其原因為何？試述之。

3.何謂法式服務？試摘述其主要特性。

4.市面上較高級餐廳有時會提供桌邊烹調服務，請問實施此類服務時為避免意外發生，係認為該注意哪些事項？試述己見。

5.現代中餐服務的方式，可分為哪幾種？試述之。

6.試比較「Buffet Service」與「Cafeteria Service」之最大不同點。

7.近十年來自助式服務餐廳普受歡迎，請問其原因何在？

8.櫃檯式服務的餐廳其主要特性為何？試述之。

9.為確保宴會服務作業能順利進行，你認為該如何來安排宴會場地之規劃布置？

餐飲服務品質

單元學習目標

- 瞭解餐飲服務的基本概念

- 瞭解餐飲服務品質評估的方法

- 瞭解影響餐飲服務品質的因素

- 瞭解提升餐飲服務品質的方法

- 瞭解品質管理的精神

- 培養餐飲服務品質維護管理的能力

餐飲服務品質是餐飲服務產業的形象表徵。此服務品質的優劣將直接影響到餐飲服務業營運的成敗。近年來，隨著人們生活品質的提升，對於餐飲產品服務之質量需求也大為提高，如何有效提升餐飲服務品質乃當務之急，刻不容緩之事。本章將分別就餐飲服務品質之意義、服務品質之評鑑，以及提升服務品質之具體方法，予以逐節闡述。

## 第一節　餐飲服務品質的意義

現代餐飲產業為提升市場競爭力，爭取目標市場有限的客源，均不斷研發改良創新服務產品，追求優質的餐飲服務品質，期以滿足市場消費者之需求。然而何謂「餐飲服務品質」呢？謹就餐飲服務品質的概念摘述如下：

### 一、服務的意義

所謂「服務」（Service），它是一種態度，是一種想把事情做得更好的慾望，時時站在客人立場，設身處地為客人著想，及時去瞭解與提供客人之所需。易言之，服務係以最親切熱忱的態度，去接待歡迎客人，經常為客人設身處地著想，並適時提供一切必要之事物，使客人享受到一種賓至如歸之安適氣氛，此乃服務之真諦。

### 二、服務品質的基本概念

謹將服務品質應有的基本理念，分別說明如後：

#### (一)國外專家學者的看法

1.Karvin（1983）：所謂服務品質係一種認知性的品質，而非目標性品質。易言之，服務品質是消費者對於服務產品主觀的反應，並不能以一般有形產品的特性予以量化衡量。

2.Olshavsky（1985）：所謂服務品質類似態度，係消費者對於服務產品

等事物所做的整體性評估。

3.Lewis和Booms（1983）：所謂服務品質，係一種衡量企業服務水準的
　量尺，能夠滿足顧客期望程度的工具。

4.Klaus（1985）：其認為服務品質的好壞，係取決於顧客對服務產品的
　「期望品質」和實際感受得到的「體驗品質」，此兩者之比較。如果顧
　客對於服務產品的實際感受體驗水準高於預期水準，則顧客會有較高的
　滿意度，並因而認定服務品質較好；反之，則會認為服務品質較差。

## (二)服務品質的定義

所謂「服務品質」，係指顧客在某一定的價格水準下，對服務業所提供
的服務產品之品質，就其心目中所預期的，與實際體驗到的品質水準予以比
較，綜合評估之結果（**圖10-1**）。顧客對服務品質好壞之評價，則端視顧客
本身實際「體驗認知」是否高於預期的「期望品質」而定。質言之，若顧客
對服務產品之實際體驗認知遠高於預期期望品質水準，將認為是優質服務品
質，反之，則會認定為服務品質差。

**圖10-1　顧客對服務品質之認知公式**

## (三)顧客對服務品質的知覺模式

顧客對服務業所提供的服務產品之品質評估，係根據其本身對服務產品
之體驗價值與預期期望水準之比較，而予以判定服務品質之良窳，如**表10-1**所
示。

表10-1　顧客對服務品質的知覺模式

| 服務品質 | | 說明 |
|---|---|---|
| 服務品質　＝　顧客對服務產品體驗認知價值　－　顧客預期期望水準 | | |
| 服務品質 | 佳 | 顧客體驗認知價值大於預期期望 |
| 服務品質 | 普通 | 顧客體驗認知價值等於預期期望 |
| 服務品質 | 差 | 顧客體驗認知價值小於預期期望 |

　　服務產品之品質好壞，只有顧客才能界定其價值高低與品質優劣，因此服務產業最大的挑戰乃在於滿足或超越顧客對產品的需求與期望。如果服務產業能瞭解顧客對服務產品之期望，進而提供其所期望的美好體驗，此時客人將會感到滿意，甚至覺得服務有高水準的價值。此外，服務產業若能夠在不額外增加顧客費用成本支出的情況下，增加提供額外項目之服務，將會令顧客感覺到物超所值的優質服務。

## 三、餐飲服務品質

　　所謂「餐飲服務品質」，係指顧客針對餐飲服務產業所提供的服務產品、服務環境以及產品服務傳遞流程等三大層面，予以做整體性的綜合評估，並就其實際體驗認知與期望價值做比較，進而形成其對餐飲服務品質之自我概念。茲就影響餐飲服務品質的三大層面，說明如下：

### (一)服務產品（Service Product）

　　餐飲業所提供給顧客的服務產品其品質是否完美無缺、項目是否合理、種類是否夠多，是否能提供顧客多元化選擇的機會，能否滿足其所需等，均會影響其對餐飲服務品質評價的高低。

　　餐飲服務產品係一種有形與無形服務的套裝組合，例如顧客到餐廳消費，餐廳所提供的高級牛排餐並非顧客前來消費主要的產品，其產品尚包括餐廳所提供的優質人力資源服務與用餐情趣氣氛。

## (二)服務環境（Service Environment）

　　所謂「服務環境」，係指餐飲服務場所之地理位置是否適中，交通是否便捷，場所環境是否整潔、寧靜、安全、舒適，餐飲服務設施、設備是否完善，甚至整個環境氣氛是否高雅溫馨等，均足以影響顧客之體驗認知（**圖10-2**）。

## (三)服務傳遞（Service Delivery）

　　所謂「服務傳遞」，係指餐飲業提供餐飲服務之傳遞系統而言。包括餐飲服務人員、餐飲服務產品生產銷售作業流程，以及餐飲組織相關支援系統等三方面，其中以站在第一線與顧客接觸的餐旅接待人員之服務品質最為重要。

　　因為顧客對餐飲產品之體驗與感受認知，大部分是在他們與服務人員互動接觸的過程中形成。因此，「服務接觸」或「互動過程」乃成為顧客評鑑餐飲服務品質優劣成敗的關鍵因素。如何在服務傳遞過程中掌握重要的關鍵時刻，給予顧客瞬間愉悅的感受，並將無形服務轉化為有形服務，強調服務的證據，藉以創造出餐飲服務業良好品牌形象，乃當今餐飲從業人員的使命。

**圖10-2　餐廳服務環境須高雅舒適**

## 品質管理

　　品質管理（Quality Management）係一種管理哲學，此概念源自於1950年代，由美國管理學家戴明（Deming）和朱蘭（Juran）所提出，唯當時並未受到重視。一直到日本將此品質管理概念引進到日本產業界，並以優質的產品席捲全球，超越美國時，始引起各國政府及產業界的重視，並掀起全面品質管理（TQM）之風潮。

　　品質管理的理念，事實上係行銷概念的延伸及應用。品質管理的驅動力乃在不斷改進生產或服務作業流程中的每一環節，使其能正確有效率地回應顧客的需求和期望，其目標是在創造一個能不斷求新求好並改善作業流程的組織。品質管理的主要內涵是重視顧客、持續不斷地改善、重視服務或生產製備流程、重視流程每項工作的執行細節、重視正確的衡量控管評估，以及充分授權工作團隊來發現與解決問題。

 ## 第二節　餐飲服務品質的維護管理

　　餐飲服務品質乃現代餐飲企業的生命。如何提升餐飲產品服務品質，以確保企業的形象與聲譽，為當今餐飲業所努力的共同目標。茲就餐飲服務品質評量的方法，以及服務品質維護管理的模式，分述如下：

### 一、餐飲服務品質評量的方法

　　根據Parasuraman、Zeithaml與Berry等三位學者在西元1985年所提出的PZB模式及共同研發的「服務品質量表」（SERVQUAL），來評量顧客對餐飲服務品質之認知，其方法係運用下列五要素來作為衡量的工具。

## (一)可靠性（Reliability）

所謂「可靠性」，係指餐飲業組織及其接待服務人員能令顧客產生信賴感，並且能正確執行對顧客已承諾的事物，同時每次均能信守承諾，提供一致性之服務水準。

## (二)回應性（Responsiveness）

所謂「回應性」，係指餐飲組織及其服務人員均能主動熱心協助顧客，不會推託要求，對顧客之需求能提供迅速、及時的服務。例如櫃檯替顧客辦理結帳手續，務必在三分鐘內完成，絕對不可令客人久候。此外，對於顧客詢問須立即適切回應，以示關切。

## (三)確實性（Assurance）

所謂「確實性」，係指餐飲服務人員的專業知識與工作能力值得信賴保證，能一次就完成客人交辦的事物，並且有能力為顧客解決周遭的問題。例如客房餐飲服務員能在接到客人點餐之後，於三十分鐘內將所有餐具、菜餚以及調味料各種瓶罐，全套齊全無誤一次就做對做好，使顧客對餐飲服務有信心。此外，餐飲服務人員的工作態度與禮貌均一樣，具有一致性之服務水準。

## (四)關懷性（Empathy）

所謂「關懷性」，另稱「同理心」，係指餐飲服務組織及其服務人員是否能提供顧客個人化、人性化之服務及貼心關懷，時時站在顧客的立場為其設想，提供適時適切的溫馨服務。

## (五)有形性（Tangibles）

所謂「有形性」，係指餐飲服務所提供給客人的有形服務產品而言。例如完善的餐飲設施與設備、豪華舒適的桌椅、溫馨寧靜的用餐場所、精緻美食，以及餐飲服務人員的整潔儀態等均屬之。

## 二、餐飲服務品質維護管理的模式

根據服務品質概念模式，簡稱「PZB模式」，針對顧客與餐飲業者對服務品質認知之差異，特別指出有下列五個服務品質缺口，可作為餐飲企業今後管理改善服務品質的方向。茲分述如下：

### (一)缺口一「定位缺口」（GAP 1）

所謂「定位缺口」，係指顧客對餐飲服務產品之品質期望與餐飲業管理者或服務人員之間的認知差異（**圖10-3**）。

### ◆缺口形成的原因

餐飲業人員與顧客之間的溝通不夠，資訊傳遞管道不良所致。

### ◆解決之道

1.須加強餐廳組織之內部溝通與外部溝通。

**圖10-3　餐飲服務品質須符合顧客期望**

2.加強市場調查，瞭解顧客需求，再據以調整餐飲服務之項目與內容，期以迎合滿足顧客之需。

3.須讓客人充分瞭解餐飲產品之市場定位。例如餐飲產品為高價位高品質，或是低價位低品質，以利消費者選擇其所需。

## (二)缺口二「規格缺口」（GAP 2）

所謂「規格缺口」，係指顧客對餐飲服務產品的品質認知與餐飲業管理者對此產品品質規格認知的差異。

### ◆缺口形成的原因

1.管理者不重視服務品質的控管，未能信守對顧客的產品品質的承諾。

2.管理者欠缺訂定標準化作業的能力，或缺乏執行上的專業知能。

3.管理者對服務品質的認知未能符合顧客的期望。

### ◆解決之道

1.依顧客需求訂定品質規格標準化作業，並加以嚴格控管。

2.管理者須加強本身專業能力，充實餐飲企業資源，以免因本身條件或資源不足而影響服務品質。

## (三)缺口三「傳遞缺口」（GAP 3）

所謂「傳遞缺口」，係餐飲服務傳遞系統所傳送出來的產品品質，未能達到管理者所訂定的品質規格標準。

### ◆缺口形成的原因

1.無形的餐飲產品規格標準化較不容易達到一致的水準。

2.服務傳遞過程涉及服務人員、幕僚人員，還有顧客參與其間，致使品質控管益加困難。

3.餐飲服務人力資源不足，素質參差不齊，尤其是負責接待服務的第一線服務人員之服務態度與專業知能，若未能符合顧客之期望，很容易招致

顧客之不滿或抱怨。

◆解決之道

1.招募甄選員工，須注意錄用能提供顧客所期待之服務品質的人員。
2.加強員工教育訓練，培養專精工作知能。
3.加強組織管理，培養團隊分工合作之精神與共識。

(四)缺口四「溝通缺口」（GAP 4）

所謂「溝通缺口」，係指餐飲服務企業在市場廣告促銷所傳播的餐飲產品訊息，與企業實際為顧客所傳遞的服務產品，二者之間的差距。易言之，即外部溝通與服務傳遞之間的差距。

◆缺口形成的原因

1.餐飲業者在市場上的廣告，或業務公關人員過分誇大餐飲產品品質與服務特色，致使顧客對實際產品認知感受與當時廣告宣傳有落差。
2.為提高市場占有率，而對消費者過度的承諾。
3.餐飲企業組織部門與部門之間的水平溝通或垂直溝通不當，以致出現溝通的缺口。

◆解決之道

1.餐飲企業之行銷企劃與行銷廣告之研訂，須由相關單位部門主管共同參與，以利產生共識，並提出真正可行性廣告方案，以免生產與銷售、前場與後場、管理階層與執行階層之間產生認知性的差異。
2.對外溝通之宣傳廣告須謹守誠信原則，切忌誇大不實或表裡不一的言行或宣傳，以免讓人有受騙之感。

(五)缺口五「認知缺口」（GAP 5）

所謂「認知缺口」，係指顧客對餐飲服務品質的期望與現場實際感受之差距。

◆缺口形成的原因

1. 顧客對餐飲產品的服務品質認知大部分是源自個人需求、過去經驗，以及所得到的相關產品資訊。如果餐飲產品未能符合顧客之需求與期望，將會產生失望與不滿。
2. 餐飲業者所提供的餐飲產品與宣傳廣告的內容或項目不一致，因而造成顧客的認知失調。

◆解決之道

1. 餐飲產品之研發，務必先考量顧客之需求，針對顧客之實際期望來提供產品服務。
2. 針對服務品質之上述各缺口力求改善，期使餐飲產品服務能縮短、填補此五項缺口。唯有如此始能滿足顧客之期望，符合其認知，因為缺口一至缺口四，只要其中任何缺口有間隙或缺失，均會影響到顧客對品質之認知。

綜上所述，顧客之所以會產生預期服務與實際知覺體驗上的認知差異，除了顧客本身需求不同外，最重要的是顧客知覺服務水準與餐飲管理者本身對品質上的原先認知有落差。為確實做好餐飲服務品質控管及向上提升，管理者務必站在顧客的立場，以顧客需求的角度，自服務理念、品質保證、關懷體貼及有形產品等四方面來力求創新、改良，始能確保優質的餐飲服務品質。

## 一、解釋名詞

1.Service

2.Service Product

3.Service Environment

4.Service Delivery

5.Responsiveness

6.SERVQUAL

7.GAP 1

8.TQM

## 二、問答題

1.何謂「服務品質」？服務品質的良窳是由誰來認定，為什麼？

2.影響餐飲服務品質的三大層面，係指何者而言？

3.一般而言，餐廳顧客係以哪些要素作為評量餐廳服務品質的工具？試述之。

4.何謂「定位缺口」？並請提出有效的解決之道。

5.餐飲管理者若想改善其服務品質，你認為應該自哪方向來加強管理較適切呢？

6.何謂品質管理？請就其內涵說明之。

# Chapter 11

# 餐飲服務管理

## 單元學習目標

- 瞭解餐廳顧客的需求
- 瞭解顧客的風險知覺及因應策略
- 瞭解餐廳員工的心理需求
- 瞭解防範員工心理挫折的方法
- 瞭解處理顧客抱怨事項的要領
- 培養良好餐飲服務管理的能力

　　語云：「服務是餐飲業的生命」，餐飲服務品質之良窳，將會影響到整個餐飲企業營運的成敗。唯有顧客滿意的服務，餐飲企業始有生存的空間，也唯有優質的餐飲服務，始足以提升企業的聲譽與市場競爭力，因此現代餐飲服務應以顧客需求為導向，針對顧客、消費者的需求，適時提供適切貼心的實質服務，始足以確保餐飲企業能永續經營。

　　餐飲經營者在進行餐飲服務管理時，須先瞭解：「唯有快樂滿意的員工，始有快樂滿意的顧客。」因此，管理者除了須設法指導其員工瞭解顧客需求，再全力滿足其需求外，管理者也必須要瞭解其所屬員工的心理，並能事先防範其心理之挫折感，期以發揮團隊工作士氣來創造顧客最大的滿意度。本章將分別自餐廳顧客及餐廳員工的心理等兩層面，來分別探討餐飲服務管理。

# 第一節　餐廳顧客的需求

　　人類所有的行為係由「需求」所引起，因此要瞭解人的行為必須先瞭解其需求。美國著名心理學家馬斯洛（A. H. Maslow）於1943年將人類的需求分為五類，而且認為此五類需求間是有層次階段關係。馬斯洛認為人類於滿足低級基本需求之後，才會想到高一級的需求，如此逐級向上推移追求，直到滿足了最後一級的需求時為止，此乃人類需求的中心特徵，在當今社會人們所從事的各類活動中，均可發現此現象。

　　根據前述馬斯洛的需求理論，吾人得知，顧客之所以前往餐廳用餐，最主要的是為滿足其慾望與需求。易言之，顧客是為滿足其生理、安全、社會、自尊以及自我實現等五大需求。

## 一、顧客的生理需求

　　這是人類最基本的需求，如食、衣、住、行、育、樂等均屬之。人類所有活動大部分均集中於滿足此生理上的需求，而且要求相當強烈，非獲得適當滿足不可。如果得不到適當的滿足，小則足以影響人們生活，大則足以威脅人們的生存。因此，餐飲管理者須瞭解，顧客之所以前來餐廳消費，其主

要的生理需求計有：

## (一)營養衛生，美味可口的精緻美食

顧客前往餐廳消費用餐的動機很多，不過最主要的是想品嘗美味可口的精緻菜餚，補充營養，恢復元氣與體力，以滿足其口腹之慾。現代人們生活水準大為提高，相當重視養生之道，因此對於美酒佳餚除講究色香味外，更重視其營養成分與身心健康的交互作用。

至於餐食器皿以及用餐環境的清潔衛生，更是消費者選擇餐廳之先決條件。為迎合消費者此飲食習慣之變遷，許多餐廳業者乃積極研發各式食物療法的新式菜單，以及滿足消費者各種營養需求的菜色，如兒童餐、孕婦餐、減肥餐等等，甚至出現以營養療效為訴求的藥膳主題餐廳。

## (二)造型美觀，裝潢高雅的餐飲環境

顧客為滿足其視覺上感官的享受，對於餐廳、旅館外表造型與內部裝潢相當重視，尤其是對餐廳色彩、燈光之設計規劃，能否營造出餐廳用餐情趣十分在意（**圖11-1**）。因為光線照度與色調、色系會影響一個人生理上的變

**圖11-1　餐廳燈光與色彩能營造用餐情趣**

化,例如暖色系列對增進人們食慾有幫助,冷色系列則效果較次之。

## (三)動線分明,規劃完善的格局設計

餐廳格局設計規劃不當,很容易徒增客人的困擾,也會影響食物的製備品質與生產效率。這種供食作業流程的不當,極易影響餐廳菜餚的品質。此外,如餐廳桌椅及服務動線規劃不當,也很容易引起餐廳顧客的不滿與抱怨。

## (四)餐廳或飯店地點位置適中且停車方便

顧客前往餐廳用餐時,會先考慮地點是否便於前往,因此餐飲業立地條件,首先要考慮交通方便或便於停車的地點,即使都會區附近欠缺規劃良好的停車場,也應該設法提供代客泊車的服務,以解決客人便於行的基本生理需求。

## 二、顧客的安全需求

這是人類最基本的第二種需求,當人們生理的需求獲得滿足之後,所追求的就是這種安全的需求。安全需求包括生命的安全、心理上及經濟上的安全。因為每個人均希望生活在一個有保障、有秩序、有組織、較平安且不受人干擾的社會環境中。因此,餐飲業者須設法提供顧客下列有關的安全衛生環境與設施:

## (一)舒適隱密、安全衛生的進餐場所及環境設施

客人喜歡到高級餐廳用餐的原因,乃希望擁有一個不受噪音干擾,私密性高,能讓自己在溫馨氣氛下,舒適愉快安心用餐的環境,而不喜歡到人潮若市集般嘈雜,衛生又髒亂不堪的地方用餐。因此,餐飲業者應設法提供一個安全舒適、寧靜而整潔衛生的高雅餐飲環境,以滿足客人對高品質服務的心理需求。

消費者除了重視餐廳格調與裝潢布置外,更關心餐廳、飯店整體建築結

構及其安全防護設施,如安全門、消防設備等安全設施是否符合法定標準。

## (二)顧客安全第一的意外事件防範設施

餐飲業對於可能造成客人意外發生的原因,如滑倒、跌倒、撞傷、碰傷、刮傷等意外事件,是否事先有周全的考量與安全防護措施,以善盡保護客人權益之責。例如警示標語、護欄、抗滑地板、緊急逃生出口及餐廳平面圖等,須使顧客感到有一種溫馨的身心安全保障。因此,餐廳各部門工作人員對於客人在餐廳消費的安全問題,絕對不可等閒視之。

## 三、顧客的社會需求

所謂「社會的需求」,係指人們具有一種被人肯定、被人喜愛、被其同儕團體所接受、給人友誼及接受別人友誼的一種需求。因此,餐飲業者須提供下列產品服務或設施,始足以滿足顧客此類需求。

## (一)氣派華麗的餐飲服務設施

現代化的高級餐廳已不是昔日僅供宴客、進餐的場所,它已成為人們聚會、應酬的交誼廳(圖11-2)。人們為了工作之需,往往會利用旅館、餐廳舉辦各種派對宴會活動,宴請親友賓客,期盼贏得別人支持、肯定、接納及認同,這是一種給予人友誼及接受別人友誼的社會需求。

現代餐飲業者應能瞭解顧客這種社會需求的消費動機,並針對顧客這種需求,提供一套完善優質的餐飲產品服務與設施,以滿足顧客的需求。現代餐廳除設有大眾小吃部外,也應備有高價位的貴賓室廂房餐飲服務。

## (二)溫馨貼切的人性化接待服務

餐飲服務是一種以親切熱忱的態度,時時為客人立場著想,使客人感覺一種受歡迎、受重視的溫馨,宛如回到家中一般舒適、便利,此乃所謂「賓至如歸」的人性化餐飲服務。

任何客人均期盼受到歡迎、重視以及一視同仁的接待服務,不喜歡受到

圖11-2　現代化餐廳已成為人們的交誼廳

冷落或怠慢。當客人開車到餐廳，餐飲服務人員應立即趨前致歡迎之意，一方面協助開車門代客泊車，另方面由領檯接待迅速上前歡迎客人，並親切接待服務，此乃餐飲顧客所需的社會心理需求。

四、顧客的自尊與自我實現需求

所謂「自尊與自我實現的需求」，係指人人皆有自尊心，希望得到別人的尊重，因為人們皆有追求新知、成功、完美、聲望、社經地位及權力的需求。人們自尊的需求是雙重的，當事人一方面自我感到重要，一方面也需他人的認可，且支持其這種感受，始有增強作用，否則會陷於沮喪、孤芳自賞，尤其是他人的認可特別重要，若缺乏別人的支持及認同，當事人此需求則難以實現。因此，餐飲業者須針對餐廳顧客此類心理上的衍生需求，給予優質的親切接待服務，至少須自下列幾方面來努力：

(一)貴賓式的熱情接待服務

顧客之所以選擇高級豪華餐廳或飯店，乃期盼享受到貴賓式優質的服

務，並藉高級飯店的完善服務設施，或餐廳的豪華金器、銀器餐具擺設與精緻美酒佳餚，來彰顯其追求完美、卓越聲望及社經地位的自尊與自我實現的需求。

高消費層次的客人，並不在乎高價位的花費，但求享有符合其個別化需求的等值或超值的高品質服務，以炫耀彰顯其特殊的身分地位。

## (二)個別化針對性的優質餐飲接待服務或管家服務

顧客前來飯店或餐廳用餐，乃期盼獲得自尊與自我的滿足，希望能得到親切、方便、周到、愉快而舒適的尊榮禮遇。

由於客人類型不同，個別差異很大，不同類型服務對象，其對服務的要求與感受也不一樣，因此，餐飲服務人員必須針對顧客類型及其個別心理需求，提供適切有效的個別化服務。例如不同國籍、不同宗教信仰及不同文化背景的顧客均有自己獨特的習慣與偏好，身為餐飲經營者務必洞察機先，及時掌握客人需求，提供個別化針對性之餐飲產品組合服務，使其感覺到享有一種備受禮遇的尊榮。

綜上所述，雖然餐廳顧客的心理需求可分為生理、安全、社會、自尊、自我實現等五種需求動機，但究其終極目的乃在追求美好的享受、舒適的服務，滿足其自尊與自我實現的餐飲休閒生活體驗。

馬斯洛的需求理論（**圖11-3**）雖然提出各項需要的先後順序，但卻不一定人人都能適合，往往由於種族、文化、教育及年齡的不同，其對某層次需求強度也不一樣。另有些人可能始終維持較低層次的需求，相對地，也有人對高層次需求維持相當長的時間。此外，這五種需求的層次並沒有截然的界限，層次與層次間有時往往相互重疊，當某需要的強度降低，則另一需要也許同時上升。馬斯洛的理論指出每個人均有需求，但其需求類別、強度卻並不完全一樣，此觀念對於餐飲服務人員相當重要。

圖11-3　馬斯洛的需求層次論

## 第二節　餐廳顧客的心理風險

　　顧客在選購餐飲產品時，由於此類產品無法事先試用，同時買回去之商品又是一種無形的體驗，因此顧客購買餐飲產品的風險也大，因而徒增餐飲企業產品銷售之難度。為加強餐飲產品之行銷，提升餐飲企業之營運收益，餐飲服務人員務必要瞭解顧客的風險知覺，進而設法來消除顧客購買餐飲產品之風險，俾使餐飲產品服務能滿足顧客之需求。謹將餐飲顧客風險形成之原因、風險之種類，予以分述如後：

### 一、餐廳顧客風險知覺產生之原因

　　顧客的個別差異大，個性也不一，因此其風險知覺形成之原因也不盡相同。不過大致上可歸納如下：

#### (一)餐飲產品服務品牌形象欠缺知名度

　　餐飲企業在餐飲市場欠缺知名度，致使顧客對其餐飲產品之品質有一種

疑竇及不確定感。

## (二)顧客本身缺乏經驗

顧客對餐飲產品之相關常識或經驗不足,因此在心理上產生一種風險知覺。例如顧客第一次前往法式餐廳消費,往往對於西餐餐食內容、餐具之使用、餐桌禮節之不熟悉而產生知覺上之風險。此外,也有些客人對於餐廳產品之價格、收費或計價方式不明確而產生風險知覺。

## (三)餐飲資訊不足

顧客所蒐集的餐飲資訊不足,或資訊本身充滿變數,或利弊難以分析辨識,因而產生風險知覺。例如同樣的餐飲產品,有些人認為不錯,但有些人卻覺得品質欠佳,致使顧客面對此不同資訊而無所適從。

## (四)相關群體的影響

顧客的風險知覺有時會受到其周遭親友、同儕或所屬團體成員之影響。例如顧客本來想利用聖誕節前往著名法式餐廳享用聖誕大餐,但因家人認為該餐廳口碑欠佳,因而造成其心靈深處之風險知覺。

## 二、顧客風險知覺的種類

一般而言,餐廳顧客風險知覺概可分為功能、資金、心理、社會及安全等五種類型之風險,茲摘述如下:

## (一)功能風險

所謂「功能風險」,係指顧客對餐廳產品及其相關服務之品質功能,有一種不確定感之風險。易言之,係指顧客擔心該餐廳產品品質能否滿足其預期的期望,因而衍生的知覺風險。例如顧客想宴請朋友前往某餐廳餐敘,但又擔心該餐廳菜餚口味未能符合其需求,以致產生之猶豫不決,即屬於此功能上之風險。

### (二)資金風險

所謂「資金風險」，係指顧客所花費的錢，能否享受到等值的餐飲產品與服務。例如顧客進住風景區之溫泉旅館，是否收費合理？是否除了用餐，尚能免費享用各項溫泉設施與服務？甚至於擔心所花費的錢是否能享受到應有的接待與服務，此類風險最為常見。

### (三)心理風險

所謂「心理風險」，係指顧客在購買餐廳產品時，會擔心此項產品能否滿足其心理需求，如前往用餐或住宿，能否調劑身心、紓解壓力，或滿足自己之求知慾、好奇心，以及追求美好的自我價值提升。

### (四)社會風險

所謂「社會風險」，係指顧客在購買餐廳產品時，其主要動機係考量能否彰顯其社經地位，能否符合其身分名望。例如喜慶婚宴很多人均想選擇在國際觀光旅館舉辦即是例，深恐在一般餐廳或餐會場所舉辦喜宴，會因服務品質不穩定而影響自己的身分地位（**圖11-4**）。

### (五)安全風險

所謂「安全風險」，係指顧客擔心所購買的餐廳產品本身是否衛生安全。例如餐廳是否潔淨、食物是否新鮮、建材是否有防震與防火之功能，甚至餐飲業所在地附近治安是否良好等均屬之。

## 三、消除顧客風險的方法

消除顧客風險的方法很多，但最重要的是先針對導致顧客產生風險之原因予以降低，甚至運用各種有效措施加以消弭於無形始為上策。茲分述如下：

**圖11-4　知名國際觀光旅館可消除顧客社會風險知覺**

(一)創新品牌，提升餐飲品質與企業形象

1.餐飲業須設法研發創新優質的餐廳產品，提升服務品質，重視人性化、
精緻化的個別針對式之服務，提供全方位之優質餐飲產品組合，重視產
品形象包裝。

2.運用企業識別系統（Corporate Identity System, CIS），提高本身產品在
顧客心中的形象與市場地位。

(二)加強餐飲市場行銷策略之運用

1.運用各種促銷推廣的工具，如產品廣告、促銷活動、置入性行銷、人員
推銷等等方法，將餐廳產品相關資訊以最迅速有效的方式，傳送給目標
市場之消費大眾，以強化市場消費者對餐廳產品之認同。

2.運用各種公共關係或公共報導來推介新產品，或參與及辦理餐飲產品博
覽會，藉以增強顧客對餐飲產品之認同與經驗。

(三)運用口碑行銷，互動行銷

1.加強餐飲服務品質之提升，創造顧客的滿意度，藉以培養顧客的忠誠
度，以利口碑行銷。

2.加強餐飲服務人力資源之培訓，提升服務人員之專業知能，以利互動行
銷。

## 第三節　餐廳員工的結構及員工心理

語云：「事在人為，物在人管，財在人用」，人是任何企業組織的基
石，尤其是餐飲服務業之成敗，其關鍵乃在所屬員工之良窳而定。用人是餐
飲經營者一項極為重要的任務，正確的用人哲學貴在知人，務須先瞭解員
工，始能適才適用，進而發揮集體之效能。

### 一、餐飲經營團隊之人力結構

餐飲組織團隊無論係採產品型組織、功能型組織、矩陣型組織，其成員
大部分係由各類專業人才所組合而成，謹就餐飲組織之合理人力結構說明如
下：

### (一)年齡結構方面

1.餐飲組織之成員，其年齡最好係由老、中、青三代結合而成。至於此三
者之比率端視餐飲企業本身營運之性質而定。一般而言，應以青年員工
為主，中年員工次之，老年員工再次之，黃金分割比率最好為6：3：
1。

2.所謂老年員工，係指五十歲以上之員工而言；中年員工為三十一歲至
五十歲之員工；青年員工為十八歲至三十歲之員工。

3.餐飲服務業之團隊年齡結構宜力求年輕化，比較有創意及活力，有助於

企業競爭力之提升，但也需要老年員工之資深經驗來薪火傳承。

## (二)知識結構方面

1. 餐飲企業組織成員須擁有豐富的專業知能，以利分工合作，相輔相成。
2. 餐飲服務人員除了須具備基本學歷外，更要擁有專業實務能力與相關證照，如各種技術士檢定證照。

## (三)專業結構方面

1. 餐飲業經營團隊之成員，應依組織分工與職能所需來聘用各類專業人才，進而組成陣容堅強的專業服務團隊（**圖11-5**）。
2. 經由前場、後場以及相關支援單位之密切合作，適時支援，始能提供顧客優質的餐飲產品服務。

## (四)特質結構方面

1. 餐飲組織團隊須將各種不同能力及人格特質的人予以適切組合，搭配於工作團隊各相關部門中，藉以取長補短，互相配合，充分發揮各自的優

**圖11-5　餐飲業需有專業服務團隊**

點且能坐收互補之效。例如個性內向保守穩健之員工，宜搭配個性外向積極創新之員工。

2.員工知能個別差異大，因此團隊成員須包含各種不同知能類型的人，避免將同質性能力者分派在同一工作部門。例如將員工當中，就其組織能力、研究能力、思考能力、分析能力、判斷能力，以及表達能力較擅長者予以互相搭配，以獲取最有效人力資源之統整運用。

## 二、員工的心理特質

員工的心理特質會隨著年齡之增長、環境之變化、教育的薰陶而有所改變。謹就各年齡層員工的心理特質予以剖析闡述如下：

### (一)青年員工（十八歲至三十歲）的心理特質

人生的黃金階段，也是人生的暴風雨時期，此階段年齡之員工，具有下列特質：

1.創造心理明顯，積極進取。不願受傳統束縛，勇於挑戰，敢於標新立異，活潑、有幹勁、富朝氣。

2.情緒欠缺穩定性，易於自大自傲。逆境中易陷入委靡不振或步入極端，有時顯得不夠冷靜理智。

3.自我意識增強，非常在意別人對自己的觀點與看法。評斷別人也易流於主觀或偏頗。

4.自我矛盾，理想與現實衝突。例如年輕時期之憧憬，常常與現實社會產生衝突；愛面子、自尊心強乃此青年員工的特質，因此在工作上遭遇困難又不好意思向家長求助，想要自我獨立卻又難以擺脫依賴家庭之困擾與矛盾。

### (二)中年員工（三十一歲至五十歲）的心理特質

人生三十而立，四十而不惑，此階段可謂人生事業的輝煌時期。其心理

特質為：

1. 性格成熟，歷練豐富，處世穩健，為此中年員工的最大心理特質。
2. 事業成就顯著，身心負擔加重。由於心智成熟，事業上取得成就較容易，但家庭負擔加重，一方面要兼顧事業工作，另方面又得挑起家計重擔。
3. 生理功能衰退，面對人生轉折。由於工作與家計之雙重負擔有礙身心健康，再加上生理機能逐漸衰退而步入老年，有時顯得力不從心，甚至導致心情憂鬱。因此中年期若不注重身心保健，往往會導致許多疾病的併發症。

## (三)老年員工（五十歲至六十歲）的心理特質

根據我國「勞動基準法」規定，係以六十歲為退休年齡，唯我國公務員則以六十五歲為退休年齡界限。關於老年員工的心理特質摘述如下：

1. 生理機能衰退，心理功能老化。因此一般常見的老人疾病，如記憶力衰退、思維遲緩、能力減弱等逐漸出現，此外，情緒也較不穩，容易感傷。
2. 易於固執，堅持己見，不太能接受別人的意見或看法。因此對於老年員工應儘量有耐性地為其詳加解釋工作內容。
3. 面臨退休、沮喪落寞。隨著年齡之增長，一旦屆臨退休常會產生很多感慨。此時企業主管宜多吸取他們寶貴的工作經驗，用其所長，在工作量與生活上給予適當的關照，對於老年員工積極性的照顧對企業團隊有相當重要的意義。

# 第四節　餐廳員工心理挫折的防範

餐飲業主要的商品是服務，為加強餐飲服務品質，餐飲業者均極力運用各種方法來激勵員工，提升團隊工作士氣，期以增進營運績效。因此，餐飲

管理者務必要正視員工問題，瞭解員工需求及其心理挫折反應，並適時給予必要的激勵協助，幫助員工改變情境克服挫折，因為沒有一流優秀的員工，將沒有一流優質的餐飲產品服務。

## 一、員工心理挫折產生的原因

員工心理挫折產生的原因可分為組織氣氛、專業能力、待遇福利、家庭關係及其他因素（**圖11-6**），分述如下：

### (一)組織氣氛問題

1.餐飲企業團隊成員之間未能團結合作。
2.領導統御有問題，上司未能體恤，下屬不支持配合。
3.人際關係緊張，溝通管道不良。

### (二)專業能力問題

1.專業知能不足，無法勝任所肩負的工作。

**圖11-6　員工心理挫折產生的原因**

2.欠缺進修管道。

3.本身體力不勝工作壓力之負荷。

## (三)待遇福利問題

1.工作待遇少，福利差。

2.未能受到公平待遇，無法同工同酬。

3.升遷不易，未能受到重用和提拔。

## (四)家庭關係問題

1.家庭瑣事多，上有父母，下有妻子、子女問題。

2.家庭婚姻不美滿。

3.家庭生活經驗上之困難與苦惱。

## (五)其他因素

餐飲服務人員有時會為了男女之間情感問題而坐困愁城，若未能及時妥善處理，往往會影響員工之情緒。

## 二、員工心理挫折之處理

餐飲管理者須隨時關心員工之生活，一旦發現員工情緒不穩或工作上遭受挫折，必須積極有效地來處理，以免影響團隊士氣與工作氣氛。謹就員工心理挫折之處理方式說明如下：

## (一)瞭解造成員工心理挫折感的主要原因

1.首先要主動幫助員工客觀分析挫折產生的原因。

2.避免員工因心理挫折而將其情緒發洩在他人身上，所以必須要幫助員工客觀分析真正產生挫折之原因。

(二)提供員工解決或消除挫折的辦法

1.任何人只要遭遇到挫折,一定都有原因,只要找到了導致挫折之原因,也就有了消除挫折的辦法。

2.如果挫折來自公司企業營運管理不當,則應立即改善或調整;如果是私人問題,也可適時提供一些解決方案供其參考。

(三)教導員工正確心理衛生保健,增強抗壓力

1.教育員工學習如何面對困難,進而解決困難之能力。

2.培養員工對挫折之正確認知,學習如何不怕失敗,坦然面對逆境之挑戰。

(四)指導員工正確宣洩紓解壓力之方法

1.改變情境,轉移注意力之焦點。協助員工改變環境情境,避免觸景生情徒增苦悶。

2.運用「借物法」來發洩不滿情緒。此方法是利用替代物如玩具假人,加以痛擊,藉以發洩壓抑心中不滿之情緒。例如「生氣室」之布置,可供員工在裡面盡情宣洩不滿。

3.運用「書寫法」來宣洩心中之不滿或委屈。例如以筆在紙上塗鴉或寫出心中之悶氣,一旦心中的話寫完了,積壓胸中之氣也消失大半了。此方法既不妨礙別人,又能消除心中之痛楚。

4.運用「哭泣法」直接發洩心中的痛苦。可以找一個適宜的場所,藉著淚水來紓解內心之怨尤。若是強忍著淚水(所謂「男兒有淚不輕彈」),反而有害身心健康。

5.運用「訴說法」。若是心情低落,可找知心朋友或昔日好友來訴苦,這是一種有效發洩不滿情緒、治療心靈創傷的方法。

6.其他:如走出戶外,接觸大自然或聽音樂等均能有效紓解壓力(圖11-7)。

圖11-7　走出戶外，接觸大自然，紓解壓力

## 三、餐廳員工心理挫折防範的有效措施

餐飲管理者為有效防範員工產生心理上之挫折，通常採用的措施有下列幾種：

### (一)同工同酬，提供合理的薪資報酬

1.生理需求乃人類最基本的需要，管理者為穩定員工之情緒，最重要的是須使員工基本生活能獲得保障。
2.利用同工同酬，能有效激勵員工之工作熱忱。
3.運用獎金制度來激勵員工，增強員工之工作士氣。

### (二)健全的員工福利、勞工保險及退休制度

1.完善的員工福利、勞工保險及退休撫恤制度，可使員工獲得最基本生活之保障而無後顧之憂，能全心投入職場工作。

2.良好的員工福利待遇，有助於保障員工生活品質，更可提升組織內部之凝聚力與工作士氣。

**(三)建立優質的企業文化**

1.餐飲業負責人須有正確的經營理念及民主化的行事風格，能培養員工企業意識與品牌意識，進而建立優質企業文化。
2.經營管理者必須有明確目標，訂定工作規範與作業流程，使員工有所遵循而不致於沒有目標與方向感。
3.經營管理者要以身作則，務使企業目標與員工個人目標相結合，始能營造出優質的企業文化。

**(四)營造安全舒適溫馨的工作環境**

1.餐飲從業人員之工作場所或休息區，常常被忽視。例如內場製備區或廚房，其空間狹小、油煙溼氣重、空氣悶熱且噪音大，諸如上述情事屢見不鮮。員工長期在此惡劣環境工作下，不但對身心健康有害，且會影響工作效率及服務品質。
2.餐飲管理者務必在員工的工作環境力謀改善，提供員工一個乾淨、寬敞、安全舒適之人性化生活及工作環境。
3.這是一種投資而非消費；餐飲業若無滿意的員工，將無滿意的顧客。

 **第五節　餐廳顧客抱怨事項的處理**

由於餐飲產品具有異質性等特性，再加上顧客類型及需求互異，因此在餐飲服務時若稍微不慎，極易招致顧客抱怨。如何正確有效處理餐廳顧客的抱怨事項，乃餐飲管理者不容忽視的重要課題。

顧客對餐廳最大的懲罰，就是從此永遠不再上門，他們也不需要抱怨或投訴。因此，業者需有此正確體認，「會抱怨的顧客才是好顧客；顧客是餐飲企業最佳的免費顧問」。

## 一、餐廳顧客抱怨事項的類別

餐廳顧客抱怨的原因,其事項經統計分析,計有下列幾類:

### (一)美國旅館協會與美國餐飲協會公布之事項

根據美國旅館協會(American Hotel & Motel Association)與美國餐飲協會(National Restaurant Association, NRA)曾做的調查研究指出,餐廳顧客最常抱怨及引起糾紛的事項,按頻率多寡,依序爲下列幾項:

1.停車問題。
2.餐廳空間與動線不當問題。
3.服務水準問題。
4.餐廳售價與附加服務問題。
5.噪音問題。
6.員工態度問題。
7.食物品質與製備問題。
8.餐廳外觀問題。
9.餐廳備餐與供食服務操作時間問題。
10.服務次數問題。

### (二)國內相關文獻之調查研究

根據國內相關文獻之調查研究,容易引起顧客抱怨及產生糾紛的事項可加以歸納爲下列幾大項:

1.服務態度方面:冷漠、傲慢、怠惰、欠主動、不誠實。
2.價格方面:標價不明確、價格太高不等值的服務。
3.服務印象:菜餚品質、異物、衛生、氣氛、噪音、上菜慢、等候太久及未受到尊重。
4.環境設施:場地大小、停車問題、設備等硬體問題。

5.顧客本身的問題：顧客對產品服務的認知差異，以及生活習慣等個別差異。

6.其他因素：如供應商供貨之延誤、誤時、誤送或其他外在環境之影響因素。

## 二、顧客抱怨事項之防範

顧客抱怨事項防範之道無他，最重要的是須先設法消弭可能引起顧客抱怨之因子於無形，如此始能防患未然。謹將防範顧客抱怨的方法摘述如下：

### (一)加強餐飲人力資源之培訓

1.培養餐飲服務人員的服務態度與機警的應變能力。

2.培養服務人員的專業知能與服務技巧。

3.培養服務人員良好的人格特質與正確服務人生觀。

### (二)建立標準化的服務作業與服務管理

1.餐飲業最大的資產為人，餐飲服務品質之良窳乃端視人力素質之高低而定，因此須加強服務管理。

2.餐飲服務品質的穩定有賴健全的標準化服務作業之訂定與執行，唯有透過標準化的服務，才能提升服務品質，使顧客對餐飲產品產生一種「認同感」與「幸福感」，如此一來，當可消弭顧客之抱怨於無形（圖11-8）。

**餐飲小百科**

顧客不一定是對的，但若是得罪了他，爭辯再對也是錯。得罪一位顧客的同時，也得罪了其他顧客。更糟的是，他們還會跟其他人說。

**圖11-8　餐飲產品須讓顧客產生認同感與幸福感**

## (三)創造顧客滿意度

　　服務人員應隨時以創造顧客滿意度爲念，主動關注顧客，親切而有禮貌適時提供問候與服務，以贏得客人對你的信任與好感，如此將會減少客人挑剔及吹毛求疵的問題。

## (四)餐飲產品銷售契約要明確，須具等值的服務

1. 餐飲產品銷售的契約條件及內容務須明確詳實告知客人，使客人能完全瞭解契約的內容，使其瞭解所付出的金錢可以享受到何種產品與服務。
2. 大部分客人最不能忍受的是受到不等值的服務，而有一種受欺騙之感。因此「誠信」乃餐飲從業人員最重要的職業道德。

## (五)加強餐廳環境、設備與硬體設施之維護

1. 提供客人良好便捷的停車服務或停車場，例如免費代客泊車等。
2. 給予客人溫馨、雅緻的寧靜用餐環境，如燈光、音響、裝潢、格局規

劃、服務動線及植栽美化等等。

## (六)加強餐飲產品的研究與菜餚品質的控管

1.運用廚房作業標準化來穩定菜餚品質，做好質量管理。
2.運用菜單工程，加強菜單之改良與品質提升。

## 三、顧客抱怨事項的處理

餐飲業者須正視顧客任何抱怨事項，予以迅速有效的處理，以免影響餐廳品牌形象之聲譽。謹將餐廳對顧客抱怨事項的處理原則、步驟以及技巧等分述如下：

## (一)顧客抱怨事項的處理原則

1.理智冷靜，態度誠懇，對顧客關心，絕不可提高語調爭辯。
2.態度寬容，設身處地瞭解顧客心態，穩定其不滿情緒。
3.耐心傾聽顧客訴怨，絕不可打斷顧客申訴或與其爭吵。
4.迅速處理，切勿拖延，表現樂意協助對方之意。
5.謹慎結論，無論立即解決問題或顧客過分要求，不可輕率承諾或過早提出結論。
6.提出意外事件報告記錄存參。任何顧客抱怨問題須加以記錄，如客人姓名、意外事件發生日期、時間、事件原因及處理情形，以供爾後工作參考。

## (二)顧客抱怨事項的處理步驟

1.先弄清楚顧客姓名、事由，再向顧客致歉，並表同情，儘量讓現場氣氛平順和緩。
2.儘量請顧客傾吐怨言，說出關鍵問題所在，瞭解事情眞相。
3.注意聆聽，不可中斷顧客陳述，更不可與對方爭論。
4.發揮同理心，表示瞭解客人感受與觀點。

餐飲小百科

顧客抱怨事項處理的禁忌

◆絕對禁止強辯或與客人爭吵，即使客人有錯，也不可當眾數落客人的不是。

◆勿私下給予交換條件，或太早做出承諾，以免屆時做不到或發覺不妥而招致客人更大的不滿。

◆勿隨便回答沒具體事證的不實言論，或涉及第三者之情事。

◆若有必要召開協調會，宜請社會公正人士當主席，業者本身避免兼當主席，以利協調會之順利仲裁。

5.瞭解問題癥結後，應立即向顧客詳加解釋，並提出解決辦法，告知準備處理方式。一經對方同意，立即行動澈底執行，以免失信於人，徒增客人更大不滿。

6.最後謝謝顧客的建議與投訴。事後可寄致歉函，感謝顧客的寬容，並為所帶給他的不便致歉，以消除顧客的不良感受，並歡迎其再次光臨。

7.問題處理完畢，應記錄下來。若有現場拍照照片一併保留，以供日後工作上的參考。

8.問題若無法圓滿解決，不可輕易做出結論，須立即陳報上級研商解決之道。

9.餐廳顧客抱怨事項的處理，通常是由領班以上幹部來負責。

四、顧客抱怨事項處理實例

餐廳顧客抱怨的原因很多，謹就較常見且容易發生糾紛之案例予以摘述如下：

### (一)餐飲產品本身的問題

當顧客抱怨餐食有異物、未熟、烹調過度或其他任何餐飲產品的問題，導致客人不滿意，若是廚房或餐廳人員的疏失，則應立即致歉並為客人更換餐食、自行用退款或贈送小禮物的方式來解決。如果是當初客人點餐時的錯誤，則須委婉予以解釋，再視公司政策是否給予另外補救性服務。

### (二)餐食潑灑到客人的問題

餐飲服務人員若在服勤過程中，不慎將餐食或湯汁液潑灑在客人身上或衣物時，除了道歉外，首先應立即協助客人清除所潑出來的東西。若有汙損衣物則須協助送洗或評估狀況給予適當補償。如果有燙傷情事則須評估是否需要醫療照料，一切以照顧客人為優先考量。

### (三)餐具破損或不乾淨的問題

當顧客抱怨杯皿不潔或有缺口裂痕時，此時，服務人員應立即向顧客致歉，並立即重新更換乾淨的餐具（**圖11-9**），並對造成顧客不悅之事致歉。

**圖11-9　餐具若有破損或不乾淨須立即更換**

### (四)服務設施設備缺失的問題

如果客人抱怨空調冷氣不足、燈光太暗等問題時，服務人員應立即檢查並作調整，若問題仍存在，除了致歉外，應考慮是否為客人另更換座位。

### (五)服務態度或效率等服務傳遞的問題

當客人抱怨上菜太慢或受到冷落久候時，除了委婉告知太慢的原因及所造成的不便予以賠不是外，尚須立即為其設法解決。儘量將自己變成顧客所喜歡而且能信賴的服務人員。

### (六)顧客個性問題

餐飲顧客之客源來自不同的國籍，生活文化、教育水準、宗教信仰、甚至價值觀均不同，因而個別差異很大。有些抱怨事項係來自客人本身自己的不當認知，不過即便如此，身為餐飲服務人員也應和顏悅色予以尊重，絕對不可言語諷刺挖苦或據理力爭頂撞客人。

## 一、解釋名詞

1.社會的需求

2.功能風險

3.資金風險

4.借物法

5.心理風險

6.風險知覺

## 二、問答題

1.「人類所有的行為係由需求所引起的系列反應」，你認為這段話正確嗎？為什麼？

2.一般顧客前往餐廳消費，你認為其最基本的需求為何？試述之。

3.如果你是豪華美食餐廳經理，請問你將會採取何種服務方式來滿足你的顧客？試述之。

4.你認為餐廳每位顧客的需求是否一樣，為什麼？

5.餐廳顧客的心理為何會產生風險知覺？你知道其原因嗎？

6.如果你是餐廳經理，請問你將會採取何種措施來消除顧客的風險知覺？

7.你認為餐廳經營團隊的人力結構，其最理想人力配置的方式為何？試摘述之。

8.你認為一位優秀的餐廳經理，該採取何種方法來有效防範並處理其員工心理上的挫折？試申述之。

9.如何有效防範餐廳顧客之抱怨事項？試述之。

10.針對餐廳顧客抱怨事項，你認為該如何來正確處理？試述之。

飲料與酒吧管理

單元學習目標

- 瞭解餐廳常見的各類飲料之特性
- 瞭解各類葡萄酒的等級及特色
- 瞭解影響葡萄酒品質的因素
- 瞭解啤酒及烈酒服務的要領
- 瞭解非酒精性飲料的服務常識
- 培養酒吧管理的專業知能

「餐食與飲料」為今日餐廳的兩大主要商品，不過飲料的毛利卻凌駕在餐食之上，甚至超過數倍之多，可謂本輕利多，因此飲料服務在當今餐飲業深受業者重視。

飲料可分酒精性飲料與非酒精性飲料兩大類，它可當作個別產品來銷售服務，也可與餐食供應來搭配服務，以增進客人進餐之情趣。所以餐飲服務人員除了須具備飲料產品之服務技巧外，更須對其所販賣之產品有一正確的基本認識，否則難以提供適時適切的優質服務。本章將分別為各位介紹餐廳常見的飲料及酒吧管理。

# 第一節　飲料的基本概念

一位優秀的餐飲服務人員，若想要扮演好在餐飲職場所擔任的角色，除了須具備各種接待服務技巧外，更要熟悉餐廳所販賣的各項餐食與飲料產品的類別及其相關基本常識。本節謹針對餐廳常見的飲料，予以摘介如後：

## 一、飲料的類別

飲料的分類方式很多，茲分別就較常見的分類法，說明如下：

### (一)依是否含酒精而分

◆**酒精性飲料**（Alcoholic Beverage）

係指飲料中其酒精成分含量在0.5%以上者，另稱之為硬性飲料（Hard Drink）。例如：威士忌（Whisky）、白蘭地（Brandy）、葡萄酒、啤酒及雞尾酒等均是。

◆**非酒精性飲料**（Non-Alcoholic Beverage）

係指飲料中未含任何酒精成分的軟性飲料（Soft Drink）而言。例如：咖啡、茶、碳酸飲料、礦泉水、果汁及乳製品等飲料。

## (二)依飲用時間長短而分

### ◆長飲飲料（Long Drink）

此類飲料通常係以較大型的飲用杯，如可林杯（Collins Glass）、高飛球杯（Highball Glass）或馬克杯（Mug Glass）等容量較大的杯子來裝盛飲料。較適於慢慢地、長時間來飲用。例如：可樂、冰紅茶、碳酸飲料或生啤酒等飲料。

### ◆短飲飲料（Short Drink）

此類飲料大多使用較小型的飲用杯，如雞尾酒杯（Cocktail Glass）、烈酒杯（Shot Glass）、香甜酒杯（Liqueur Glass）或香檳杯（Champagne Saucer）等容量較小的杯子，其容量均在1～4盎司之間為多。

## (三)依飲用溫度而分

### ◆冷飲（Cold Drink）

係指經過冰鎮或加入冰塊的飲料而言。其適飲溫度為5～7℃左右，如冰咖啡（圖12-1）或冰紅茶等飲料。

### ◆熱飲（Hot Drink）

係指經加熱或高溫沖調而成的飲料，其適飲溫度為60～80℃。此類飲料服務前，通常會先溫熱杯子，再裝盛熱飲供食服務，如熱咖啡。

### ◆冰品（Ice Products）

係指冰沙、奶昔或冰淇淋等而言。

## (四)依調配製作而分

### ◆純飲飲料（Straight Drink）

係指適宜直接飲用的單一酒類、果汁、茶或咖啡等未經調配混合的飲料而言，如威士忌、白蘭地、啤酒或葡萄酒等酒類飲料。

圖12-1　裝飾美觀的冰咖啡

◆混合飲料（**Mixed Drink**）

　　係指經由兩種以上的飲料混合調製而成的飲料。通常可分為酒精性混合飲料（Cocktail）及非酒精性混合飲料（Mocktail）等兩種。

二、酒精性飲料的類別

　　酒精性飲料依其製造方法及飲用時機來分，可分為下列幾種：

(一)依製造方法而分

◆釀造酒（**Fermented Alcoholic Beverage**）

　　係以水果或穀類等作為主要原料，經糖化、發酵、浸漬、過濾及儲存而成。例如：葡萄酒、啤酒、紹興酒、花雕酒及各種水果酒等。此類釀造酒的

酒精濃度通常在15～20度左右。

### ◆蒸餾酒（**Distilled Alcoholic Beverage / Spirit**）

係以水果或穀類經發酵後，再予以蒸餾而成的高濃度酒精性飲料。此類蒸餾酒的酒精度通常在40%或80 Proof左右，有些則高達50%即100 Proof以上。例如：威士忌、白蘭地、伏特加（Vodka）、琴酒（Gin）及蘭姆酒（Rum）等，而此類烈酒也是調製雞尾酒的主要基酒。

### ◆合成酒（**Compounded Alcoholic Beverage**）

合成酒另稱「再製酒」，係指將上述釀造酒或蒸餾酒中，再添加香料、藥材或植物等物料，並再浸漬或蒸餾而成的酒。例如：苦艾酒（Dry Vermouth）、君度橙酒（Cointreau）及咖啡香甜酒（Coffee Liqueur）等均是。

## (二)依飲用時機而分

### ◆餐前酒（**Aperitif Wine**）

餐前酒另稱「開胃酒」，通常酒精濃度不高、不甜且略有酸、澀或苦味，其目的乃在增進或刺激食慾用。例如：不甜苦艾酒、不甜雪莉酒（Dry Sherry）、金巴利酒（Campari）、多寶力酒（Dubonnet）及不甜香檳酒（Dry Champagne）等均是較常見的餐前酒。

### ◆佐餐酒（**Table Wine**）

係指進餐中作為搭配食物所飲用的酒而言。此類佐餐酒通常是指葡萄酒。如白色肉類的海鮮、雞肉等禽類肉品食物均以搭配白葡萄酒（White Wine）（**圖12-2**）；紅色肉類的牛、豬或獸肉等，均慣於搭配紅葡萄酒（Red Wine）。

### ◆餐後酒（**Dessert Wine**）

係指作為搭配飯後甜點或餐後飲用的酒。此類酒其甜度或酒精度均較高且其所使用的杯子容量也較少。例如：白蘭地、甜的波特酒（Port）或雪莉酒等均是。

圖12-2　白葡萄酒適宜搭配海鮮

## 三、非酒精性飲料的類別

依飲料中是否含咖啡因而分，計可分為下列兩類：

### (一)含咖啡因飲料

咖啡因飲料在餐廳最常見者為：咖啡、可可、巧克力、阿華田及各種茶類飲料。

### (二)無咖啡因飲料

無咖啡因飲料很多，如果汁、碳酸飲料、乳製品、機能性飲料、礦泉水或氣泡礦泉水等均是。

## 第二節 葡萄酒的服務

人類自古以來，無論中外均十分重視生活藝術，講究生活情趣，追求眞、善、美的意境。由於酒能慰藉人們情緒，宣洩人們情感，美化社交生活，因此，酒無形中已成爲現代人日常生活藝術化所不可或缺之催化劑。本節特別就國內外餐廳常見之葡萄酒及其服務要領，分別予以歸納摘述臚陳於後：

### 一、葡萄酒的類別

葡萄酒係由葡萄經壓榨汁液自然發酵而成的一種活的有機體，它有一個生命週期，即由出生、成長、成熟，期間可能會生病或復元，甚至死亡。在葡萄酒中的活細胞則爲酵母菌，因此法國著名化學細菌學者Louis Pasteur（1822-1895）說過：「葡萄酒是種有生命的飲料。」一般而言，葡萄酒可分爲下列四大類：

#### (一)不起泡的葡萄酒（**Still Wine／Light Beverage**）

此類葡萄酒另稱爲「佐餐酒」（**圖12-3**），其酒精濃度約9～17度左右。若再就其顏色來分，則可分爲下列三種：

#### ◆紅酒

紅酒係以紅葡萄（另稱黑葡萄），整粒壓碎連同皮、核一起發酵釀製，此時果皮所含色素會滲入酒中，故稱之爲「紅葡萄酒」。此類酒適宜搭配紅色肉類食物飲用，如各類牛排、獸肉、野味等。

#### ◆白酒

白酒係以黃綠色系之白葡萄爲主要原料，若以紅葡萄來釀製也可以，唯須先去皮僅留汁液來發酵。白酒與紅酒釀造最大不同點爲白酒其果粒經壓碎後，須立即萃取汁液去除果皮與果核後再移至大酒樽發酵，而紅酒則連同果皮與果核在發酵槽中發酵，以利釋出果皮中之色素以及果核中之單寧酸

圖12-3　佐餐酒

（Tannin）。白酒在餐桌上服務須先冷卻冰鎮至6～8℃左右，其搭配食物則以白色肉類為主，如海鮮、家禽肉。

◆玫瑰紅酒

　　玫瑰紅酒（Rose Wine）係以紅葡萄為原料，整粒壓碎後連同果皮、果核一起發酵，當釋出之色澤接近所需玫瑰紅時，立即榨汁並去除核皮殘渣進行發酵釀製程序。玫瑰紅酒服務時也需加以冷卻冰鎮至6～12℃，其可搭配食物最廣泛，如海鮮、肉類、乳酪與三明治均可。

(二)起泡的葡萄酒（Sparkling Wine）

　　此類葡萄酒的瓶蓋若打開，會發出「碰」的響聲，因為此類酒係在發酵尚未終止前，即予以裝瓶，使其在瓶中繼續第二次發酵產生二氧化碳之氣體，其氣壓為3～6個氣壓左右。故開瓶時會有一種響聲，可增添享用此酒的氣氛。其酒精濃度約9～14度，產地以法國香檳區（Champagne）最有名。氣泡葡萄酒的釀造方法有三種：

◆香檳法

係一種最古典的複雜釀製法，酒中之二氧化碳係在瓶內發酵完成的，如法國香檳酒即是例。

◆閉槽法

酒中之二氧化碳係在密閉酒槽內產生，其效率較香檳法高，味道也不錯，如一般起泡酒即是例。

◆灌氣法

係在裝瓶時，才將化學的二氧化碳直接加壓灌入葡萄酒內，其方法最經濟簡便。此類氣泡酒稱之為碳酸葡萄酒（Carbonated Wine），另稱「加氣起泡葡萄酒」。

(三)強化酒精葡萄酒（Fortified Wine）

此類葡萄酒係在葡萄酒釀造過程中，於發酵階段時注入適量的白蘭地，使其中止發酵。因為此時葡萄酒中所含的糖分尚未分解成酒精及二氧化碳，因此糖分仍保留在酒中，所以這一類型的葡萄酒之特性為：有甜味、酒精度較高，其酒精含量在14～24度左右。

此類葡萄酒酒單常見的有西班牙的雪莉酒（Sherry）、葡萄牙的波特酒，此外尚有馬德拉酒（Madeira）、馬拉加酒（Malaga）等，均屬於此類強化酒精葡萄酒。

(四)加味葡萄酒（Aromatized／Flavored Wine）

此類葡萄酒係一種添加香料、藥草等添加物之葡萄酒。在酒單中較常見的有義大利和法國生產的紅、白苦艾酒，即為此類酒的代表，酒精的含量可提高到15～20度左右。

二、影響葡萄酒品質的主要因素

葡萄酒之品質深受葡萄品種、產地之地理位置、氣候、土壤、釀造方式

及儲存方式所影響，茲摘述如下：

## (一)葡萄品種

唯有高貴優質的葡萄品種，始能產出高級葡萄酒，並非所有葡萄均適於釀製葡萄酒。因此，歐美各國政府對於葡萄酒標籤所載之葡萄品種名稱均立法予以規範控管，以保障品質及保護消費者。

## (二)地理位置

葡萄生長地帶（Vine Belts）大部分均位於赤道南面、北迴歸線附近之溫帶區，即介於北緯30～52°，南緯15～42°之位置。

## (三)產地氣候

產地氣候必須陽光充足，溫度濕度適中，葡萄能在六月開花、九月至十月初秋天採收，且在採收前氣候需要熱而乾燥，陽光充足，則葡萄甜度會增加，此乃所謂好年。葡萄採收之年份會標示在當年釀造的葡萄酒標籤上，此即所謂"Vintage Year"。

## (四)產地土壤

產地土壤必須肥沃，且土壤含沙石，排水容易不會積水；種植地勢須選在向陽之東南或西南的山坡地，始能得到充分日光，且可避免北風之寒害。

## (五)釀製方式

葡萄酒釀造過程之技術及所培育酵母菌之品質，均會影響葡萄酒之風味，因為酵母之功能除了將葡萄汁液分解成酒精與二氧化碳外，也會改變葡萄酒風味。

## (六)儲存方式

葡萄酒儲存方式正確與否，將會影響葡萄酒之品質，甚至導致葡萄酒死

亡。葡萄酒最大的敵人是與空氣接觸、溫度變化、過冷或過熱、震動、日光及臭味，因此為維持葡萄酒之品質在最佳狀態下，務須注意下列幾點：

1. 葡萄酒要儲存在通風良好、陰暗、隔離及溫度控制之儲酒處，如地窖、酒窖。溫度須介於13～15℃之間為宜，唯須恆溫控制，以免任意改變溫度而影響品質（**圖12-4**）。
2. 葡萄酒之儲櫃務須堅固，確保酒瓶無滾動之虞，尤其是陳年紅酒尤忌諱震動。
3. 酒瓶以水平方式儲存，可保持軟木塞濡濕，避免乾裂以致空氣入侵。酒瓶儲存時，標籤朝上，如此可不必移動瓶子即可確認葡萄酒，也可另加編號標籤以利識別。
4. 儲酒處避免朝西，以免陽光直射；儲存區附近避免有異物之物品或噪音。
5. 儲酒處內部照明可採用柔和燈光，但以不產生高溫為原則。

## 三、葡萄酒的標籤

葡萄酒的標籤是每瓶葡萄酒的資料卡，每瓶葡萄酒最少有一種主要標籤

**圖12-4　葡萄酒要存放於通風良好的地方**

貼在瓶身；有些則在瓶子頸部及瓶身背部貼上標有相關之生產、裝瓶公司或場所之附加資料。由於每個葡萄酒生產國均有其自己的標籤管理規定，因此各國葡萄酒之標籤並不盡相同，謹列舉其要介紹如下：

## (一)美國葡萄酒的標籤

依據美國的規定，酒瓶上的標籤應包括下列項目：

1.葡萄收穫年份。
2.葡萄生長的村鎮、行政區或州名。
3.生長葡萄園區名稱。
4.葡萄酒的類型。
5.註冊登記商標。
6.官方保證的可信程度之標籤。
7.葡萄酒貨主或生產者的姓名地址。
8.葡萄園主人的姓名、地址。
9.裝瓶者或裝瓶葡萄園名稱。
10.特殊保存限制。
11.特別優質的酒也要註明。
12.原產地國名。

圖12-5　葡萄酒的標籤

## (二)法國葡萄酒的標籤

### ◆法國葡萄酒的標示係「以產地名稱取名的檢驗」（圖12-5）

此法令可保證該葡萄酒係在該指名的地區釀造，並且其品質與該地區傳統品質相同。如香檳酒（Champagne）即表示法國香檳區所生產的，其他地區所生產的不能稱之為「香檳酒」，僅能稱之為「氣泡葡萄酒」。

### ◆法國葡萄酒標籤常用字之意義

1.Chateau，標籤上此字係指生產製酒葡萄之葡萄園家族或酒莊。
2.Chateau Bottled或Estate Bottled，係指使用該葡萄園所種植的葡萄釀造，

且在該園裝瓶。此乃表示該葡萄酒為品質較好的酒。

3.Cru，標籤上此字係指在法國「成長」，也間接表示較好或上等品質之葡萄酒。

## ◆法國葡萄酒等級之標示

1.AOC為Appellation d'Origine Contrôllée Vins之簡稱，係指該葡萄酒所生產的酒品質最優，且經檢驗合格，為法國最優質的控管地區葡萄酒，為第一等級酒。

2.VDQS為Vins Delimites de Qualite Superieure之簡稱，其意思為「優良品質之葡萄酒」，係指法國能控制品質並輸出之良好地區的葡萄酒，為第二等級酒。

3.Vins de Pays，係指鄉土葡萄酒，為中級品，產量少。

4.Vins de Cepage，係指不記原產地名稱的調配葡萄酒，為一種品質較低，較大眾化的酒。

## (三)義大利葡萄酒的標籤

義大利葡萄酒的標示類別可分為三種類別：

## ◆單純的標示命名（Denominazione di Origine Semplice）

係指在此地區栽種之葡萄所釀造的普通葡萄酒。

## ◆控制的標示命名（Denominazione di Origine Controllata）

此類標示命名簡稱為 "DOC" ，係指品質已達規定標準的葡萄酒，且生產此酒之葡萄園已在官方註冊登記。

## ◆控管保證的標示命名（Denominazione di Origine Controllata e Garantita, DOCG）

此類別葡萄酒之標示，僅授予達到政府推薦之優良葡萄酒所使用，該葡萄酒之品質、價格需達到政府之規定始可獲得認證。

四、葡萄酒的服務（**Wine Service**）

葡萄酒服務的流程自點酒、驗酒、開瓶、試飲及倒酒等服務。全程應特別注意下列幾點：

1. 葡萄酒服務之前，務須先請示點酒者或主人是否試飲，之後即可進行倒酒服務，或是菜餚端上桌時才服務。服務酒類之時間須完全尊重客人之意願。

2. 倒酒服務時，自主人右側第一位主賓或女士開始，由客人右側以逆時鐘方向進行，最後才倒主人杯子的酒。倒酒時，直接倒入酒杯，勿拿取杯子倒酒，白酒以三分之二杯（**圖12-6**）、紅酒以半杯滿為原則。

3. 當服務完所有客人之後，若瓶內尚有白酒、香檳或玫瑰紅酒，須將酒瓶再放回冰桶冷藏，如果是紅酒則須放在服務桌，不可擺客人桌上，以免影響客人進餐，除非客人另有指示，始依其意思為之。

4. 服務員須注意客人的杯子，當杯內的酒僅剩三分之一滿時，則必須為客人再添加。

圖12-6　白酒倒入酒杯以三分之二滿為原則

5.如果酒瓶已空，則應請示客人是否需要另開一瓶酒，或拿酒單供客人點酒。

6.點酒並沒有絕對的標準，完全視客人需求與喜好而定。唯餐桌若須供應兩種以上之葡萄酒，則應遵循下列原則：

(1)變化：除了香檳酒，如澀而不甜之香檳外，前面已供應過的酒，不宜再供應同一種酒，除非年份不同，則可先供應新酒再供應老酒。

(2)韻律：飲用葡萄酒時務必「先淡後濃」、「先澀後甜」、「先新後老」，以免前面剛喝過的酒蓋壓過後面喝的酒。唯香檳酒須先喝老酒再喝新酒，否則新香檳酒無法彰顯出其生命活力。

(3)調和：係指酒與食物要搭配，即清淡的菜餚要選用清淡的酒，味重的菜則須搭配濃郁的酒。

 第三節　啤酒及烈酒的服務

　　啤酒，係一種以大麥芽、啤酒花、酵母或其他穀類為原料的釀造酒，另稱麥芽酒。它係一種淡而清涼、營養美味之古老傳統飲料，歐美人士稱之為「液體麵包」。茲就各類啤酒的服務要領摘述如下：

一、啤酒的服務

　　一般餐廳常見的啤酒服務方式，可分為下列三種服務型態：

(一)小型瓶裝或罐裝啤酒的服務

　　小型瓶裝、罐裝啤酒的服務流程如下：

◆點酒

　　客人點酒之後，服務員須清楚記錄並填寫飲料單，然後再準備啤酒與啤酒杯進行服務。

◆擺杯及啤酒上桌

1.服務員將冰冷酒杯、杯墊、啤酒以墊布巾的飲料托盤端至餐桌，立於客人右側。

2.先擺上杯墊再將杯子、瓶罐啤酒放置在杯墊上，置放於客人右方；持杯須握杯子底端。

3.小瓶罐之啤酒可直接放在餐桌客人右方，供客人使用。

◆開瓶

1.開瓶須經點酒客人同意後，才當場在餐桌旁開瓶。

2.開瓶時可先稍微打開一點點，讓瓶罐內外氣壓均衡後，才全部打開，如此可防範泡沫沖出之窘境。

◆倒酒

1.右手持瓶，讓酒的標籤露在外面，以使客人能清楚看到為原則。

2.倒酒時，以小角度自杯中遠處內壁緣（Inside Opposite Edge）徐徐倒入啤酒，直到將近半杯滿時，視泡沫情況多寡，再繼續倒至八分滿，務使杯子有層泡沫冠為原則（**圖12-7**）。

3.為使杯子有泡沫冠增加美感，宜採用「兩倒法」，即先倒半杯後暫停，若泡沫不足時可在後半杯加速沖倒，但不可溢出杯外。

4.倒酒時也可採用「手倒法」，即將酒杯拿在左手並傾斜杯口，以右手持瓶，瓶口靠近杯口緣，緩緩倒入酒液，當啤酒距杯口約四至五公分距離時，可將杯子直立使杯口朝正上方，再加速沖倒至八分滿為止。此手倒法有些餐飲業者並不太同意，甚至反對將客人酒杯拿起來倒。國內餐飲業者均習慣在餐桌上直接倒酒服務，這一點讀者須瞭解。

◆服務

1.啤酒添加之時機與其他酒類服務不大一樣，最好是酒杯已快沒有酒時，再為客人添加，以免杯內啤酒新舊混合影響啤酒清新特殊風味，但也不宜讓客人空杯太久，誤以為服務怠慢。

**圖12-7　倒啤酒時須有層泡沫冠為原則**

2.若有餘酒須備有保冷桶，不過通常小瓶裝留下餘酒機會較少。至於大瓶裝則須提供此保冷設備，或在酒瓶上以口布整瓶包裹。

3.當桌上啤酒已喝完，酒杯均告罄且主人也無意再點叫新酒時，則餐桌上之空杯與瓶罐可先收拾掉。

4.啤酒飲用溫度國內外習慣不甚一致，說明如下：

(1)國內業者：一般啤酒飲用溫度為6～11℃之間最佳。夏天以8℃，冬天以11℃供應較多；至於麥酒以10℃為宜。

(2)國外業者：美國啤酒以38℉（約3.3℃）來供應。歐洲啤酒為55～58℉（約12.8～14.4℃）來供應。

5.服務啤酒時，原則上係倒完一瓶，再去領一瓶，避免一次領出數瓶任其在室溫中提高溫度，除非客人要求或備有保冷桶儲存。

### (二)大型瓶裝啤酒的服務

大型瓶裝啤酒服務方式與前述小型瓶罐服務的作業要領大同小異，唯部分稍有差異，謹就其不同點提出說明如後：

1. 大型瓶裝啤酒在餐廳通常是在宴會場合供應為多，也較為方便，不過國內一般平價大眾化餐廳仍有部分係以大瓶裝供應。

2. 大型瓶裝酒提領時，為防範意外，可以用手直接持瓶走路，以免因使用圓托盤而有不慎翻倒之危險。

3. 大型瓶裝酒不可直接置於餐桌上，須先放在旁邊服務桌備用，開瓶時再拿到客人餐桌旁開瓶。酒瓶絕對不可置於餐桌上，更不可任意置於地板上。

4. 大型瓶裝酒倒酒服務後，瓶內有餘酒的機會相當高，因此須備有保冷桶來儲存餘酒，若餐廳無此項服務，則可將口布包住瓶身如白葡萄酒服務一樣。

5. 服務時，若有客人不想喝冰啤酒，可先以熱水燙杯後再倒酒；或將酒瓶置於40℃之溫水槽來提高酒溫。

## (三)桶裝啤酒的服務

桶裝啤酒在國內大部分是生啤酒，不過一般啤酒也有桶裝，此現象在歐洲酒吧最常見，其服務方式也較簡單。謹將桶裝啤酒之服務方式摘述如下：

1. 當客人入座點完啤酒後，服務員即前往吧檯端取啤酒，將裝滿酒的啤酒杯、杯墊置於墊有服務巾之托盤，再端至餐桌服務。

2. 服務時，先將杯墊置於客人餐桌水杯右下方，然後再將啤酒杯置於杯墊上。如果客人暫不用餐或僅想喝酒時，則可直接將啤酒置於客人正前方。

3. 桶裝啤酒服務，通常酒杯盛酒的工作係由吧檯人員為之，不過若無專人負責裝盛酒時，服務員即須兼負此裝盛酒的工作，其要領如下：

   (1) 以「手倒法」之要領，將啤酒杯以小角度傾斜，將杯口靠近啤酒龍頭，使酒液流入杯口內緣杯壁上，當啤酒杯將近四分之三滿杯時須先關掉龍頭。

   (2) 將酒杯拿正，使杯口在龍頭正下方，再將龍頭開關打開，讓酒沖入杯中央，直到滿杯為止。

   (3) 通常倒酒前，有些業者習慣先以冷水沖洗一下酒杯再倒入啤酒。其目的除了冷卻杯子外，同時順便沖洗杯子，以免有油膩薄霧而使啤酒走味及泡沫消失。

(4)桶裝啤酒服務最重要的是：乾淨無油膩的杯子、適當的飲用溫度、穩定的酒桶壓力。

(5)為確保桶裝啤酒的服務品質，吧檯服務人員除了須確保杯皿清潔乾淨、理想儲存溫度及穩定壓力外，更要每週固定澈底清潔龍頭、輸酒管等出酒設備，以免啤酒品質受影響或有出酒不順暢之困擾（圖12-8）。

## 二、餐廳常見的烈酒

一般所謂的烈酒，其酒精濃度均在40度以上，如威士忌、白蘭地、伏特加、琴酒及蘭姆酒等基酒均屬之。茲分別說明如下：

### (一)威士忌

威士忌係以大麥、黑麥、玉米等穀物為主要原料，經糖化、蒸餾、儲藏而成，其酒精濃度約在40～45度之間。由於原料、水質及製作、儲藏技術之不同，因此當今世界有許多不同品牌之威士忌問世，不過其中較富盛名者有蘇格蘭威士忌、愛爾蘭威士忌、美國威士忌及加拿大威士忌。

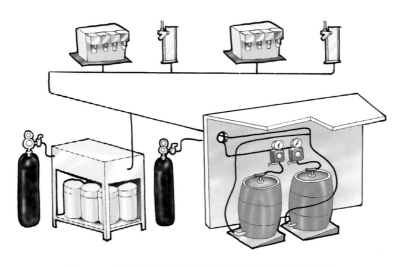

圖12-8 酒吧碳酸飲料與生啤酒供應配置圖

### (二)白蘭地

白蘭地係以葡萄或水果為原料，經發酵、蒸餾手續後，再儲存於橡木桶中之陳年老酒。目前世界各國幾乎均有生產白蘭地，如法國、西班牙、美國，其中以法國康涅克（**Cognac**）干邑區所出產之白蘭地最為有名。

### (三)伏特加

伏特加係以馬鈴薯及其他穀類，經發酵及重複蒸餾而成，因此其酒精濃度極高，可達95度，為一種無色、無味之烈性酒。目前伏特加酒以俄羅斯所產的最負盛名。

### (四)琴酒

琴酒又稱「杜松子酒」，係以穀物及杜松子為主要原料蒸餾而成，由於酒精濃度高達40～50度且有特殊芳香，因此極受人喜愛，為當今調製雞尾酒最為重要之基酒，故有「雞尾酒的心臟」之稱。

### (五)蘭姆酒

蘭姆酒係以蔗糖為原料，經過發酵、蒸餾手續而成，其酒精濃度約40～75度之間。目前世界各國所產之蘭姆酒很多，但以牙買加所產較為有名。

此外，高粱酒為我國聞名中外代表性烈酒酒類之一，係採用高粱為原料，其酒精度極高，高達60%，為烈酒中之逸品。

## 三、烈酒的飲用方式

烈酒的飲用方式，概可分為下列三種：

### (一)純飲（**Straight / Straight Up**）

此類供食服務方式，係將單一烈酒在室溫下直接倒入杯中飲用，並不再

加任何添加物。

## (二)加冰塊飲用（**On the Rocks**）

此類供食服務，係將單一烈酒倒入事先置有冰塊的古典老式酒杯（Old Fashion Glass），再上桌服務。服務時，須先放置杯墊，再將酒杯置於杯墊上，並另附紙巾備用。

## (三)調製雞尾酒服務

依客人需求將上述烈酒作為基酒來調製所需的雞尾酒。

## 四、餐前酒與餐後酒的服務

餐前酒與餐後酒的服務要領，分述如下：

## (一)餐前酒服務

1. 服務員將客人所點的餐前酒點酒單送交出納簽證後，再送交吧檯調酒師準備開始調製。
2. 服務員將客人所點叫的東西及備品，依編號順序擺在小圓托盤上送到餐桌。
3. 餐前酒端上桌服務的作業要領：
   (1) 左手端托盤立於客人右側，先介紹餐前酒的名稱，以確認客人所點的酒正確無誤。
   (2) 以右手先將杯墊或小紙巾，置於客人水杯右下方，再將餐前酒以右手持杯腳或杯底，置於杯墊或紙巾上面。
   (3) 若餐桌沒有擺設餐具或展示盤，則可將餐前酒置於客人正前方。
4. 餐前酒上桌後，若客人一喝完，且尚未點菜時，可先禮貌請示客人要不要再來一杯，若客人無此意願，則可以先收拾空杯。
5. 正式上菜後，若客人仍未喝完，原則上暫不要收杯，除非客人所點的佐餐酒已上桌服務，此時則可請示客人是否還要飲用，再決定是否收拾此

餐前酒杯,因為有部分客人係以長飲類的餐前酒兼佐餐酒使用。

## (二)餐後酒服務

1. 餐後酒服務的時機為,當客人點心吃完以後,服務員可以準備為客人推薦餐後酒。

2. 餐後酒的服務作業要領與前述餐前酒點叫的方法相同,唯部分高級豪華餐廳係以裝飾華麗備有各種飯後酒的酒車(Liqueur Trolley),上面有各式各樣系列的酒,如利口酒(**圖12-9**)、白蘭地等餐後酒,以及各項服務所需之備品、杯皿,由酒類服務員將酒車推到餐桌前來為客人推薦餐後酒。

3. 餐後酒通常在咖啡上桌之後才端上桌。係由客人右側服務,將餐後酒及杯墊置於咖啡杯右邊。

4. 如果客人所點叫的餐後酒為白蘭地,服務員須先請示客人是否需要先溫杯。若要溫杯須透過專用加熱設備為之,或置於40℃左右之溫水槽來溫杯,惟禁止直接在酒精燈或蠟燭火焰上方來溫杯,以免燒裂杯子,同時避免杯子沾染蠟燭或酒精味,以至於影響白蘭地濃郁的芳香。

**圖12-9　餐後酒**

## 第四節　咖啡、茶及其他飲料的服務

咖啡與茶在餐桌上的服務方式，每家餐廳之服勤作業均不盡相同，主要原因乃餐廳的類型、餐飲服務形態、用餐場所以及所使用的器皿不同，因而服務方式也互異。謹分別就咖啡、茶及其他飲料的服務方式，予以介紹：

### 一、咖啡的服務

咖啡服務品質的良窳，對於顧客是否願意再度光臨，扮演著一項極重要的角色。在餐廳中它可能是全套菜單中最後一項飲料，也可能是客人蒞臨餐廳的唯一目的與享受，因此如何提供客人優質的咖啡與正確的服務，對餐廳而言相當重要。

### (一)美味咖啡的沖調要件

#### ◆水質

一杯好的咖啡其水質甚重要。水質軟硬度要適中，不得有異味；水要剛滾燙之熱開水，不宜以開水再加熱。

#### ◆水溫

最理想沖調咖啡之溫度為205°F或96℃，使水溫一直控制在91℃左右最好。若溫度太高容易釋出咖啡因，而使咖啡變苦。此外，客人也可享用到一杯美味芳香的熱咖啡。

#### ◆咖啡豆

1.咖啡豆烘焙要適中，若太輕火則淡而無味，若過於重火則焦油多且色澤黑，唯香氣濃，如義式咖啡豆（**圖12-10**）。
2.咖啡豆要現場研磨，香味較不易消失。儲存時須以真空包或密封罐儲存，也可冷藏儲存，以免走味。

**圖12-10 義式咖啡豆**

3.咖啡豆研磨顆粒之粗細端視沖調方式而異，例如：

(1)義式咖啡（Espresso）氣壓式沖調法：係使用細顆粒研磨之咖啡粉。

(2)滴落式或過濾式沖調法：係使用中細顆粒研磨的咖啡粉。

(3)虹吸式沖調法：係使用中顆粒研磨的咖啡粉。

## ◆適當的比例

咖啡之濃度須力求穩定性與一致性。一般咖啡粉分量與水的比例為1磅咖啡可搭配2.5加侖的水；或是每單人份咖啡以11公克咖啡粉搭配150cc.熱開水。

## ◆沖調時間

氣壓式與虹吸式沖調法，沖調時間約一至三分鐘；滴落式或過濾式沖調法，其沖調時間稍長，約四至六分鐘，若沖泡時間超過，咖啡味道將變苦澀；反之，則咖啡風味難以完全釋出。

餐飲小百科

時尚咖啡

　　咖啡之種類很多，餐廳客人較喜歡點叫的咖啡有下列數種：

◆純咖啡（Black Coffee）：

　1.大杯黑咖啡（Long Black）：係以180cc.咖啡杯裝的現煮咖啡，服務時不提供糖及奶精。

　2.小杯黑咖啡（Short Black）：通常係指小杯裝或以義式濃縮咖啡杯（Demitasse）來裝的濃咖啡，類似義式咖啡。

　3.義式濃縮咖啡（Espresso Coffee）：係指以正確分量的專用咖啡豆，經由義式濃縮咖啡機所製作，具有金黃色泡沫的濃郁黑咖啡。

◆法式白咖啡（Café au lait／White Coffee）：係指服務時須附加熱牛奶的咖啡。目前一般餐廳供應的普通白咖啡，通常是以奶精或冷牛奶為之。

◆卡布奇諾咖啡（Cappuccino Coffee）：係以義式濃縮咖啡機製成的濃縮咖啡，再加上熱鮮奶與鮮奶泡沫而成。

◆拿鐵咖啡（Café Latte）：係以義式濃縮咖啡，再加三倍咖啡量之熱鮮奶及少量鮮奶泡而成，但比卡布奇諾所添加的牛奶要多，奶泡較少。

◆利口咖啡（Liqueur Coffee）：係指一種加入烈酒或利口酒的咖啡。語云：「美酒加咖啡」即指此種咖啡而言。

## (二)咖啡的服務要領

咖啡服務的程序，其步驟及要領摘述如下：

1.點叫：客人點叫咖啡時，須明確記錄所需之咖啡種類、製備方式及所需附加物。

2.擺設咖啡附件備品：

　(1)若是套餐服務，通常是在客人用完餐，清潔整理桌面後才開始服

務。如果客人只點叫咖啡一項，即須立即準備將服務咖啡所需的牛奶、糖或奶精以托盤端上桌，也可用底盤（Under-liner）裝盛擺在餐桌。

(2)國內部分餐廳餐桌上均已事先將糖盅、糖包或奶精擺在餐桌中央。此類餐廳即可不必再另外擺設此附加備品，唯須視客人所點叫之咖啡類別再補充，如冰咖啡則須另備糖漿、鮮奶油供客人使用。

(3)部分較高級的餐廳，餐桌上也不擺放鮮奶油與糖盅，而是等到服務員為客人倒咖啡時，才由服務員為客人添加，如銀器服務的餐廳即是例。

3.擺設咖啡杯皿，其作業要領如下：

(1)以托盤將熱過的咖啡杯皿及咖啡匙端送到餐桌，如果份數較多，最好將咖啡杯與襯盤分開放，底盤可獨立疊放，其上方也可放一個咖啡杯，托盤上的其餘空間則可擺放咖啡杯及匙。

(2)上桌時，先在托盤上將咖啡杯放在襯盤上，杯耳朝右，再將咖啡匙放在咖啡杯右側的襯盤上，匙柄朝右（**圖12-11**）。

(3)將全套咖啡杯皿自客人右側放置在客人正前方或右側餐桌上，餐廳

**圖12-11 咖啡杯杯耳及咖啡匙柄須朝右**

餐具擺設須力求一致。原則上若客人僅喝咖啡並不再搭配其他甜點，則應擺在客人正前方較理想。

4.倒咖啡服務，其作業要領及步驟如下：

(1)高級歐式餐廳服務：

①首先係將服務所需之附件，如奶盅、附小匙的糖罐以及裝好熱咖啡之咖啡壺，依序置於鋪上布巾之小圓托盤或大餐盤上備用。

②左手掌上先墊一條摺疊成正方形之服務巾，再將此托盤置於左手掌服務巾上面，一方面避免燙手，另一方面便於旋轉托盤服務咖啡。

③倒咖啡時一律由客人右側服務。首先將左手托盤移近咖啡杯，再以右手提壺倒咖啡，並請示客人是否須添加糖、鮮奶油，再依客人要求逐一服務添加。

(2)一般餐廳服務：係由服務員直接持咖啡壺到餐桌，自客人右側倒咖啡服務，約七至八分滿即完成服務。至於糖包、奶精包均已事先置於餐桌，所以不必再為客人添加，而由客人自行添加。

(3)特調咖啡的服務：如果是義式濃縮咖啡、冰咖啡或特調咖啡等，均是一杯一杯單獨供應，因此直接將盛好咖啡之杯皿端上桌服務即可。若客人點叫上述特調咖啡時，也不必先擺放咖啡杯皿於桌上。

(4)此外，客人若點叫冰咖啡時，須另附杯墊、糖漿、奶盅及長茶匙或吸管供客人使用。

5.咖啡飲用溫度：熱咖啡最適宜飲用的溫度為60℃，因此供應咖啡給客人時，最好在85℃左右上桌服務，因為客人若再加糖、奶精於杯內時，溫度會再下降。

## 二、茶的服務

當今全球各地的飲茶習慣係源自中國，在唐朝即有文人陸羽所著的《茶經》，如今茶文化已成為一種世界文化，同時也是目前餐廳極為重要的餐後飲料。

(一)茶的類別

　　茶的種類很多，主要是烘焙製作之發酵程度不同，一般可分為不發酵、半發酵及全發酵茶等三大類，分述如下：

◆不發酵茶

　　所謂「不發酵茶」，係指未經過發酵的茶，所泡出的茶湯呈碧綠或綠中帶黃的顏色，具有新鮮蔬菜的香氣，即我們所稱的「綠茶」，如抹茶、龍井茶、碧螺春、煎茶、眉茶、珠茶等等皆屬之。

◆半發酵茶

　　所謂「半發酵茶」，係指未完全發酵的茶，如一般市面上常見的凍頂烏龍茶、白毫烏龍、鐵觀音、水仙、武夷茶、包種茶等等均屬之。這類茶又因製法不同，泡出的色澤從金黃到褐色，香氣自花香到熟果香，為此茶之特色。至於香片係以製造完成的茶加薰花香而成，如果薰的是茉莉花，即成茉莉香片，茶中有花的乾燥物；若茶葉不含茉莉花則為非正規之香片，係以人工香味薰香而成。

餐飲小百科

　　東方美人茶

　　據傳日治時代，有北埔茶農帶茶葉前往北部展售，當時日本總督府以天價收購。此傳說被地方人士斥為膨風（閩南語，意為吹噓），故另稱為「膨風茶」。此茶曾榮獲英國維多利亞女王指定為飲用茶，乃賜名為「東方美人茶」。該茶葉風味獨特具熟果蜜香，為台灣烏龍茶中的極品，係屬於白毫烏龍，為半發酵茶。

◆全發酵茶

所謂「全發酵茶」，係指經過完全發酵的茶，所泡出的茶湯是朱紅色，具有麥芽糖的香氣，也就是我們所稱的「紅茶」。其外形呈碎條狀深褐色，純飲或調配皆適宜。歐美各國西餐所謂的茶係指此類的紅茶而言，如伯爵茶、錫蘭茶均屬之。

為使讀者能進一步瞭解，茲將目前台灣主要茶葉的識別方法列表於後供參考（**表12-1**）。

**表12-1　台灣主要茶葉的識別**

| 類別／項目 | 不發酵茶 綠茶 | 半發酵茶 烏龍茶 | | | | | 全發酵茶 紅茶 |
|---|---|---|---|---|---|---|---|
| 發酵度 | 0 | 70% | 40% | 30% | 20% | 15% | 100% |
| 茶名 | 龍井 | 白毫烏龍 | 鐵觀音 | 凍頂茶 | 茉莉花茶 | 清茶 | 紅茶 |
| 外形 | 劍片狀 | 自然彎曲 | 球狀捲曲 | 半球捲曲 | 細（碎）條狀 | 自然彎曲 | 細（碎）條狀 |
| 湯色 | 黃綠色 | 琥珀色 | 褐色 | 金黃至褐色 | 蜜黃色 | 金黃色 | 朱紅色 |
| 香氣 | 茉香 | 熟果香 | 堅果香 | 花香 | 茉莉花香 | 花香 | 麥芽糖香 |
| 滋味 | 具活性、鮮活、甘味 | 軟甜、甘潤、收斂性 | 甘滑厚，略帶果酸味 | 甘醇、香氣、喉韻兼具 | 三分花香七分茶味 | 清新爽口、活潑刺激 | 調製後口味多樣化 |
| 產地 | 三峽 | 苗栗老田寮與文山茶區 | 木柵 | 南投縣鹿谷鄉 | | 文山茶區 | 魚池、埔里 |
| 特性 | 主要欣賞茶葉新鮮味，維他命C含量多 | 外形、湯色皆美，飲之溫潤優雅，有「東方美人茶」之稱 | 因品種得名，口味濃郁持重，有厚重老成的氣質 | 由偏口、鼻之感受，轉為香氣、喉韻並重 | 以花香烘托茶味，易為人接受、喜愛 | 入口清香飄逸，屬口鼻之感受。年輕有朝氣 | 冷飲、熱飲、調味、純飲皆可 |
| 水溫沖泡 | 80℃ | 85℃ | 95℃ | 95℃ | 80℃ | 85℃ | 90℃ |

資料來源：蔡榮章（1987）。《現代茶藝》，頁47。台北：巨流出版社。

## (二)美味茶飲的沖泡要件

### ◆水質

一壺好茶的先決條件須備有優質的水，如天然山泉或軟硬度適中的水。若是自來水最好也要靜置一天再使用，以免含有餘氯影響茶湯之口感。

### ◆茶葉

茶葉避免受潮或氧化走味，須以密封罐儲存。事實上，上等茶葉不會用來製成茶包，因此茶葉選用甚為重要。

### ◆用量

「用量」係指泡茶所需適當比例的茶葉量而言，例如：

1. 一人份壺（二杯）：紅茶葉6公克，搭配226～240cc.熱開水。
2. 一人份壺（二杯）：烏龍茶6公克，搭配300cc.熱開水。

### ◆水溫

「水溫」係指沖泡茶葉時所需之適當溫度，水溫高低須視茶葉類別而定，如發酵度少、輕火焙以及非常細嫩的茶均不能水溫太高，約80～90℃之溫度。如綠茶水溫須80℃以下，至於紅茶須90～95℃之間，避免以100℃之滾燙熱開水來直接泡茶，以免破壞茶葉本身的維生素及風味（**表12-2**）。

### ◆時間

「時間」係指茶葉泡在熱開水中釋出適當濃度及風味茶湯所需時間。如

**表12-2　泡茶水溫與茶葉的關係**

| 類別 | 高溫 | 中溫 | 低溫 |
|---|---|---|---|
| 溫度 | **90℃以上** | **80～90℃** | **80℃以下** |
| 適用茶葉 | 1.中發酵以上的茶<br>2.外型較緊的茶<br>3.焙火較重的茶<br>4.陳年茶 | 1.輕發酵茶<br>2.有芽尖的茶<br>3.細碎型的茶 | 綠茶類 |

一人份紅茶壺所需時間約五分鐘，若是茶包則爲三分鐘。至於中式品茗茶車之小型壺，其第一泡茶一分鐘，第二泡茶時間增加十五秒，一直到第四、五泡茶時間略久些，但不得超過三分鐘，否則茶湯會變苦澀。

## (三)紅茶的服務

### ◆紅茶的飲用

紅茶的服務爲了方便沖泡，通常係採用小茶包（Tea Bag）或茶球（Tea Ball）方式，可純單飲或混合丁香、肉桂、香草、花瓣等香料而成各種花草茶。歐美人士對於紅茶的喝法有下列幾種：

1.純紅茶：類似純咖啡之喝法，不添加糖、牛奶等任何其他配料。
2.紅茶加糖：糖有白糖、紅糖、咖啡糖多種。
3.紅茶加牛奶：此方式即爲奶茶，不宜以鮮奶油代替牛奶。
4.紅茶加檸檬：服務時可附上檸檬片供應。
5.紅茶搭配上述數種配料：唯紅茶加牛奶之後，不可再加檸檬，以免牛奶變質。

### ◆紅茶服務流程及要領

紅茶服務作業的要領與咖啡服務作業之流程相同，分述如下：

1.服務員先將茶杯皿（同咖啡杯皿）擺在餐桌客人正前方，再依服務咖啡的方法，以茶壺將紅茶自客人右側倒入杯中即可。
2.若係以茶包或茶球置於茶壺整壺服務者，則可直接將小茶壺置於餐桌客人右側，其下面須墊底盤。此方式則由客人自行倒茶，最好另附上一壺熱開水，讓客人自己添加或稀釋杯中茶湯之濃度。此方式最適合於水果茶、花草茶之類紅茶特調品的供食服務。
3.服務紅茶時，須事先請示客人是否需要糖、牛奶或檸檬，再依客人需求另以小碟附上檸檬片、檸檬角壓汁器，並將牛奶或糖端送上桌。
4.冰紅茶服務時，須以圓柱杯或果汁杯裝盛，其杯底須置杯墊，另附糖漿、長茶匙及檸檬片。

## (四)中式茶飲服務

飲茶品茗為國人一種生活飲食習慣，除講究色、香、味俱全有喉韻的茶湯外，更重視泡茶及奉茶的茶藝文化。謹就中餐廳常見的服務方式介紹如下：

◆蓋碗服務

1.此為最常見的個人用茶具的服務方式。蓋碗茶具係由茶碗、碗蓋及碗托三部分所組成。

2.服務時將3公克茶葉先置於碗內，再以熱開水150cc.沖泡加蓋，置於碗托（專用襯盤），以茶盤從客人右側服務。

◆茶杯服務

係將泡好的茶倒入茶杯，以茶盤端茶由客人右側將茶杯端送到客人面前（圖12-12）。

圖12-12　茶杯三個的擺法

### 三、餐廳飲料服務應注意事項

餐廳所提供的飲料，除前述各類飲料外，尚有果汁、可樂、礦泉水及乳品等多種，謹就其服務應注意事項，摘介如下：

1. 飲料供食環境必須清潔高雅，令人有溫馨舒適之感。
2. 若提供罐裝飲料，應該事先將外表擦拭乾淨勿留水珠，同時倒入杯中時要注意二氧化碳泡沫勿使其外溢。另外，進行此類瓶、罐裝飲料服務時，須附上玻璃杯。
3. 裝冷飲的杯子應絕對潔淨光亮，尺寸大小視飲料多少而定，而拿玻璃杯時，應手持杯底或杯腳，不可將手指伸入杯內取拿。
4. 冷飲供食時應注意保持所需的冷度，並附上杯墊及紙巾；現製果汁做好應儘速供應。
5. 提供現榨果汁，可採用新鮮的柑橘、檸檬、鳳梨片或櫻桃作為杯飾。
6. 任何飲料服務通常餐廳標準作業規定為由客人右側上桌及收拾杯皿。

 **第五節　酒吧管理**

酒吧是一種專門銷售飲料，尤其是酒精性飲料為主要產品服務的休閒娛樂場所。由於飲料是一種低成本高利潤的餐飲產品，因此在現代化旅館內均有各種不同類別的酒吧，以提供旅客淺酌休憩或敘談的交誼場所。本節將為各位介紹各類酒吧及其營運管理作業。

### 一、酒吧的類別

酒吧的類別很多，其營運方式也不相同，謹分別就美式、英式及歐式等酒吧介紹如下：

### (一)美式酒吧

美式酒吧是一種較大眾化的酒吧,其設備較粗獷簡陋而不經修飾,也無特殊裝潢,例如簡單木料桌椅與吧檯,再以火槍、帽子、馬鞍及極具原野氣息的飾品來裝飾,雖然不怎麼豪華考究,但卻更凸顯出美國德州牛仔那種純真率性與輕鬆自在的個性,這是美式酒吧的特色之一。除此之外,美式酒吧的熱門音樂、Disco舞池及各種運動娛樂設施,如飛鏢場、撞球檯或桌球檯等均是其特色。時下台北街頭深受青年朋友所喜愛的Pub,大都是這樣以自我娛樂的美式酒吧。

### (二)英式酒吧

英式酒吧之風格與美式酒吧不大相同。英式酒吧之裝潢較沉穩雅靜,強調原木之材質且不加潤色修飾,沒有瘋狂的搖滾樂或Disco舞池,也沒有過於喧譁的娛樂運動設施,客人可在此輕鬆自由自在的喝酒、閒聊,欣賞英式傳統鄉間農村文物及飾品,沐浴於恬淡幽雅氣氛,宛如置身於英國純樸的鄉野。知名的犁舍酒吧即為此標準的英式酒吧。

### (三)歐式酒吧

歐式酒吧的設計較之前述酒吧更精巧細膩,無論在顏色、燈光及材質,均較強調浪漫的氣氛。這種歐式酒吧除供應傳統的調酒外,啤酒、烈酒、葡萄酒,以及歐洲人飯後飲用的香甜酒,乃是此類酒吧的另一特色。此外,歐式酒吧牆上的飾品,大都是西洋繪畫,充滿歐洲浪漫風情的此類酒吧,極適合青年男女朋友來這兒談心、聊天,享受一段既高雅又富羅曼蒂克的氣氛(**圖12-13**)。

## 二、酒吧工作人員的職責

酒吧的組織編制,其人力多寡端視其營運性質及規模大小而定。謹以現代觀光旅館酒吧組織架構(**圖12-14**)為例,介紹其工作人員之職責。

圖12-13　歐式酒吧

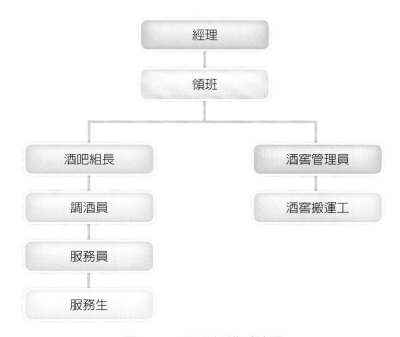

圖12-14　酒吧組織系統圖

## (一)酒吧經理（**Bar Manager**）

1. 負責酒吧營運作業之規劃管理與行銷業務。
2. 負責所屬員工的教育訓練、工作督導與考核。
3. 負責酒吧各式營運報表之審核及成本控制。
4. 負責督導酒庫倉儲管理及請領配酒作業。
5. 綜理酒吧各項營運管理工作。

## (二)酒吧領班（**Bar Captain**）

1. 負責督導吧檯調酒作業及銷售管理。
2. 負責酒吧各項酒類、備品及日用品之請領與管理。
3. 負責酒吧工作人員之排班與工作督導考核。
4. 負責督導酒吧營業前之準備工作、營業中銷售服務管理及營業後的善後督導。

## (三)酒吧組長（**Head Bar Waiter**）

1. 負責督導吧檯人員確實依標準作業來做好生產、製備及銷售服務工作。
2. 負責吧檯作業之督導及酒吧環境清潔工作。
3. 負責督導員工工作勤惰及檢查服裝儀容。
4. 酒吧營運帳目、報表及現金帳之查核。
5. 防範調酒員不當或不法之情事。

## (四)調酒員（**Bartender**）

1. 負責酒類與飲料之調配與服務工作（**圖12-15**）。
2. 負責酒吧營業前之一切準備工作及工作站之清潔。
3. 負責酒類、飲料之推廣促銷並接受顧客點酒服務。
4. 負責吧檯酒類、飲料之清點及存貨控管補充。
5. 負責酒吧銷售報表之製作。

圖12-15　各式雞尾酒

6.督導酒吧服務員之工作。

(五)酒吧服務員、服務生（**Bar Boy / Busboy**）

1.負責酒吧之清潔、洗滌、搬運及各項營業準備工作。
2.學習調配酒類、飲料及銷售服務工作。

(六)酒窖管理員（**Head Cellar Man**）

1.負責酒吧所需酒類、飲料之儲存管理與發放工作（**圖12-16**）。
2.負責向採購部門提出酒類飲料之請購。
3.負責酒類飲料之搬運與控管。

(七)酒窖搬運工（**Cellar Man**）

1.負責酒窖酒類之搬運及酒窖之清潔維護工作。
2.負責酒窖各項酒類之分類儲存。

**圖12-16　酒窖管理員負責酒類管理工作**

### 三、酒吧管理

　　酒吧管理工作最重要的是須先建立一套標準作業流程及標準化作業規範，自採購、驗收、儲存、發放、生產製備、銷售服務，一直到出納結帳止，必須針對每一環節嚴加控管，並責求所有員工全力遵循此規範或服務守則，經由系列控管機制，期以發揮最大營運效益。

#### (一)營運前的準備

　　營運前的準備工作主要可分為：酒吧環境的清潔整理工作（House Work），以及服務前的準備工作（Mise en Place）等兩大項：

◆酒吧環境的清潔整理工作

1. 酒吧桌椅、地面或地毯、家具、飾物等設備須擦拭乾淨,並擺設整齊,使整體造型能展現高雅之藝術氣息。
2. 燈光、音響、玻璃鏡面及酒吧入口等處均須擦拭清潔,不可有殘餘汙痕。能透過柔和的燈光及柔美的背景音樂,來營造輕鬆雅緻的藝術美、情趣美。

◆服務前的準備工作

1. 酒吧工作站(Bar Station)的清潔整理及相關備品的檢查及補充。例如:水槽、酒架、酒吧槍、裝飾物、攪拌棒及各種相關備品等之檢查及補充。
2. 酒吧常見的飾物有:橘子片、橄欖、櫻桃、切絲的檸檬皮等;至於備品有:吸管、紙巾、杯墊、攪伴棒、小塑膠劍籤、小傘及牙籤等。
3. 檢查工作站及酒櫃的溫度、存酒量、飲品及調酒器具的數量是否足夠。
4. 檢查電源開關,並插上電源檢視冰箱、果汁機、咖啡機及雷射燈等電器設備是否正常。
5. 整理擦拭杯皿器具,並做好杯皿之預熱或預冷工作,以備服務使用。
6. 服務人員的服裝儀容檢查及重點工作交待。

(二)營運中的勤務督導

1. 確實督導酒吧服務人員能以優異專精技能,以及良好服務態度有效率地依標準作業流程(SOP)為客人提供所需的服務。例如:熱忱親切地迎賓、引導入座、點酒水飲料、填寫酒單、取酒水上桌服務及結帳送客等系列服務作業,務須完美無缺,為客人留下美好的酒吧餐飲體驗(圖12-17)。
2. 確保酒吧的安全衛生維護。例如意外事件之防範、暴力、吸毒或醉酒等事件的處理。
3. 督導調酒師能在服勤中堅守服務守則,防範循私舞弊情事發生。例如:

**圖12-17　酒吧服務人員須提供客人美好的酒吧餐飲體驗**

圖片來源：君悅飯店

贈送客人免費飲料以賺取較多的小費、私下帶酒在吧檯出售，或酒中滲冰水再從中圖利等。

4. 為確保顧客及餐廳酒吧的權益，務必確實要求調酒員使用標準的配方、量酒器及所需杯皿或飾物，以確保服務品質及顧客的權益。

5. 酒吧領班及組長需在服勤時間進行走動管理，力求確實做到酒吧各項管理規範。例如：隨時保持酒吧環境及工作站或吧檯之整潔、所有使用過的酒瓶或清洗好的杯皿等均須置放歸定位，以便服務使用。

## (三)營運後的清理

1. 每天營運結束後，首先是清理打掃酒吧工作站、吧檯及杯皿等器具，如攪拌機、果汁機、調酒器具及各式杯皿等均要立即清洗乾淨，並擦亮後置放定位。

2. 容易變質腐敗的食品、水果或飲料，經清點後應放入冰箱儲藏。至於貴重的酒類須依規定妥為保管存放在酒櫃或冰箱中，且須做好標誌再上鎖。

3. 回收的空瓶、空罐須即時整理並送到規定處所存放。任何垃圾或殘留食

品絕不可留置於酒吧內，須送到垃圾間處理，以防病媒入侵或汙染環境衛生。

4. 營業結束後，須將每天銷售的酒類、飲料或餐點等銷貨憑證與出納核對。若有短缺情事，則應立即追究探討其原因。

5. 確實做好現金銷售與交易記錄之管理工作，此為酒吧管理最重要工作之一。因此，當金額短缺超過營運收入總數千分之一時，酒吧經理尚須在人事考核表上列入記錄。

## 四、酒吧服務工作須知

為提供顧客舒適、高雅的溫馨環境，並使客人有美好的餐飲體驗。酒吧服務人員在職場服勤時，須遵守下列事項：

1. 須注意自己的服務禮儀。舉止宜文雅、儀態要端莊、態度須親切誠懇、服務要熱心重效率。

2. 面對客人永遠面帶愉悅的笑容。工作時，儘量避免以背面朝向客人。

3. 須熟記調酒配方，儘量避免調酒時再查閱配方或翻閱酒譜。

4. 調酒時，須先將酒杯置於吧檯上，若一杯以上者應將杯子排列成一排，杯緣緊接，使客人能親眼看到你調酒、倒酒的姿態或動作。

5. 一杯以上相同的酒，在倒酒時宜由左至右，或由右至左，以來回兩次方式平均倒酒。

6. 每次倒完酒，須立即將酒瓶歸回原位，無論多忙也不可例外，須養成良好工作習慣。

7. 調酒時，一定要依配方來調配，並務必要使用量杯（Jigger），不可任意採用自由倒法，更不可多倒或少倒，也要避免溢灑浪費。

8. 服務飲料時，應女士優先。服務完畢即回到原來工作位置，不可偷聽客人間之談話。

9. 結帳時，帳單金額計算應力求正確，並告知客人帳單消費總金額，絕不可任意加收額外費用。

10. 送客時，應有禮貌大聲向客人道出誠摯的謝意，並歡迎客人再度光臨。

## 學習評量

### 一、解釋名詞

1. Hard Drink

2. Long Drink

3. Mocktail

4. Aperitif Wine

5. Table Wine

6. Sparkling Wine

7. Vintage Year

8. VDQS

9. Chateau Bottled

10. On the Rocks

### 二、問答題

1. 酒精性飲料，若依製造方式及飲用時機而分，可分為哪幾大類？試述之。

2. 目前市面上常見的葡萄酒，概可分為哪幾大類？你知道嗎？

3. 香檳酒與氣泡酒有何不同？請想想看。

4. 世界各國均有葡萄酒，唯其品質不一，你知道其原因嗎？

5. 法國葡萄酒標籤所示之等級標示，其中以哪一種等級最佳？

6. 啤酒服務時，為使杯子有美觀的泡沫冠出現，你認為應採用何種方式來服務最好？試述之。

7. 一般調製雞尾酒所使用的基酒有哪些？並請摘述其所使用的製酒原料。

8. 你知道如何調製一杯美味的咖啡嗎？請在家裡自我練功。

9. 你知道目前市面上的茶葉可分為哪幾大類嗎？試述之。

10. 影響茶湯品質風味之因素有哪些？試摘述之。

11. 目前常見的酒吧，可分為哪幾種？試摘述其主要特色。

12. 一般酒吧在營運前的準備工作很多，請列舉其要並摘述之。

13. 酒吧服務人員在職場工作時，須遵守哪些工作事項？請列舉三項。

餐飲人力資源管理

單元學習目標

- 瞭解餐飲從業人員應備的素養
- 瞭解餐廳人員的遴選任用方法
- 瞭解餐飲人力資源教育訓練的方式
- 瞭解有效激勵與溝通的要領
- 培養餐飲人力資源管理的能力

餐飲管理的範圍甚廣，不過最令餐飲業者深感頭痛的棘手問題是「員工問題」，而所謂的員工問題即屬於人力資源管理的問題。所謂「人力資源管理」（Human Resource Management, HRM），係指運用科學管理的方法來處理企業內部人與事的員工問題。因為「事在人為，物在人管，財在人用」。為求提升餐飲服務品質，餐飲管理者務必要由「選才、育才、用才、晉才及留才」此五方面來努力，而這也是人力資源管理的主要內涵。

語云：「為政在人」，人是一切事業成功的基石，尤其是餐飲服務業，如果是一家餐廳缺乏訓練有素的服務人員，即使擁有良好地段的優雅店面與現代化完善的新穎設備，也難以使其發揮最大的服務效能，更無法提供客人「賓至如歸」的高品質餐飲服務。

# 第一節　餐飲從業人員應有的素養

一位優秀的餐飲從業人員，要想在其工作環境裡勝任愉快，必須具備下列素養，茲分述如下：

## 一、親切的態度，純熟的技巧

餐飲人員如果在接待服務之過程中，能以優雅純熟精湛的專業技能輔以溫馨親切的服務態度，將更能提高顧客的舒適感與滿意度，同時公司生產力也會大為提升。

餐飲人員之專業知能愈好，服務技巧愈純熟，不僅可提供顧客高品質的服務外，餐飲業之生產效率、翻檯率也相對會提高。反之，不但易遭客人抱怨，也會影響營運之績效與服務品質。

## 二、正確的服務人生觀與生活價值觀

一位優秀的餐飲從業人員，必須要先具備正確的服務人生觀，才能在其工作中發揮最大的潛能與效率。所謂「正確的服務人生觀」，不外乎自信、

自尊、忠誠、熱忱、和藹、親切、幽默感，以及肯虛心接受指導與批評，動作迅速確實，禮節周到，富有進取心與責任感。

餐飲從業人員必須擁有正確的生活價值觀與服務人生觀，才能將工作視為生活，也唯有工作與生活相結合，本著服務為快樂之本，才能有正確的工作動機，進而熱愛其工作，享受其工作之碩果。

### 三、豐富的學識，機智的應變力

餐飲服務人員須有良好的教育與豐富的知識，才能應付繁冗的餐飲工作，適時提供客人所需的服務及回答客人的諮詢，以建立專業的服務形象。

一位優秀稱職的餐飲服務人員，還須具有機智的應變能力，能夠在適當時機做正確的事、說正確的話。即使在處理客人抱怨事件時，也能夠在不得罪顧客的前提下，圓滿完成意外事件之處理，將大事化小事，再把小事化無，此乃餐飲人員應備的一種機智反應特質。

### 四、良好的外語表達能力與應對能力

一位專業的餐飲人員，須具有良好的外語表達能力與溝通協調的應對能力，如此才能提供顧客所需的各項產品或服務。如果欠缺語言表達能力或欠缺與客人應對溝通協調之能力，那又如何提供客人所需的產品，又如何奢言賓至如歸的接待服務。

因此，餐飲人員至少須具備兩種以上之外語，如英、日語，才能與客人自由溝通，並適時提供貼切的服務，也唯有如此，才能順利完成本身的工作及公司所賦予的任務。事實上，今天餐飲業聘任新進人員，也是以此兩項能力指標為重點考量。

### 五、專注的服務，察言觀色的能力

專業的服務員能隨時保持高度警覺心，確實掌控餐廳服務區的各種狀況，並能即時迅速處理，隨時關心每位客人的需要，並主動為客人服務，使

客人有一種備受禮遇之感。此外,餐飲從業人員之心思要細膩,懂得察言觀色,在工作場合中必須隨時關心周遭任何一位客人,注意其表情與動態,以便主動為其提供服務。例如餐桌上客人餐刀不慎掉落地上,此時精敏的服務員,不待客人開口,已另外拿一把新餐刀送到客人桌邊。

## 六、情緒的自我控制能力與健康的身心

餐飲從業人員之工作量重,工作時間長,且大部分的時間均需要站立或端東西來回穿梭於顧客群中,若無健康的身心與情緒自我控制能力,委實難以勝任愉快。

餐飲人員每天要面對各種類型的客人,每位客人之需求均不一,再加上有些客人之要求不盡合理,幾近於苛求挑剔,身為服務人員,仍須回以殷勤的接待服務,不可讓心裡不滿的情緒形之於色。因此一位優秀資深的餐飲人員,應具有成熟的人格特質,懂得如何控制自己的情緒,不會讓情緒影響我們的工作生活。

## 七、樂觀進取,敬業樂群

餐飲業是項有趣而富挑戰性之工作,儘管工作再繁重,只要能學習樂觀開朗,你將會發覺周遭的一切是多美好,眼前之逆境與不如意,也將隨著你樂觀樂群之胸襟氣度而化為烏有。餐飲服務業須仰賴全體員工合作共事,發揮高度容忍力與團隊精神,才能產生最佳服務品質與工作效率。因此,餐飲從業人員須具有主動負責的敬業精神,能與同事和諧相處,小心謹慎地學習,領悟正確而有效率之做事方法,進而培養良好的工作習慣。

## 八、正確的角色認知,認識自己,肯定自己

人生就像個舞台,每個人如同一位演員,今天一旦你決定從事某項工作或職業,不論你所扮演的角色如何,對整個社會或團體均甚重要。因此吾人定要全力以赴,認真稱職地去完成分內的工作,今天的成功或失敗,完全決

定於自己本身是否具備正確的服務心態而定。正確的服務心態主要有下列幾
點：

　　1.瞭解自己所扮演的角色（**圖13-1**）。

　　2.尊重自己所扮演的角色。

　　3.演好自己所扮演的角色。

## 九、樂觀開朗，具同理心

　　餐飲人員個性要開朗，才能將歡樂帶給客人，使客人感受到一股清新的
愉悅氣氛。此外，一位稱職的餐飲服務員須具有同理心，能隨時隨地設身處
地為客人著想，以顧客的滿意作為自己最大的成就動機。

## 十、高尚的品德，忠貞的情操

　　餐飲從業人員能具備高尚的品德、高雅的氣質風度，始能給予客人一種
可信賴、溫馨的感覺。一位具忠貞、忠誠情操的服務員，必定會認真工作，

**圖13-1　餐飲服務員須瞭解本身所扮演的角色**

確實執行公司所交付的任務外，凡事也會替公司設想。在確保餐飲服務品質的前提下，儘量節儉、講求生產力之提升，以降低成本、創造利潤，以達公司所賦予的使命。

 ## 第二節　人員的遴選與任用

餐廳為因應其本身業務擴展上實際需要，以及為補充員工因離職或調遷所遺留下的缺額，通常均有一套完善的人事甄選、任用與訓練的人事管理辦法，藉以從事員工招募工作訓練與考核之相關問題。如果此項員工甄選辦法欠周詳，或因執行上草率疏失有偏差，往往會將不適任的人員引進公司，屆時不但影響整個餐廳員工士氣，也影響到餐廳工作服務品質，而這些不適任人員之流動率也較高，徒增企業管理上的困難。語云：「請神容易，送神難」，對餐飲業而言，有關員工的遴選任用方式，不可掉以輕心，等閒視之。茲分別就招募甄選員工的途徑與甄選方式，詳加說明於後：

### 一、招募甄選員工的途徑

餐飲業所需員工之來源，其徵才方式很多，不過最主要的有下列六種方法：

#### (一)公司內部調遷

如果公司某部門缺人，尤其是主管缺，最好是先就公司優秀實習人員或內部較資優員工中物色人選，優先選拔、調升，使現有員工認為只要他們努力工作即有前途希望，宜避免「空降部隊」方式，由外引進新主管，除非基於某事實上需求之考量，否則儘量避免，以免影響基層員工之工作士氣，此為一般公司所常用的人事任用政策。

## (二)公司員工推薦

目前許多大型具規模的餐廳，尤其是觀光旅館餐飲部，很多公司新進員工均係由在職員工所推薦引進。一般而言，此類新進人員的工作表現與環境適應力也較佳。

## (三)應徵檔案挑選

可自本公司「申請工作」的文件及前來接洽求職之人員的紀錄，建立完備的檔案，待需要員工時，則可從檔案中挑選適當者，通知其前來應試。

## (四)機關學校推薦

國內餐飲技術人力培訓（**圖13-2**）的機關學校很多，如各地職訓中心，以及設有觀光、餐飲管理相關科系的大專院校或高職均是可資利用的管道。事實上，國內部分餐飲業界已深入校園徵才，並與上述學校單位建立起良好的建教合作關係，這是一種最省時、省力而有效的做法，值得業界廣為沿用。

圖13-2　餐飲人力培訓

不過，為確保學校或訓練機構所培育的人力能為業界所用，業者平時即應主動熱心參與協助學校的課程設計與教學活動，庶免學校教育資源與社區資源無法相結合而造成無謂的浪費或損失。唯有透過良好的產、官、學合作，才能確保餐飲人力資源，質量供需得以發揮最高邊際效用。

### (五)就業輔導單位介紹

政府為輔導國民就業，解決企業人力供需之勞工問題，已在全國各重要市鎮城鄉設有國民就業輔導處或民眾服務站，協助就業輔導及職業介紹等有關工作。餐飲業員工的招募也可透過該單位來推介。

### (六)公開甄選培訓員工

利用大眾傳播媒體或廣告方式如網路、報紙等，公開招募甄選所需員工，必要時再施以職前訓練以儲備人才，此方式對於招募熟練的餐飲服務人員或廚師尤為適用。

## 二、甄選員工的方式

公司辦理甄選的主要目的乃在為事擇人，因此在辦理甄選前，應事先針對應徵者所將擔任的工作性質、內容、責任以及相關條件與資格，予以詳細分析澈底瞭解，然後再據以選擇最適當甄選方式來進行遴選工作。至於常為人所用的甄選方式主要有下列四種：

### (一)考試

考試甄選人才是較為公平可行的一種方式，如果考試科目合理、命題適當，則可測驗出應徵者的程度水準，且可避免「口試」所發生的若干推測錯誤，這種考試方式在我國較大型或企業化管理的餐廳最常使用。

### (二)推薦

推薦方式係由可靠人士來推薦合適的人員，大部分係以書信推薦函方式

為之，有些以電話或當面親自引見方式為之。此方式之優點，係對被推薦者的人品、專業知識、背景條件有較正確的認識，同時也可避免因舉辦考試而帶來的麻煩與困擾。但如推薦者徇私偏袒，或對被推薦人認識不清，則會給公司蒙上用人不當的陰霾。

### (三)測驗

為了對應徵者的性向、能力、技能或體能有正確的瞭解，必要時可要求應徵者參加甄選測驗，然後根據測驗結果來決定錄用人選。不過上述各種測驗係一種專門學問，必須由對此類測驗有研究之學者專家來主持，否則會影響到測驗的效度與信度。

### (四)面試

面試是人事選拔工作最為重要的部分。面試前。主試者須先審核應徵者的學經歷資料，如果合乎要求，才通知應徵者予以個別面試，以決定錄用與否。

**餐飲小百科**

面試時應注意的事項

1. 應徵者來到，主試者的態度應親切禮貌性地招呼就座，簡單寒暄後，即進入小範圍的談話，務使應徵者心情寬鬆自然，不要過於緊張。
2. 主試者開始發問的內容係事先備妥的幾個問題，首先以求職者簡歷表中所述內容的關鍵性資料來發問，然後再深入工作經歷、服務態度等問題，儘量設法瞭解求職者的各項能力。
3. 所提問題之措辭，儘量以開放性方式給予應徵者回答，避免使用「是」、「不是」等封閉性題目來發問。
4. 儘量引導應徵者鼓勵其說出自己的優點與弱點。
5. 整個面試過程的一半時間應當由求職者講話，否則主試者就變成壟斷談話，同時也無法自求職者口中獲取所需的重要訊息了。

## 第三節 員工職前訓練與在職訓練

訓練與甄選同為目前觀光餐飲業人事管理部門極重要的工作。由於現代科技文明日新月異，許多餐飲設備不斷推陳出新，管理技術也一日千里，為提供顧客舒適滿意的服務品質，必先提升員工專業素養與服務技巧，指導所屬員工如何工作，如何以最好的方法工作，此乃餐飲業員工訓練的主要目的。

### 一、員工訓練的種類

餐飲員工訓練的重點及目的不盡相同，一般而言，可依訓練時期不同、訓練人員多寡及訓練管理階層不同等方面來區分，謹分別說明如後：

### (一)依訓練時期不同而分

#### ◆職前訓練（Orientation Training / Pre-Job Training）
職前訓練係針對新進員工所安排設計的訓練課程，其主要目的為：

1.使新進員工瞭解與本身工作有關的知識與技能。
2.使新進員工瞭解公司組織、政策、營運目標以及其本身業務有關問題及範圍。
3.使新進員工在踏入新工作環境後，不致於茫無頭緒或慌張失措。

#### ◆在職訓練（On-Job Training, OJT）
在職訓練係針對在職員工所安排設計的訓練課程，其主要目的為：

1.認知方面：指導員工最新餐飲科技新知、人際關係與正確價值觀。
2.技能方面：指導在職員工服務技巧、學習新技術、新方法及新機械與工具的正確操作方法，以提升其專業知能。
3.情意方面：加強在職員工的職業道德、專業素養以及正確服務的態度。

## (二)依訓練人員多寡而分

餐飲業依訓練人員多寡，可分為個別訓練（Individual Training）與集體訓練（Group Training）兩種，茲將其特性列表說明如下（**表13-1**）：

表13-1　個別訓練與集體訓練之比較

| 方式 | 內容 | 優點 | 缺點 |
|---|---|---|---|
| 個別訓練 | 這是一種工作崗位上師徒式的員工訓練方式。 | 1.訓練費用低、花費不多。<br>2.適於特殊專精技藝之精熟學習。<br>3.適於個別差異員工訓練，培育其適性發展自我學習。<br>4.不需要特殊的教學技巧與工具。隨機教育訓練，方式靈活不受時空限制。 | 1.個別化的訓練，成果效益僅限於受訓者受惠，未能普及化。<br>2.訓練者時間受限，精力、責任負擔也較重。 |
| 集體訓練 | 為目前員工訓練最常用的一種，最節省時間且經濟有效的訓練方法。例如當某些員工須接受同樣工作內容時，或需大多數員工支持瞭解公司的新政策、規範或規定之宣布，則適於採用此方法。 | 1.最為方便有效、省時省力。<br>2.可達到餐飲服務質量控制一致性的預期目標。<br>3.透過集體研討之雙向溝通，可加強內部觀念一致性，增進內聚力與和諧。 | 1.主講人或訓練師本身學經歷、表達力會影響研習成效。<br>2.研習場地、時間安排不易且費時。<br>3.須有一套完善周全的設備、教材與訓練計畫，準備時較費時費力。 |

## (三)依訓練管理階層不同而分

### ◆高階主管人員訓練

餐飲部高階主管如部門協理、督導、經理、副理、行政主廚等高級管理人員，有必要定期辦理各種不同方式的研習活動，一方面加強其對本身工作的專業管理知能，另方面可加強彼此間對其他部門業務工作的瞭解。目前大型觀光旅館均訂有此類高階主管人員之訓練研習計畫。其課程特色在於領導溝通技巧、管理哲學、市場行銷管理及最新科技生產須知介紹。

◆中階主管人員訓練

　　餐飲部中階主管如各部門主任、副主任、主廚、副主廚等中級幹部均屬之，此階層幹部對餐飲管理、服務品質、作業管理等均負有實際責任，因此中階主管訓練相當重要，其課程安排設計，除了重視現場作業管理技巧訓練方法，並強調餐飲標準作業規範之研訂與管制。為使基層員工能正確瞭解並切實執行各項標準化作業，中階主管幹部必須懂得正確教導訓練屬下如何有效去完成所交付的工作。

◆基層主管人員訓練

　　餐飲基層主管如餐飲部領班、組長、管理員等均屬之。此類研習的主要目的，乃在使餐飲基層幹部熟練科學化的管理方法、餐飲服務質量控制法，期許其能以科學化管理方法，來指導基層餐飲服務員與操作員能以最省時、省力的方法精熟操作，藉以有效完成所賦予之任務。

二、訓練的方式

　　餐飲業員工訓練的方式很多，其中包括：現場實習、工作輪調、角色扮演、進階訓練、專題演講、開班講習、集會討論、示範觀摩、建教合作、進修研習等均是例，茲針對業界較為經常使用的方式摘述於後：

(一)現場實習（**Internship**）

　　工作訓練通常由訓練師在課堂講解示範實作或情境模擬表演後，為增進學員對現場實況情境能身歷其境親身去體驗，以深入瞭解現場實際作業方式，乃進一步將學員派到實際工作現場，如餐廳、廚房、酒吧、宴會廳等去實習，藉以培育其臨場操控的能力（**圖13-3**）。

(二)工作輪調（**Job Rotation／Cross Training**）

　　為培訓員工專精能力及儲訓幹部人才，餐飲企業會安排其員工至性質不同的部門或工作崗位學習，期以熟悉各不同崗位之工作技能，以提升整體能力。

**圖13-3　學員現場實習操作**

## (三)角色扮演（**Role Playing**）

係事先規劃設計某主題情境，如扮演顧客或服務人員，使受訓者透過角色扮演去體驗實際情境，期能發揮同理心，以提升服務品質。

## (四)進階訓練（**Up-grading Training**）

進階訓練另稱Development Training，係指晉級升遷的教育訓練，訓練合格始備任用資格，類似儲備幹部訓練。

## (五)專題演講（**Lecture**）

此類研習的特色，係針對某項主題來聘請專家學者或政府主管官員蒞臨講演，以介紹專業科技新知或新觀念，此方式最為方便、省時省力。

## (六)開班講習（**Institute**）

此方式係由最高主管根據公司既定訓練計畫所排定的工作進度，就不同

單元主題規劃系列課程來開設講習班。師資方面分別聘請具有專精的公司內部主管及學者專家,就單元主題詳加講解介紹,再由參與員工相互交換學習心得,彼此討論,分享經驗。此方式適用於餐飲管理服務新觀念與新理論的認知學習與觀念澄清,也適用於公司業務、組織現況、營運理念的介紹。

## (七)集會討論(Seminar)

集會討論與開班講習,其性質頗為類似,不過此二者最大不同點,乃在於前者較偏重於研習者彼此間之相互討論,建立共識及分享彼此經驗,這種研習方法係屬於雙向溝通的討論教學法;至於後者則較偏重於主講者觀念的灌輸、思想的傳授,其研習方式係屬於單向溝通的講述教學法。

## (八)示範觀摩(Demonstration)

此類研習活動係偏重在實務操作技巧與作業要領的介紹,通常係由公司內部主管或對此專業技能純熟的幹部擔任講座,先由其說明並實地示範表演,然後再由參與研習者練習操作至精熟為原則。此類研習適用於最新管理技巧與有關技術性的實務操作方法介紹。

## (九)建教合作(Institution Cooperation)

目前有些餐飲業因為主管人手不足,且本身業務繁忙,或因專業資訊欠缺,或限於訓練經費,不便自己來辦理其員工訓練,乃委託建教合作的訓練機構或學校來協助,訓練其員工的專業知能。

## (十)進修研習(Further Study)

目前有些學校為協助企業界培訓員工,開設有補習教育式的員工進修班或推廣教育班,業界可資助其員工到學校或職訓機構參加進修。目前已有部分大型旅館餐飲部不惜鉅資大量購置圖書資料,鼓勵員工自我進修、自我學習,一方面可充實員工專業知能,另方面可提升員工服務品質,事實上,員工訓練對餐飲業者而言是項「投資」,而非「透支」。

## 第四節　激勵與溝通

　　餐飲業為加強其服務品質，確保餐廳優質的服務質量，以建立其獨特的品牌，餐飲業者莫不運用各種方法來與員工溝通，建立共識以激勵其工作士氣，提高工作效能。如果企業所屬員工之需求，無法透過適當激勵與溝通而得到滿足，則可能會影響其工作情緒，甚至自暴自棄、得過且過。因此，管理者必須透過有效溝通與激勵方法來瞭解員工，進而激發他們的工作士氣，唯有如此始能寄望員工能獻身於企業，共同為企業營運目標而努力。

### 一、激勵的意義與要件

　　所謂「激勵」（Motivation），係指激發人們主動認真努力的意願。質言之，激勵是指激勵者針對被激勵者之需求，並以它作為其努力結果的報酬，使其確信只要努力即可有機會獲取此酬償，因而願意奮發努力之過程。綜上所述，吾人可知，激勵要發揮其預期效果，必須具備下列幾項要件：

#### (一)須有適當激勵工具與措施

　　激勵必須先瞭解被激勵者之需求，並以此需求作為酬償之工具，或擬訂適當的措施，如獎勵、升遷、出國進修等，使被激勵者對此獎賞或激勵措施感到珍貴且重要。

#### (二)須有明確之可行性目標

　　激勵須有明確之可行性目標，如果被激勵者對所欲達成之行為目標不清楚，或無能力可完成，則此激勵將無法發揮效用。

#### (三)激勵作用須具時效性、公平性、正義性

　　獎懲事件發生，即要迅速辦理獎懲，若事過境遷再辦獎懲，則會降低或

失去其效益。同時賞罰要分明,且依事實規定辦理,不可任憑主管好惡為之,力求符合公平與正義原則,否則不但無法發揮激勵之效用,反而造成打擊工作士氣之負面效果。

二、激勵的理論

激勵有關的理論很多,如需求理論、激勵保健論、公平理論、X理論與Y理論、期望理論及增強理論等多種。茲謹就較為常見且廣為人所運用之三種理論摘述於後:

(一)需求理論

此理論係由心理學家馬斯洛於1954年所提出,認為人類有五種主要需求,由低至高依次發展。當低層次需求得到滿足後,就會有另項較高層次的需求產生。

馬斯洛認為人類的各種生理或心理需求,可大致涵蓋於此五個不同層次的需求中,即生理的需求、安全的需求、社會的需求、自尊的需求及自我實現的需求。不過,此需求層次理論僅是一般而言,並非絕對的,且層次之間也並非完全區隔得很明確,有些需求仍會交叉重疊。謹將此五種需求簡述如下:

◆生理的需求

如食、衣、住、行、睡眠、情慾等等,此為人類最基本的生理上自然需求,如此需求無法得到滿足,則生存會產生重大問題,但若此需求獲得滿足,則其需求程度會降低。因此,管理者應該給員工合理的薪津福利,才能穩定員工的工作情緒,使員工在工作崗位能安心努力工作。

◆安全的需求

員工不僅需要有一份足以維持基本生活的待遇,而且還需要有安全感的工作,如經濟上、工作上、環境上及保險等的安全需求。因此,管理者除了給員工合理工作薪津外,還要給員工各種工作上安全的保障。

◆社會的需求

　　當員工生理或安全的需求獲得基本滿足後，則會追求再高層次的社會需求，如歸屬感、認同感與追尋友誼。員工希望在團體內獲得友誼，為同儕團體所接納進而培養情感，因此，管理者應適當安排各種方式之員工聯誼活動，以滿足員工此社會的需求（**圖13-4**）。

◆自尊的需求

　　生理需求、安全需求和社會需求都得到滿足後，員工將會有自尊的需求。這是一種自我尊重、自我期許、自我肯定，有獨立自主及應付工作環境的能力。管理者須瞭解員工如果在工作職場上感到自我尊重，也受到別人的尊重，則會更加倍努力，追求卓越，否則極可能會得過且過、自暴自棄，甚至淪喪信心與士氣。

◆自我實現的需求

　　當前述各種需求均得到滿足後，則員工將會有更進一步追求自我發展、自我成長、發揮潛能、自我實現的心理需求。這是一種最高境界的心理需求，當員工有這種自我實現的需求時，他不但可創造自己，也可造福社會、

**圖13-4　安排員工聯誼活動滿足其社會需求**

貢獻社會。

## (二)激勵保健論

激勵保健論又稱「二元因素理論」（Two-Factor Theory），此理論係於1950年由著名心理學家赫茲伯格（Herzberg）所提倡。他認為人類工作的動機經常受到「保健因素」（Hygiene Factors）與「激勵因素」（Motivator Factors）等二者的影響。至於影響程度則因人而異，一般而言，保健因素對低階員工影響較大，對於公司高階員工因生活上顧慮較少，因而比較重視激勵因素之滿足。茲就保健因素與激勵因素分述於後：

### ◆保健因素

所謂「保健因素」，又稱「維持因素」，係指維持員工工作動機的最基本條件，如金錢、個人生活、工作條件、工作安全、職務地位等等因素，此因素與馬斯洛的生理需求、安全需求極類似。

### ◆激勵因素

所謂「激勵因素」，另稱「滿足因素」，係指那些能激勵員工工作意願與士氣的因素，如升遷、賞識、成就、進步、責任及工作發展等因素。此類因素與馬斯洛的社會需求、自尊需求與自我實現需求甚類似。

## (三)公平理論

公平理論係由亞當斯（Adams）所倡，根據實證研究發現，公司員工會以他的投入和所得結果的比例與其他人作比較，若認為不公平將會影響其爾後努力的程度，同時員工也會試圖去加以糾正或選擇下列某項行動，以消除此不公平狀態。此五項行動為：

1.扭曲自己或別人的投入或結果。
2.採取某種行為誘使別人改變自己的投入或結果。
3.採取某種行為來改變自己的投入或結果。
4.選擇另一組不同的參模。
5.選擇辭職另謀他就。

綜上所述，吾人可從公平理論中，瞭解到公司企業員工不僅關心自己努力後的酬償，也關心其報酬與他人所得之比較。因此，管理者對員工此種比較心理須加以注意，若能善加妥適運用，則對員工士氣之鼓舞及工作效率之提升會有相當大的助益；反之，若輕忽員工對所遭受不公平待遇之心理反應，那不僅會打擊員工士氣，更會造成內部不和諧，對整個公司企業營運之影響甚鉅。

### 三、激勵管理的方法

#### (一)改善管理方式

採取權變領導方式，分層負責，逐級授權，運用各種物質的與心理的獎勵方法，實施目標管理（Management by Objectives, MBO）和參與管理。

#### (二)改善工作條件

積極改善員工工作環境及設備，鼓勵員工進修及參加訓練，實施人性化的人事管理。

#### (三)改善工作設計

實施彈性工作時間，執行無缺點計畫、工作擴大化（Job Enlargement）及工作豐富化（Job Enrichment），期以豐富活潑員工之工作內涵，使其具挑戰性、趣味性，以增加員工之責任感與成就感（圖13-5）。

### 四、實施激勵管理應注意的事項

#### (一)針對員工彼此間之差異，施予不同的激勵

管理者必須能充分辨識及瞭解其部屬之個別差異，員工個體之間的需求、個性與態度均不盡相同，因此，須針對其不同差異來選擇適切的激勵方法，給予不同的報酬。

圖13-5　培養員工責任感

(二)適才適用、同工同酬、力求公平性

　　激勵要發揮最大作用，必須讓適當的人擔任適當的工作，如此才會使他有能力且有最佳表現的機會，進而滿足其成就感。此外，對於其獎賞應與實際績效一致，使員工感受到報酬之公平性而願更積極投入工作。

(三)激勵要具可及性及時效性

　　實施激勵管理時，應先使員工確認目標且願意接受，則此激勵才較有效。此外，對於獎賞之辦理，應當在事件發生後儘速處理，以爭取時效，否則萬一事過境遷，再施予獎勵，則會失去其原有的激勵功效。

五、溝通的意義

　　所謂「溝通」（Communication），係指將一個人的某種意見或訊息，正確傳遞給他人並使其瞭解的一種過程，因此有效的溝通，除了必須有一個表意者和一個受意者外，尚包含著「傳遞」與「瞭解」兩要素，故意見溝通不

僅是傳遞一個人的訊息，也須有對方表示瞭解之回饋，這是一種雙軌而非單軌的意見傳遞過程，也是增進人際關係的一種方法。

　　有效的溝通可以增進彼此相互的瞭解，避免誤會猜忌，進而培養團隊意識與情感，對於公司企業工作效率與競爭力之提升，均有相當大的助益。尤其是對特別講究服務品質與團隊合作的餐飲業，有效的溝通尤為重要。

## 六、溝通的要素

　　根據伯樂（David K. Berlo）於1960年在溝通程序之模式中，提出溝通的要素可歸納為下列七項（**圖13-6**）：

1.訊息來源：溝通首先須有提供訊息的來源，意即訊息發送者。
2.訊息：係指溝通的內容，此訊息內容傳遞的方法有語言、文字或其他媒體。
3.編碼：係指將欲傳遞的訊息，製成能由溝通管道收受的形式，如語言、文字、表情姿態或其他符號，如此才能將此訊息傳送出去。
4.通路：係指訊息傳送時所須仰賴透過的傳送媒介或途徑，如面談、會議、打電話、公告、圖片、電視傳播媒體均是例。
5.解碼：收訊者詳細瞭解所收訊息的涵義，如傾聽、研析。

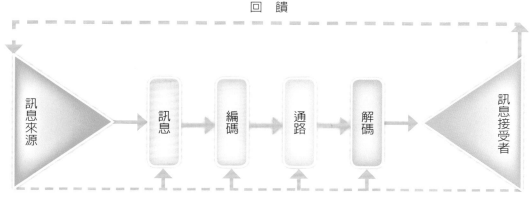

**圖13-6　溝通過程模式圖**

6.訊息接受者：係指訊息傳送的對象，意即收訊者。

7.回饋：係指訊息接受者，將所收到之訊息反應傳送給訊息發送者。

## 七、溝通的障礙

人際溝通常見的障礙有認知障礙、個人地位障礙、溝通程序障礙以及心理障礙等四種，茲分別詳述於後：

1.認知障礙：溝通訊息的內容表達不明確，導致受訊者曲解；或因訊息接受者情緒反應而影響溝通效果；有時訊息接受者也會有一種選擇性的認知，凡此均會造成認知的障礙。

2.個人地位障礙：如果訊息發送者之地位愈高，則其所傳送出來的訊息愈容易為人所接受，此乃所謂「官大學問大」之刻板印象。

3.溝通程序障礙：係指訊息傳送過程中，傳達者往往會加以再詮釋而造成若干偏失，轉達層次愈多，偏差雜音也愈大，甚至背離原意。

4.心理障礙：人們均有一種抗拒變革及防禦性行為，因此會造成對訊息之曲解或相應不理。

餐飲小百科

### 溝通的技巧

人際關係專家卡內基（Dale Carnegie）認為基本溝通的技巧有七項：

1.面帶微笑。

2.記住互動對方的姓名。

3.注意聆聽，並適時點頭，表示回饋。

4.談對方感興趣的事。

5.讓對方感到他很重要。

6.注意並指出對方的優點。

7.瞭解對方的立場，以同理心回饋對方。

## 八、溝通的種類

溝通若依其途徑及方法而分,計可分為下列幾種:

### (一)依溝通之途徑來分

### ◆正式溝通

此類溝通係依循組織的正式職權體系所進行的溝通。組織體系內的正式溝通依訊息流向,可分為下行溝通、上行溝通、平行溝通以及斜向溝通等四種。

### ◆非正式溝通

此類溝通係經非組織體系途徑所進行的溝通,如員工間的閒談、傳聞、內幕消息等均屬之。此類溝通影響力甚大,且速度快。

### (二)依溝通之方法來分

### ◆語言溝通

所謂「語言溝通」,係指透過語言、文字、符號、資訊或其他媒體資訊來傳送訊息的溝通方式。

### ◆非語言溝通

所謂「非語言溝通」,係指肢體語言而言。例如臉部表情、手勢、肢體動作等表情姿態所傳送之訊息而言,如點頭、微笑、揮手。

## 一、解釋名詞

1.HRM

2.Orientation Training

3.On-Job Training

4.Group Training

5.Internship

6.Job Rotation

7.Role Playing

8.MBO

9.Motivator Factors

10.Job Enlargement

## 二、問答題

1.一位優秀的餐飲從業人員，其應備的素養有哪些？

2.餐飲業徵才的管道有哪幾種方式？你認為哪一種較好？為什麼？

3.目前餐廳甄選員工的方式，可分為哪幾種？試述之。

4.餐廳員工訓練可分為職前與在職訓練等兩種，你知道該兩種訓練之差異嗎？

5.激勵要發揮其預期效果，你認為須具備哪些要件？

6.何謂「二元因素理論」？試申述之。

7.何謂「公平理論」？試申述之。

8.實施激勵管理應注意的事項有哪些？試述之。

9.為求有效的溝通，你知道有哪些溝通技巧可加以運用？試申述己見。

# 餐飲行銷管理

## 單元學習目標

- 瞭解餐飲行銷管理觀念之演變
- 瞭解社會行銷之重要理念
- 瞭解各種餐飲行銷的方法
- 瞭解餐飲品牌行銷之要領
- 培養良好的職業道德與工作習慣
- 培養正確餐飲行銷理念

近年來，政府加入世界貿易組織，開放大陸人士來台觀光，並簽署各類經濟貿易關稅之協定，開放國內觀光餐飲市場，使得國內觀光餐飲產業必須面對強大國際連鎖餐飲集團，以及多國籍餐飲企業之競爭壓力。面對此競爭激烈形勢險峻之經營環境，餐飲業除了須具備優質的軟硬體外，更要重視行銷管理，始能提升餐飲企業品牌形象及市場上的競爭力。

# 第一節　餐飲行銷的基本概念

現代行銷的思維，已不再僅是維護產品品質、降低營運成本，以追求企業利潤等的傳統舊觀念，而是強調滿足市場需求，創造顧客滿意度之新思維。

## 一、行銷管理的觀念演進

現代企業為因應環境之變遷，其管理理念由最早的生產導向、產品導向、銷售導向，一直發展到現代的行銷與社會行銷導向，茲摘述如下：

### (一)生產導向

產業革命前，企業營運方針在於設法大量生產，以降低成本，提高生產率。

### (二)產品導向

產業革命後，企業營運方針開始致力於產品品質的改善，藉提升品質，以期獲得消費者的喜愛。

### (三)銷售導向

1930年代世界經濟恐慌，購買力降低，銷售導向乃逐漸興起。其理念為運用各種銷售技巧將產品推銷給消費者，但對於消費者之反應並不太重視。

## (四)行銷導向

隨著生活品質的提升，消費者的需求也多元化，產品生命週期也縮短，產業經營理念也隨著改變，開始分析探討消費者之需求，依市場調查的結果，作為產品生產的依據，以滿足並爭取消費者，「顧客至上」、「創造顧客滿意度」之理念隨之興起，此時期已步入行銷導向階段。

## (五)社會行銷導向

此經營理念的主張為：企業不僅要重視消費者的需求與企業本身利潤，尚須肩負起部分社會責任（Social Responsibility），如生態保育、美化綠化環境（圖14-1）、節能減碳、選用低汙染物料、產品不過度包裝，以及主動關懷弱勢團體或參與社會公益活動等均屬之。目前常見的「綠色行銷」、「公益行銷」及「運動行銷」，均為典型社會行銷導向的理念與做法。

圖14-1　美化綠化環境及節能減碳的寶特瓶磚為社會行銷導向做法

## 二、餐飲行銷的意義

行銷係一種管理程序，是以消費者為導向，整個行銷活動包括市場調查分析、產品組合計畫及促銷活動等三大任務。

### (一)餐飲行銷的定義

所謂「餐飲行銷」（Food Service Marketing），係指餐飲業界透過市場調查，研究分析消費者之需求與偏好，並適時調整企業組織經營銷售政策，研發餐飲新產品，期使當地消費市場的顧客群獲得最大的滿足，進而餐飲業者也能從中獲取適當的利潤，並兼顧到國家社會之福祉。

### (二)餐飲行銷的內涵

餐飲行銷在內涵上，係指餐飲組織或業界依據其營運目標，透過餐飲市場調查，再經由市場機會分析（SWOT）來瞭解企業本身的產品在市場之優勢（Strength）、劣勢（Weakness）、機會（Opportunity）與威脅（Threat），確認企業本身之市場定位及區隔目標市場，據以擬訂餐飲行銷計畫（Food Service Marketing Plan），如長期的策略性計畫與短期的戰術性計畫。

最後，再針對各目標市場特性，研擬妥適的行銷組合策略（Marketing Mix）——產品、價格、通路、促銷推廣等4P，將產品提供給消費大眾，進而滿足消費者之需求，並使企業組織獲取合理的利潤，達到企業營運目標之一種管理程序。

### (三)餐飲行銷的目的

餐飲行銷的目的，大概有下列幾方面：

1.確實掌握消費者之需求，如負需求、無需求、潛在需求或飽和需求，藉以創造更大餐飲產品之需求。
2.運用企業識別系統（CIS），來創造品牌特色，以提高顧客心中的形象

與市場地位。

3.維持並擴大餐飲產品在餐飲市場之占有率與地位。

4.增進企業發展，提高企業營運效益，以達永續經營之終極目標。

## 三、餐飲市場的特性

所謂「餐飲市場」（Food Service Market），係指餐飲產品的供應商（如餐飲業）與餐飲產品的消費者、購買者（如顧客）在整個餐飲商品之買賣交易過程中所產生的各種行為與關係的結合。

餐飲市場規模之大小，則端視該產品消費者之人口數量、消費能力以及產品的購買慾大小而定，缺一不可。謹將餐飲市場的特性列表說明如下（表14-1）：

表14-1　餐飲市場的特性

| 特性 | 說明 |
|---|---|
| 敏感性（Sensitivity） | 餐飲市場的需求容易受到外部環境之影響，如政治、經濟、社會及國際局勢之影響，如戰爭、SARS、禽流感。 |
| 變異性（Variability） | 餐飲市場客源之國籍、宗教、生活習慣、教育文化背景均不同，再加上消費者本身個人因素之個別差異，如年齡、性別、興趣均不同，因而使得市場更複雜。 |
| 富彈性（Elasticity） | 1.餐飲市場需求甚富彈性與替換性。餐飲產品需求與市場價格或經濟波動有密切關係（需求彈性大於1）。<br>2.除了豪華精緻產品外，市場產品價格愈高，市場需求則會愈低。 |
| 季節性（Seasonality） | 1.餐飲市場消費需求深受天候、季節，以及假期、人文影響甚大，唯產品供給短期無彈性（彈性為零），因此有淡旺季之分。<br>2.如何調節市場季節性需求之變化，為目前餐飲行銷極重要的課題。 |
| 擴展性（Expansion） | 餐飲市場需求強度之大小與餐飲業立地位置、交通方便性、國民所得、休閒時間、生活習慣及身心健康有正相關，因此具擴展性。 |

四、市場區隔

　　餐飲市場係一種極複雜又敏感的綜合性市場，由於業者資源有限，不可能生產各類餐飲產品來滿足每位消費者的不同需求，因此須將此龐大的市場運用區隔變數，如地理位置、人口統計、消費型態與心理特性等變數，將整個市場分成數個具有相同特徵的區隔市場或次級市場。

　　餐飲業者再由上述區隔市場當中，挑選符合其需求者作為餐飲企業組織的目標市場（Target Market），再針對此目標市場之需求，分別研發投其所好的產品發展行銷策略，此乃市場區隔（Market Segmentation）的意義。

(一)市場區隔的基本條件

　　市場須具備下列條件始有區隔的必要，並非任何市場均適於區隔，茲分述如下：

◆可衡量性

　　市場經區隔後，須具有某共同的特徵，或具體的數據，足以使餐飲行銷人員或行銷規劃者能清楚辨認及衡量其市場規模大小及歸屬。例如：性別、年齡層、所得、職業及籍貫等人口統計與社會經濟變數，即為最好的區隔變數，其所區隔出的市場均易於衡量。例如兒童與青少年市場、銀髮族市場、男性顧客及女性顧客等之市場區隔均是例。

◆可接近性

　　區隔後的市場，必須是餐飲行銷人員或餐飲行銷活動所能接近的市場，俾便於廣告或提供產品資訊給市場內的消費者，便於與其溝通，以利產品行銷。例如：目前資訊網路普及，網路購物盛行，網路市場乃成為另一餐飲目標市場。

◆足量性

　　區隔後的市場必須擁有一定的銷售量或需求量，並且能讓餐飲企業有利可圖或具利潤開發潛力。例如：台灣本土知名咖啡連鎖店85度C，若想在新北

市野柳增設連鎖店，此時即須事先評估當地消費者之消費能力及需求量，是否有獲利的空間及開發潛力。

◆可執行性

　　區隔後的市場必須有能力予以有效執行其行銷策略，否則仍無濟於事，此執行力則與企業本身資源與能力有關。例如：台灣有些旅館宴會廳想積極開發國際會議或展覽產業之市場，唯目前有些旅館尚欠缺此類辦理國際會議之軟硬體，因而尚難以開拓此類市場。

(二)市場區隔變數

　　市場區隔變數很多，較常使用者有下列幾種：

1.地理變數：係以地區、氣候、人口密度及城市規模等變數來區隔市場。
　例如國內市場、國外市場，以及主商圈或次商圈等（圖14-2）。

圖14-2　台北信義商圈餐廳林立

2.人口統計及社會經濟變數：係以年齡、性別、家庭人口數、家庭生命週期、所得、職業、教育程度、宗教及國籍等變數來加以區隔。如速食餐廳係以兒童、學生及青少年等為主要目標市場。

3.心理變數：如個性、生活型態、價值觀等。

4.行為變數：如購買動機、品牌忠誠度、產品使用頻率、對產品的態度等。如餐廳集點酬賓計畫為典型以行為變數（產品使用頻率）來進行市場區隔。

## 五、消費者的行為與需求

所謂「消費者的行為」，係指消費者對餐飲產品的認知、購買方式、購買的種類與數量，以及對使用產品後的印象等有關行為。行銷工作的重點乃在瞭解消費者行為與需求，以便適時提供其所需的產品與服務。謹分別就消費者購買行為的決策模式（**圖14-3**），以及消費者之需求摘述如後：

### (一)消費者的購買行為決策

1.確認需求：係指購買行為開始前，消費者對於某項問題或需求的認知。

2.蒐集資料：認識問題之後，消費者即產生尋求新資訊的動機與行為。其資訊來源分別來自親友、商業廣告、大眾媒體美食節目報導或本身之經驗。

3.評估可行方案：消費者會根據所蒐集的資訊，來對每一項可行方案加以比較評估，以便做出最後決策。

4.購買決策：係指消費者經過前述評估後，對不同方案有不同的購買意願。不過最後影響購買決策的因素，除了以購買意願外，尚容易受到他

**圖14-3　消費者購買行為決策過程**

人的態度及「參考團體」的影響（如偶像明星），以及不可預期的情境
因素所影響。

5.購後行為：係指消費者購買或使用一項產品之後，其滿意或不滿意將會
影響其後續行為。易言之，滿意度高，則會逐漸建立起對該產品的忠誠
度；反之，則忠誠度會降低。

## (二)消費者的需求

根據馬斯洛的需求理論，吾人得知，消費者之所以購買餐飲產品，最主
要的是為滿足其慾望與需求，如生理、安全、社會、自尊及自我實現等五大
需求。

## 六、餐飲產品的組合

餐飲產品主要為服務，係由有形的產品與無形的產品服務等兩大類所組
合而成，其產品的組合有：

1.建築物之外觀。
2.室內裝潢與擺設。
3.服務人員的服裝、儀態。
4.餐飲業所提供的核心產品服務，如精緻美食佳餚。
5.餐飲服務人員與顧客間之溝通互動及正確、迅速的服務傳遞。

## 七、餐飲行銷環境

餐飲行銷常受到餐飲企業組織所處的環境所影響，而此行銷環境可分為
內部可控因素，如企業營運政策，行銷組合中的產品、價格、通路、推廣
等，以及外部不可控制的因素，如經濟、社會、政治、科技及競爭等因素。
謹就外部行銷環境列表說明如下（**表14-2**）：

表14-2　餐飲外部行銷環境

| 外部環境 | 說明 | 因應之道 |
|---|---|---|
| 經濟環境<br>（Economic） | 1.經濟景氣與否對於餐飲業有相當大的影響。整體而言，利率會影響營運成本，匯率會影響消費者旅遊意願。<br>2.經濟環境會影響消費者的實質國民所得及其購買力與消費型態。 | 1.投資開發產品必須考量在適當時機投資，以免造成日後營運財務上的危機。<br>2.加強市場風險評估。 |
| 社會環境<br>（Social） | 1.現代社會家庭結構雙薪家庭愈來愈多，對於餐飲品質要求提高。<br><br>2.消費習慣改變，講究健康飲食，偏好養生、有機食材及樂活慢食。 | 1.人口統計是社會環境分析的重要資訊來源，因此行銷人員須特別加強此類資料之蒐集與分析。<br>2.針對消費市場社會變遷，來研發健康食品與創意產品行銷。 |
| 政治環境<br>（Political） | 1.餐飲行銷決策易受到政治環境的影響。<br>2.此環境係由法律、政策、政府機關，以及具影響力的公益民間團體所組成。 | 1.須熟悉當地的法令、政策，並依法行事，以免違法。<br>2.加強公共關係，建立良好的溝通管通。 |
| 科技環境<br>（Technological） | 1.現代化的科技如電腦資訊科技，有助於提升市場行銷及營運效率。<br>2.自動化設備可替代人力資源之短缺。 | 1.加強運用現代科技以提升競爭力，減少人力不足之問題。<br>2.培養員工現代科技之專業知能，以提高服務品質。 |
| 競爭環境<br>（Competition） | 1.餐飲業所面對的競爭環境有各種不同類型的競爭，如產品形式、產品類型以及替代性商品等的競爭。<br>2.產品形式競爭（Product Form Competition），係指各競爭者均針對同一消費目標市場來從事行銷。<br>3.產品類型競爭（Product Category Competition），係指具相似產品或服務的同業間之競爭。 | 1.加強市場機會分析（SWOT），分析競爭者之優點、缺點、機會及威脅。<br>2.確實做好產品市場定位與市場區隔。<br><br>3.加強品牌形象之提升，提高顧客對產品之忠誠度。 |

八、餐飲產品定位

　　所謂「餐飲產品定位」，係指餐飲業本身的產品在餐飲市場的角色定位，也可說是本身產品在顧客心目中的認知地位。餐飲產品定位的主要目的係在瞭解本身產品與市場其他相同產品的差異，以及探討本身產品定位與顧客心目中實際認知地位之落差，以利行銷策略與行銷組合之訂定或重新定位。質言之，如果產品定位超越顧客心目中的理想點，且優於其他競爭對

手，則須加強行銷策略之擬定與執行；反之，若當初產品定位距顧客心目中認知地位差距太大，則不利市場競爭，應該立即重新定位。

　　餐飲產品定位的方法很多，常見的有產品屬性、產品等級、使用對象、特有習慣、產品對比與顧客利益等方法來定位，不過最好以顧客利益來定位較為有效，例如養生藥膳餐廳、有機素食餐廳等。此外，麥當勞以青少年、兒童為使用對象，Hello Kitty主題餐廳則以年輕女性客源來定位等均是。

 第二節　餐飲行銷的方法

　　任何餐飲企業之營運性質及其營運目標均有所不同，因此其所研擬的行銷計畫與行銷策略也不盡相同，不過其規劃之步驟流程均大同小異。為使餐飲企業能永續經營，達到預期營運目標，務須隨時掌握餐飲市場的動態，瞭解市場需求之變遷，再據以修正或調整行銷計畫與行銷策略，始能因應二十一世紀餐飲行銷時代的新挑戰。

## 一、餐飲行銷規劃的步驟與方法

　　餐飲行銷規劃的步驟與方法分述如下：

### (一)企業組織的營運目標

　　行銷規劃擬達成的企業或組織之行銷目標須先確立，以供各行銷計畫及策略之制定。

### (二)餐飲市場調查與市場機會分析

　　餐飲市場調查與市場機會分析，係行銷規劃極重要的步驟，務必先作全方位之市場調查，蒐集各項行銷環境之內外部資訊，並加以作市場機會分析。內部資訊，如餐飲組織之執行表現、策略；外部資訊，如顧客市場、競爭環境、市場定位。

市場機會分析，主要是檢討本身產品的優勢、劣勢，以及在目標市場的機會與將面對的競爭威脅。

### (三)餐飲行銷目標之選定

根據餐飲市場機會分析結果來決定目標市場，此目標可分為短期與長期目標兩種，再針對此目標市場研擬一套周全的行銷計畫與行銷策略。

### (四)研擬餐飲行銷策略與計畫

餐飲行銷計畫係為達到企業行銷目的之一種有效工具與方法。其主要內容分別為：

#### ◆前言

係含餐飲企業近年來行銷情況回顧、公司內部情況、市場情況以及當前社會總體環境情況。

#### ◆行銷目標市場定位

根據所蒐集資料研判分析，進而選定企業本身合適的目標市場，據以作為未來行銷目標。

#### ◆行銷策略擬定

行銷策略係根據前述各項餐飲市場調查與機會分析評估，再考量企業本身之條件與需求，研擬有效行銷策略行動方案，如市場區隔化、定價政策彈性化、產品精緻化，以提高市場占有率。

現代企業行銷策略，所常用的行銷組合即所謂的4P，分別為：

1.產品：如餐廳裝潢擺設（**圖14-4**）、餐飲美食及服務人員的服裝儀態。
2.價格：如大眾化或等值服務的價格。
3.通路：如同業結盟、異業結盟以及餐飲業的地點。
4.推廣促銷：如置入性行銷或宣傳廣告等文宣。

#### ◆執行方案的擬定

行銷策略係一種最高指導原則，必須要有確實周詳有效的實際執行方

**圖14-4　日式咖啡屋的裝潢**

法，始能發揮預期效果。一般執行方案也就是所謂實施辦法、實施細則，例如：活動項目、活動時間、舉辦地點、主辦人員及所需經費等均應含在此方案內，如特定節日的餐飲促銷活動方案。

◆行銷預算與控制

　　根據行銷目標、行銷策略、執行方案等項目內容，來加以編列預算予以管制，以確保行銷計畫能依原訂進度與目標來執行。

(五)餐飲行銷策略之執行

　　根據各主要目標市場個別設計之行銷組合行動方案，依進度及所編列預算逐項予以執行控管。

(六)控制、評估、修正

　　餐飲市場行銷規劃，最後一個階段為控制和評估，即針對行銷計畫所預定達到的目標進度，適時加以評估、調查及提出修正。

## 二、餐飲行銷組合策略之運用

餐飲業者經過餐飲市場調查、市場機會分析以及市場定位後，爲達成組織目標，必須針對所選定的目標市場研擬行銷策略（**圖14-5**），靈活運用動態的行銷組合4P：產品、價格、通路與推廣促銷，若此4P再加人員（People）即所謂5P，若再加包裝（Package）、規劃（Programming）及夥伴（Partnership）即所謂餐飲行銷組合8P，來達到組織目標。

### (一)產品（**Product**）

1. 餐飲產品如軟硬體設施、餐廳氣氛、進餐體驗、燈光、音響、裝潢與美食佳餚，甚至於品牌、服務、品質保證等，均屬餐飲產品範疇。
2. 餐飲產品之研發設計，須以消費市場之需求來考量，力求產品的常態性、便利性與趣味性等多元化功能，如主題餐廳的主題規劃。
3. 餐飲產品有其產品生命週期（**Product Life Cycle**），分別爲：引入期、成長期、成熟期、飽和期及衰退期（**圖14-6**）。因此，爲使餐飲企業能永續經營，務須針對餐飲產品及服務品質不斷研究、改良、創新，以加強「質量管理」，延長產品的生命週期。

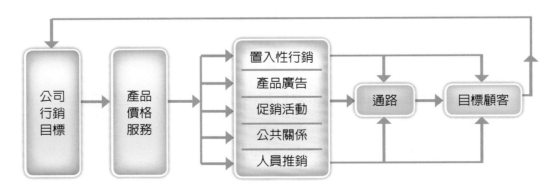

**圖14-5　餐飲行銷組合策略**

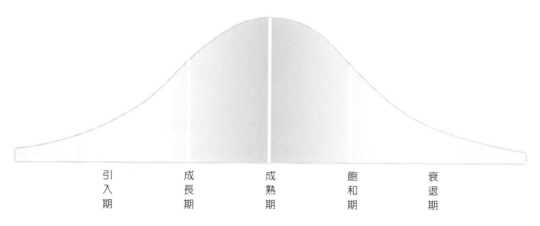

引
入
期

成
長
期

成
熟
期

飽
和
期

衰
退
期

**圖14-6 餐飲產品的生命週期**

## (二)價格（Price）

1.價格須有彈性，以適應餐飲市場內外環境變化及消費者之認知價值為前提。一般而言，價格上升，市場需求會下降，即價格彈性大。此外，價格須能夠為消費者所接受，始具意義。

2.價格包括折扣、佣金、付款條件及顧客之認知價值。

3.價格係影響企業組織利潤的重要直接因素，但須適時針對市場價格波動而調整，如淡旺季價格不同，以爭取最佳營收。

## (三)通路（Place）

1.行銷通路最重要的考量是地點要適中、便利，如目標市場商圈所在地。此外，須考慮餐飲仲介商、代理店等通路要順暢、便利及具即時性之效率，使產品以最有效的管道服務顧客，如行動咖啡車、機場餐廳、汽車餐廳之出現，即考慮到地點。此外，可運用現代科技來改善通路模式，以提升服務效率。如電視購物頻道、運用網路直接訂餐、訂位、外帶及低溫宅配方式，均可縮短通路空間之限制。

2.常見的通路有下列三種：

(1)零階通路：直銷通路，係指無中間代理商或經銷商而言。餐飲業地

點方便，顧客便於直接前來，或網路直接訂位均屬之，另稱「直接通路」。

(2)一階通路：係指餐飲業與消費者間，僅有一家中間代理商，另稱「間接通路」。

(3)二階通路：係指餐飲業與消費者間，加入餐飲批發商與零售商。

3.餐飲業界為加強通路，一般均採同業策略聯盟或異業策略聯盟方式來擴大其行銷通路。如餐飲業與旅行業或信用卡公司之結盟（圖14-7），以及餐飲業與鐵路局、觀光景點之結盟，如觀光列車或觀光景點等之餐飲供食服務。

4.建立餐飲行銷通路，須考慮餐飲市場、餐飲產品之特性外，還要考量銷售利潤、銷售量及銷售成本。因銷售通路愈多，銷售成本會增加，也會使利潤相對減少。

圖14-7　餐飲業與信用卡公司結盟來加強通路

## (四)推廣促銷（**Promotion**）

　　餐飲產品供應商或餐飲企業，為將其產品資訊以最迅速有效的方式傳送給目標市場之消費大眾，均透過強有力之宣傳廣告來促銷。例如：台灣觀光協會每年均舉辦的台北國際旅展及台灣美食展，均是一種觀光餐飲推廣促銷之重要活動。

　　推廣促銷經常使用的工具有下列五種：

### ◆置入性行銷（**Product Placement / Placement Marketing**）

1.主要目的：以實質產品透過媒體傳播，創造企業良好形象及提升知名度。

2.主要工具：運用平面媒體如新聞、雜誌，或電視、電臺之旅遊報導、美食節目製作。

3.作業要領：係將餐飲產品、品牌標誌予以置入電視、電影節目中或生活情況中，以增加產品在市場的曝光率，提升企業形象與知名度，進而增加產品在市場之占有率。如觀光局聘請偶像明星拍廣告或電影來介紹台灣美食餐廳、地方小吃，以吸引日、韓、東南亞粉絲來台觀光即是。

### ◆產品廣告（**Product Advertising**）

1.主要目的：透過傳播廣告來告知、說服、影響消費者，並提升產品知名度與公司形象信譽。

2.主要工具：廣告媒體，如電視、電臺、報章雜誌、網站及看板，以多種語言方式來推廣。

### ◆促銷活動（**Sales Promotion**）

1.主要目的：為提升產品品牌與公司聲譽，以增強廣告效益。

2.主要工具：

(1)宣傳小冊、說明書、摺頁、海報及招牌。

(2)投影片、錄影帶、光碟片及幻燈片等視聽媒體。

(3)促銷活動，如來店禮、抽獎、折價券（**圖14-8**）、大減價，或免費贈品、試吃等活動。此外，也可透過參與或自行舉辦活動來促銷。

### ◆公共關係（Public Relation, PR）

1.主要目的：係運用事實來佐證，藉以創造公司良好聲譽與形象，或將危機傷害減至最低限度。

2.主要工具：

(1)新聞製作，並在媒體刊登。

(2)記者會，定期或不定期召開新聞媒體記者會。

(3)產品發表會。

(4)辦理觀光餐飲博覽會或大型活動，例如：麥當勞在2010年所提出推廣的「台灣美食創意競賽」及遠東飯店舉辦的「廚藝競賽」等均是例。

(5)參與公益或社區活動、開放民眾參觀等方式來增進良好人際關係。

### ◆人員推銷（Personal Selling）

1.主要目的：係經由銷售人員直接與顧客面對面或電話中促銷，以發掘潛

**圖14-8　餐廳促銷活動的折價券**

在顧客並建立與消費者的良好關係。

2.主要工具：

(1)業務代表。

(2)電話、手機。

(3)文宣品。

## 三、餐飲行銷的方式

餐飲行銷的方式有三種，即所謂「服務行銷三角形」（**圖14-9**），茲分述如下：

### (一)外部行銷（**External Marketing**）

係指針對餐飲目標市場消費群，透過各種促銷推廣方法來加強行銷，如運用媒體廣告、郵寄簡介、發送DM或贈品，此類行銷之目的乃在設定承諾。

### (二)內部行銷（**Internal Marketing／In-house Sale**）

係指針對餐飲業現有的顧客及其本身員工或眷屬來作為行銷對象，這是將企業員工視為潛在顧客來行銷，如善待員工、由員工向客人推介、餐桌放

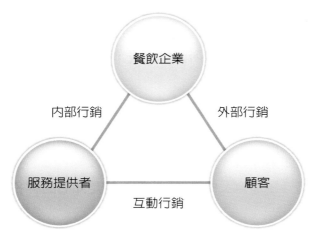

**圖14-9　服務行銷三角形**

置餐廳DM，或餐廳牆上張貼海報等均屬之，此類行銷之目的乃在執行承諾。

## (三)互動行銷（Interactive Marketing）

根據調查顯示，顧客滿意度高低與員工顧客間互動有關，因此，加強員工與顧客間之良好互動，不僅可創造顧客的滿意度，也有利於產品行銷及口碑行銷，此類行銷之目的乃在強化承諾，對顧客滿意度之提升最具效益。

餐飲業者應注重員工專業技能訓練外，更要加強員工與顧客間良好的溝通與互動，培養說話藝術與應對接待的服務禮儀，以爭取顧客的好感及肯定。

# 第三節　餐飲品牌行銷

餐飲產品係一種組合性的套裝產品，許多擁有多種產品的餐飲業者，均會為其產品設計不同的品牌名稱，期以爭取市場消費者之信賴感及提升企業品牌知名度。謹就餐飲品牌管理的基本概念分別加以介紹。

## 一、品牌的意義

所謂「品牌」（Brand），係指一個名稱、符號、標誌或圖案的組合，期以作為識別某個或某群產品的生產者、服務者或銷售者的產品服務而言。易言之，產品的品牌係由下列三者所建構而成：

## (一)品牌名稱

係指可經由語言及文字來表達的部分。例如：君悅國際飯店集團（Hyatt）、香格里拉飯店集團（Shangri-La）以及國內知名餐飲品牌，如喜來登、晶華、鼎泰豐、王品以及85度C咖啡等，均是知名品牌名稱。

## (二)品牌標誌

係指符號、圖案設計或特殊的文字標記,僅能經由肉眼來辨別,而難以用語文來表示者。例如:國際速食連鎖集團之巨人——麥當勞係以金黃色之拱門狀爲其品牌標誌(**圖14-10**)、王品餐飲集團以紅底反白的字體爲其集團產品品牌標誌等均是例。

## (三)商標

所謂「商標」,係指經由餐飲企業向有關單位辦理商標登記註冊,並享有法律保障的品牌名稱與「標誌」。凡依法完成註冊的商標,該餐飲業者對該商標享有使用權與擁有權。易言之,商標經註冊登記後,已成爲該餐飲企業的一種資產,他人不得冒用或仿襲,且視同智慧財產權之一種。例如:麥當勞的金拱門、摩斯漢堡的M字造形圖案,不僅是標誌,也是其註冊商標。

**圖14-10　麥當勞金拱門標誌**

二、品牌的功能

品牌的功能可分別自消費者、餐飲業者以及社會等三方面來加以說明：

(一)消費者方面

餐飲品牌由於具有獨特性的名稱與標誌，能協助消費者在短時間之內即能迅速辨認，節省購買的時間與精力上的浪費。此外，品牌能提供消費者心理上的安全感、信賴感以及濃縮所需資訊之功能。例如：當觀光客看到「鼎泰豐」會想到美味可口的小籠包；看到「麗池旅館」（Ritz）之名稱，立即聯想到優質溫馨之親切膳宿服務，以及高雅的住宿與用餐環境。

易言之，品牌對消費者而言，具有傳遞資訊、協助辨識、提高購買效率以及心理上的保障等功能。此外，市場消費者在選購產品時，往往會指定購買某一品牌之產品，對於其他不熟悉之品牌，不僅不會多看一眼，甚至於將其視為「雜牌」，此乃品牌對於消費者在心理上及品質上之保障的例證。

(二)餐飲業者方面

知名或具有良好形象的餐飲產品品牌，對於業者在市場上的推廣行銷活動較有吸引力與競爭力，且能維繫顧客的忠誠度。例如：本土化知名連鎖餐廳「點水樓」、「欣葉」、「度小月」等餐廳，不僅凸顯台灣本土性特色，尚包括餐飲產品服務品質的保障。此品牌不僅有助於本土業者拓展其海內外餐飲市場，更有益於口碑行銷及維持其客源市場消費者的情感與忠誠度。國內餐飲品牌較著名者，如王品餐飲集團、85度C咖啡以及鼎泰豐等本土餐飲品牌，不僅在國內餐飲市場有極大的品牌吸引力，甚至在中國大陸、美國及澳洲等地均有其忠誠的品牌愛護者。

(三)社會方面

餐飲品牌之觀念，有助於提升國內觀光餐飲產業之經營概念及服務品質，使得社會生活品味因而得以提升。此外，由於品牌概念深植社會各階

層，對於仿冒、山寨產品將為人所唾棄，甚至遭社會視為公害。此有助於提升國人在國際社會的形象與地位。目前國際社會十分重視品牌之擁有權與使用權。

## 三、餐飲產品的品牌類型

餐飲業者對於其產品品牌之命名，通常有下列三種決策類型：

### (一)個別品牌（**Individual Brand**）

係指餐飲業者將其所生產的每項產品，均給予特定的品牌名稱。例如：台灣晶華酒店集團所屬的平價旅館品牌捷絲旅（**Just Sleep**），以及經由收購取得之國際品牌麗晶（**Regent**）在全球的擁有權等均是例。今後美商卡爾森

### 餐飲品牌之省思

一個餐飲品牌在一個地方成功，並不代表在其他地方均會成功，其主要關鍵乃在是否能為當地消費者所認同。

在中國大陸有百年招牌的淮揚菜名店「冶春茶社」在台設立第一家分店已一年，但在台灣餐飲市場並未造成轟動，迄今仍在調整價格、口味及菜量上打轉。究其原因乃其口味及價格未能符合當地消費者之需求。即使是國際速食知名品牌，如麥當勞等餐飲業者，也得將其產品口味部分保留原汁原味，部分則為在地化，更何況是一般餐廳。因此，業者必須要在保有品牌特色之下，再適量地融入地方口味，否則將難以施展身手。例如民國101年元月在台北信義區開幕的大陸知名餐飲集團「俏江南」，早在民國98年即深入台灣餐飲市場觀察評估，一直到民國100年12月始試營運即是例。

集團（Carlson）旗下頂級酒店之國際品牌Regent授權人為台灣晶華。此外，國內中信飯店集團已改名為「雲朗觀光」，其旗下所屬的旅館如君品、雲品、翰品等酒店，均有其產品的個別品牌，以代表其個別產品身分；王品集團旗下品牌有王品、陶板屋、西堤、聚、曼咖啡等多種品牌。

## (二)家族品牌（Family Brand）

係指餐飲業者將企業組織所有的產品，一律冠上該家族名稱使用同一種品牌。例如：長榮桂冠、麥當勞以及85度C咖啡等均是例。此外，鼎泰豐、度小月以及海霸王等餐飲企業，也是採用同一家族品牌。

## (三)混合品牌（Combine Brand）

係指企業名稱結合個別品牌，有部分餐飲企業組織所生產的產品，其品牌命名是結合前述兩種名稱來命名，即企業名稱與個別品牌名稱併列之方式。如新光天母傑仕堡、知本老爺、礁溪老爺等。

## 四、品牌命名應遵循的原則

餐飲企業品牌命名時，須遵循下列幾項原則：

1. 餐飲品牌之命名須易讀、易看、易懂及易記。例如：形象標誌之線條、圖案要力求鮮艷、亮麗；字數不宜超過四個字；名稱有押韻，唸起來較順口且不容易忘記。
2. 品牌名稱須能暗示或傳遞產品的特性、品牌或利益。例如：85度C咖啡之品牌名稱，即為最佳範例，充分顯示出其產品之特質與利益，具有傳遞濃縮產品資訊之功能，且易讀易懂。
3. 品牌命名須配合目標市場的特色或特質。例如：國賓飯店在各地均冠上該目標市場的地名，如台北國賓、新竹國賓和高雄國賓。此外，福容餐旅集團也是此類品牌之命名方式。
4. 品牌名稱力求避免不雅之諧音，同時須合法註冊。避免因仿襲或設計不

當而誤導消費者，或侵犯他人品牌權益。

## 五、餐飲品牌建立的方法

餐飲企業在二十一世紀地球村之時代，若想要在營運中能創造利潤，務必要擁有具創意、可創造獨特顧客經驗，以及能感動人心的品牌訴求，始能創造利潤及永續經營，而非昔日僅仰賴品質好、功能佳或市占率高即可竟功。因此，今後餐飲企業為建立其品牌，務須自下列幾方面努力：

### (一)品牌定位須明確

就餐飲業而言，「定位」非常重要。定位方向要明確、簡單清晰，則企業營運方針始有藍圖可循，品牌就能走對的路。例如：中信集團為使其品牌形象符合餐旅市場營運需求，其第一步驟即先創新品牌名稱由「中信」更名為「雲朗」，然後將旗下所屬四十家旅館，依其立地環境及文化特色分別賦予各種不同的品牌定位，其中包括台北轉運站的君品酒店、日月潭的雲品酒店、新莊的翰品酒店，以及阿里山下的兆品酒店等，期使旅客在其不同品牌定位下，能體驗在地美食文化特色。

### (二)餐飲建築設計與內部裝潢須有創意特色

餐廳硬體設施與內部裝潢設計，無論在外表造型或內部設施設備，均應與在地人文環境或自然環境相結合，並將地方文化特色予以融入其中，期使旅客能體驗到在地文化，進而創造獨特的休閒體驗（**圖14-11**）。例如：日月潭附近的渡假旅館在規劃設計時，均考慮當地原住民文化予以整合匯入其軟硬體服務中，使顧客進飯店如在逛藝廊或文物館，期以創造獨特旅客經驗。

### (三)餐飲服務品質，須能確保一致性水準服務

餐飲企業產品定位須明確，無論是採高價位的頂級服務或平價的餐飲產品服務，均須依其「定位」來提供一致性的優質服務。例如：定位為平價餐廳者，業者不必花太多資金來裝潢設計，唯需提供乾淨、舒適、安全的進餐

圖14-11　原住民文化特色的主題餐廳

環境，以及具人情味的接待服務即可；餐廳若採高檔的頂級價位定位，則其軟硬體均須能提供一致性高水準的優質服務，尤其是無論內外場服務傳遞系統，均須確保一致性水準的服務。因此須加強人力培訓，重視員工服務意識之培養，使其具備良好的人文素養及服務理念。

## (四)品牌行銷管道多元化，力求創意行銷

餐飲品牌行銷須力求富創意，可分別自下列管道來行銷：

### ◆媒體廣告

儘量以能彰顯企業品牌文化內涵的創意手法，運用最能貼近消費者之廣告媒體來做形象廣告，如報紙、電視、電視購物台、電子看板，或鬧區商圈之電視牆等。

### ◆產品通路

經由餐飲企業相關的產品通路共同來行銷品牌。餐飲企業可經由其代理商、經銷商、加盟店或直營店等共同來行銷產品品牌。

### ◆名人見證

全球著名的旅館，如杜拜帆船飯店、台北圓山飯店、晶華酒店等，均曾經接待過國外來訪的元首、政治、名人以及社會名流，因而提升旅館品牌形象。上述名人在其所下榻的旅館餐廳內均留有其簽名、照片或其他紀念性物件，此類名人見證對旅館或餐廳品牌之建立，具有相當大的宏效。

### ◆口碑行銷（體驗行銷）

餐旅顧客的休閒、住宿、膳食或遊憩體驗，將會口耳相傳，進而影響其周遭的親朋好友，其影響力甚鉅。良好的口碑行銷為餐飲品牌行銷方法中最為有效的方式，其影響層面也最大。

### ◆網路行銷

餐飲企業可運用手機及電腦網路來加強餐飲品牌的行銷活動設計。

### ◆舉辦公益活動或國際會議

餐飲企業可主動參與或經辦社會公益議題的大型活動，如慈善、環保等活動，以及爭取著名國際性會議場地之辦理，期以經由所參與之活動，得以經由公共報導來增加品牌曝光率，進而在消費大眾心中留下良好的品牌形象。

---

**餐飲小百科**

**體驗行銷的魅力**

體驗行銷是一種最新的顧客導向行銷理念。餐飲企業為創造顧客的滿意度，特別規劃設計超越顧客期望值的產品服務，進而使顧客有一段難以忘懷的用餐經驗。當顧客擁有美好的餐飲體驗後，將會成為餐廳免費的代言人，也將成為餐廳免費的顧問。

# 王品餐飲集團的品牌行銷

　　王品集團在1990年11月，自「王品台塑牛小排」此餐廳創立迄今，如今已成為國內本土連鎖餐飲企業之領導品牌地位，除了全力朝向直營連鎖外，更取得國際ISO9002品保認證，朝向國際化邁進。

　　王品集團目前（2012年）在台灣有174家分店，包括王品、西堤、陶板屋、「聚」北海道昆布鍋、藝奇、原燒燒烤、夏慕尼、石二鍋、品田牧場、舒果及曼咖啡等多個品牌。王品集團之企業營運理念係以「顧客感動」為服務目標，除了餐食要好吃、服務要講究外，更重視餐飲行銷策略之運用，茲摘介如下：

## 一、行銷理念

　　係採取整合性的行銷策略，包括：品牌行銷、創意行銷、關係行銷、服務行銷以及網路行銷等，唯均以顧客為核心，追求顧客滿意度再建立顧客忠誠度為目標。由內部行銷往外部行銷發展，運用顧客意見作為企業追求進步及改善之基礎。

## 二、行銷組合策略

### (一)產品策略

　　運用市場區隔，再進行產品定位，其旗下主要三大產品及其他品牌分別定位如下：

1. 王品牛排：以尊貴服務為產品定位基礎，其產品以台塑牛小排套餐之尊貴服務為訴求，其價位約1,200元為最高。
2. 陶板屋：以親切有禮的和風料理為訴求，其產品適合中、高層客層，價位約新台幣499元之間。
3. 西堤牛排：以活潑亮麗的產品服務，提供年輕上班族客層或學生為主，其價位約499元之間。

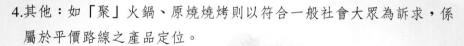

4.其他：如「聚」火鍋、原燒燒烤則以符合一般社會大眾為訴求，係屬於平價路線之產品定位。

(二)價格策略

係採需求導向作為定價策略，其做法是依消費者之意見調查，將其綜合價格再打七折作為定價策略，使顧客有一種「物超所值」之感。

(三)通路策略

王品集團主要通路策略為運用其直營連鎖的全國174家餐廳為其產品服務之通路。另外，再運用網際網路與網友互動行銷。事實上，其在餐飲市場所建立的品牌形象已成為最佳口碑行銷之客源基礎。

(四)推廣促銷策略

王品集團在推廣組合上，非常重視公共報導、公共關係之運用，如陶板屋發動「知書答禮」萬人捐書到蘭嶼的公益活動；西堤牛排的「迎新送愛心」的社會公益工作等均是例。唯王品集團不以降價促銷或打價格戰方式來提高特殊節慶的價位，反而在特殊節慶加贈應景小禮物給顧客，此項推廣組合策略極受好評。

案 例 討 論

1.你認為王品餐飲集團能成為今日本土連鎖餐廳之龍頭地位，其成功關鍵因素為何？
2.你認為該餐飲集團品牌定位的特色何在？

## 一、解釋名詞

| | |
|---|---|
| 1.Social Responsibility | 5.Market Segmentation |
| 2.SWOT | 6.5P |
| 3.CIS | 7.Product Life Cycle |
| 4.Sensitivity | 8.Product Placement |

## 二、問答題

1.行銷管理的觀念演變，其發展歷程為何？試述之。

2.何謂「餐飲行銷」？並請說明其主要目的。

3.餐飲市場的特性有哪些？請列舉其要摘述之。

4.你認為餐飲市場是否一定要予以區隔，為什麼？

5.餐飲市場區隔的變數很多，你認為今日麥當勞速食餐廳係以何種變數作為其市場區隔之變數？

6.試摘述消費者購買行為的決策模式。

7.你認為餐飲產品是否需要定位？為什麼？

8.如果你是餐飲行銷經理，請問你將會如何來規劃餐飲行銷，試摘述你的規劃步驟。

9.當你準備在市場上展開產品促銷活動時，請問你會使用哪些工具？

10.如果你是新開幕的餐廳經理，你將會如何來建立餐廳品牌？試申述之。

# Chapter

## 15

餐飲財務管理

### 單元學習目標

- 瞭解餐飲財務管理的意義
- 瞭解餐飲財務管理的功能
- 瞭解餐廳資產負債表的編製方法
- 瞭解餐廳損益表的功能
- 瞭解餐廳財務報表分析的要領
- 培養餐廳財務管理的能力

　　「餐飲財務管理」係指餐飲企業資金籌措、運用、分配等系列活動或相關事務的管理。由於餐廳創業營運所需投入的固定成本，如土地、建築、裝潢及產銷設備所需資金甚大，再加上變動成本也不少，若缺乏有效的財務管理，往往會造成資金閒置、浪費或耗損等缺口，因此餐飲財務管理可說是餐飲管理的神經中樞。

# 第一節　餐飲財務管理的意義

　　餐飲財務管理的主要功能，乃在確保餐廳營運所投入的資金能經由事前妥善規劃配置及有效控管，進而協助餐飲企業資金達到最有效之運用。謹將餐飲財務管理的意義及功能，摘述如下：

## 一、餐飲財務管理的意義

　　餐飲財務管理係依餐廳的營運規模與類型，來籌集營運所需的各項資金，並加以妥善合理配置運用。經由預算編列、成本控管、財務分析及檢討修正，使餐飲企業在競爭激烈的環境及營運風險下，能達到投資報酬率及公司價值最大化，此乃餐飲財務管理的目標，也是餐飲財務管理的眞諦。

## 二、餐飲財務管理的功能

　　餐飲財務管理能使餐廳營運所需的資產發揮最大功效，降低或化解財務運作上的危機，進而使公司投資利潤最大化，以達永續經營之終極目標。質言之，財務管理的功能有下列幾點：

### (一)餐飲財務規劃與控制的功能

　　財務管理係經由規劃、執行及控制等作業程序來確保餐廳營運資金能有效運用，並發揮最大效能。事實上，財務規劃與控制均是餐飲財務管理循環的構成要素，也是財務管理的手段。

## (二)餐飲資金的籌措功能

財務管理工作始於財務規劃，財務人員會依計畫來尋找資金的來源，並針對資金籌措方式的利弊得失或償還風險予以詳加評估後，再選擇適當的資金來源，如招募股東、銀行貸款等。

## (三)餐飲資金的運用及管理功能

財務管理工作的主要職責乃將餐廳營運資金予以有效運用與管理，期使餐廳利潤能最大化。唯財務人員對資金的運用除了考量獲利性外，尚須考慮所涉及的風險，必須在獲利與風險之間取得一個平衡點。

## (四)預防危機及解決特殊財務問題

餐廳營運往往會受到外部經營環境的影響（圖15-1），如政治、經濟、社

**圖15-1　餐廳營運會受到經營環境影響**

會及科技等因素之影響。因此，餐飲財務規劃時，即需事先評估考量，尤其是經濟環境因素之變化。如果事前有完善財務規劃，可將此衝擊之危害降至最低，或能將危機化為轉機。

## 第二節　資產負債表與損益表

餐飲財務報表是餐飲業會計資訊的表達工具，它可供餐飲管理者或業者瞭解該公司的營運狀況。一般基本的財務報表計有：資產負債表、損益表及現金流量表等三種。本節謹就財務管理中較重要的資產負債表及損益表予以介紹。

一、資產負債表

(一)資產負債表的意義

所謂「資產負債表」（Balance Sheet），是一種企業財務報表，其功能乃在表達一企業在某特定時日的財務狀況報告表，因此另稱之為「財務狀況表」（Statement of Financial Position）。

(二)資產負債表的結構

一份完整的資產負債表，係由資產、負債及股東權益等三大部分所組成的恆等式，即「資產＝負債＋股東權益」，茲說明如下：

◆資產（Asset）

1.流動資產：依其變現能力及流動性高低而分，計有：現金、有價證券、應收帳款、存貨和預付款項等。

2.固定資產：可分為土地、建物、家具、設備等。固定資產除了土地外，其餘家具設備或建物均應逐年提列折舊，以符合實際價值。

## ◆負債（**Liability**）

1.流動負債：負債到期日在一年以內者，稱之為「流動負債」（Current Liability），如應付帳款、應付稅金、應付費用及到期的長期負債等。
2.長期負債：到期日在一年以上者，稱之為「長期負債」，如一年期以上的應付抵押票據。

## ◆股東權益（**Owners' Equity**）

股東權益另稱「業主權益」，其中包括股本及保留盈餘等兩項。資產負債表範例如**表15-1**、**表15-2**所示。

## (三)資產負債表的功能

### ◆評估餐廳財務的流動性
業者可經由餐廳資產負債表的流動資產與流動負債科目中所顯示的資訊，來幫助評估公司短期資金的流動狀況。

### ◆評估餐廳財務的彈性
資產負債表所顯示的資產及債權分配情形，可協助評估公司運用財務資源的靈活應變力及彈性。如公司流動資產或固定資產雄厚時，可快速將資產轉換成現金以應急需。

### ◆評估餐廳營運績效的良窳
業者可自資產負債表中的總資產、股東權益等數據資訊來計算投資報酬率，並能有效評估餐廳營運績效的好壞。

### ◆評估餐廳資本結構是否健全
經營者可從表中所示資產與負債的資訊，瞭解餐廳資本結構及相對風險，並可作為今後籌措、調度資金的參考。

表15-1　資產負債表範例(一)

| 資產 | |
| --- | --- |
| **流動資產** | |
| 　現金：零用金 ............................................... | $ |
| 　存款：銀行存款 ........................................... | $ |
| | _____ |
| 　　　現金小計 ............................................... | $ |
| 　應收帳款 | |
| 　　應收顧客帳款 ........................................... | $ |
| 　　應收信用卡帳款 ....................................... | $ |
| 　　其他應收帳款 ........................................... | $ |
| 　　減：備抵壞帳 ........................................... | $ |
| | _____ |
| 　　　應收帳款小計 ....................................... | $ |
| | |
| 　存貨 | |
| 　　食物存貨 ................................................... | $ |
| 　　飲料存貨 ................................................... | $ |
| 　　日用品存貨 ............................................... | $ |
| 　　其他存貨 ................................................... | $ |
| | _____ |
| 　　　存貨小計 ............................................... | $ |
| 　　預付費用（保險、稅等項）......................... | $ |
| | _____ |
| 　　流動資產合計 ........................................... | $ _____ |
| **固定資產** | |
| 　土地 ............................................................. | $ |
| 　建築物 ......................................................... | $ |
| 　減：累積折舊 ............................................... | $ _____ |
| 　小計 ............................................................. | $ _____ |
| 　家具及設備 ................................................... | $ |
| 　減：累積折舊 ............................................... | $ _____ |
| 　小計 ............................................................. | $ _____ |
| 　租賃權益及租賃改善 ................................... | $ |
| 　減：累積折舊 ............................................... | $ _____ |
| 　小計 ............................................................. | $ _____ |
| 　陶瓷品、銀器等項 ....................................... | $ _____ |
| 　固定資產合計 ............................................... | $ _____ |
| 　資產總計 ..................................................... | $ _____ |
| **負債及股東權益** | |
| **流動負債** | |
| 　應付帳款——交易上的 ................................. | $ |
| 　應付稅金 ..................................................... | $ |
| 　應付費用 ..................................................... | $ _____ |
| 　流動負債合計 ............................................... | $ _____ |
| 應付器材 ......................................................... | $ _____ |
| 長期負債 ......................................................... | $ _____ |
| 　負債總計 ..................................................... | $ _____ |
| **股東權益** | |
| 　資本 ............................................................. | $ |
| 　保留盈餘 ..................................................... | $ _____ |
| 　股東權益合計 ............................................... | $ _____ |
| | |
| 負債及股東權益合計 ....................................... | $ _____ |

**表15-2 資產負債表範例(二)**

### 揚智西餐廳

資產負債表
2010年及2011年12月31日

單位：新台幣千元

| 資產 | 2010年 | 2011年 |
|---|---|---|
| 流動資產 | | |
| 現金 | $61,000 | $24,000 |
| 有價證券 | 81,000 | 81,000 |
| 淨應收帳款 | 50,000 | 140,000 |
| 存貨 | 17,000 | 15,000 |
| 預付費用 | 12,000 | 14,000 |
| 流動資產合計 | 221,000 | 274,000 |
| 固定資產 | | |
| 土地 | 568,500 | 68,500 |
| 建物 | 250,000 | 880,000 |
| 家具設備 | 270,000 | 172,000 |
| 減：累計折舊 | 300,000 | 345,000 |
| 瓷器、玻璃、銀器、布巾、制服 | 20,500 | 22,800 |
| 固定資產合計 | 809,000 | 798,300 |
| 總資產合計 | $1,030,000 | $1,072,300 |
| 負債及股東權益 | | |
| 流動負債 | | |
| 應付帳款 | $53,500 | $71,000 |
| 應付稅金 | 32,000 | 34,000 |
| 應付費用 | 85,200 | 85,000 |
| 到期之長期負債 | 21,500 | 24,000 |
| 流動負債合計 | 192,200 | 214,000 |
| 長期負債 | | |
| 長期借款 | 417,800 | 445,000 |
| 總負債合計 | 610,000 | 659,000 |
| | | |
| 股東權益 | | |
| 資本（股本） | 165,000 | 165,000 |
| 保留盈餘 | 255,000 | 248,000 |
| 股東權益合計 | 420,000 | 413,300 |
| 負債及股東權益合計 | $1,030,000 | $1,072,300 |

二、損益表

損益表（Income Statement）是財務報表中最重要的報表，也是首先必備的第一個正式報表。其主要目的乃在顯示餐飲企業在某一特定期間（通常是一年）內，收入與費用、成本的來源及去處，並可由收入與費用之比較，瞭解淨利或淨損的原因。易言之，損益表為衡量、評估餐飲營運績效的重要工具。

(一)損益表的結構

損益表中的會計科目，計有：營業收入、銷貨成本、營業費用、薪資、營業毛利、稅金及淨利等項目，其結構有一定的格式組織及基本內容。

(二)損益表的功能

◆評估餐廳經營績效的工具

餐廳的年度損益表所提供的經營成果等各項資訊，如營業淨利、營業毛利等，均可作為股東、投資人及經營管理者評量、判斷餐廳營運效益的依據。

◆預測未來所得及現金流量的藍本

損益表明確提供餐飲企業收入的來源及各項費用資金之流向去處，以及造成淨利或淨損的原因，以利未來營運策略之修正。

◆評量餐飲企業各部門的績效

損益表明列各部門產生的成本費用及收入，如銷售收入、餐飲成本、薪資及營業費用等。因此可供作為檢討工作績效之參考。此外，此損益表尚強調分層負責，可供管理階層作為督導考核依據。

## (三)損益表製作須知

1. 餐飲收入減去餐飲物料成本與人事成本費用等直接費用以及其他間接費用，即可得營業毛利。
2. 稅前淨利係將營業毛利減去稅金、保險、利息、折舊等支出而得。
3. 稅後淨利是指稅前淨利扣除營利事業所得稅後所得到的淨利。損益表格式範例如**表15-3**。

**表15-3　損益表格式範例**

**揚智西餐廳**

損益表
2012年1月1日至2012年12月31日

| | |
|---|---|
| **收入** | |
| 　食品 | $ |
| 　飲料 | $ |
| **總收入** | $ |
| **成本** | |
| 　食品 | $ |
| 　飲料 | $ |
| 　小計 | $ |
| **費用** | |
| 　薪資 | $ |
| 　員工福利 | $ |
| 　人事小計 | $ |
| **其他費用** | |
| 　租金 | $ |
| 　水電費 | $ |
| 　清潔費 | $ |
| 　行政廣告費 | $ |
| 　小計 | |
| **成本與費用合計** | $ |
| 　稅前淨利 | $ |
| 　所得稅 | $ |
| 　稅後淨利 | $ |

## 第三節　餐廳財務報表分析

　　財務報表分析係指自餐廳財務報表中，摘錄有關項目的資訊予以評估分析解釋，期以瞭解其營運實際績效或變動情形的分析方法。目前財務報表分析大部分均借重下列幾類比率分析來進行，如流動性比率、資產管理比率、負債管理比率及獲利能力比率等。茲分別說明如下：

### 一、流動性比率（**Liquidity Ratios**）

　　流動性比率另稱「短期償債能力比率」，它是供作為衡量餐廳短期變現能力，也就是餐廳取得現金或將資產轉換成現金的難易程度。若此流動性比率低，則表示餐廳償還短期負債的能力差，不僅會影響餐廳營運能力，甚至會陷入破產或停業之危機。常見的流動性比率有下列兩種（**表15-4**、**表15-5**）：

**表15-4　流動比率（Current Ratio）**

| 公式 | $流動比率＝\dfrac{流動資產}{流動負債}$ |
|---|---|
| 說明 | 流動比率表示一家餐廳對短期負債的償還能力，其比率愈高乃顯示其資金週轉能力強，公司財務安全性高，而不會有週轉失靈之虞。流動比率以2：1最好。 |
| 實例 | A餐廳資產負債表中，流動資產300,000，流動負債150,000，其流動比率為多少？ |
| 解析 | $流動比率＝\dfrac{300,000}{150,000}＝2$（表示每1元負債有2元流動資產可供償還，償債能力強） |

**表15-5　速動比率（Quick Ratio）**

| 公式 | $速動比率＝\dfrac{速動資產}{流動負債}＝\dfrac{流動資產－存貨－預付款項}{流動負債}$ $＝\dfrac{現金＋有價證券＋應收帳款}{流動負債}$ |
|---|---|
| 說明 | 1.速動資產係指將流動資產扣除存貨、預付款項或變現較慢之資產而言。易言之，速動資產是指現金、有價證券及應收帳款等項。<br>2.此速動比率用以衡量餐廳立即償還流動負債的能力，可作為餐廳短期償債能力的指標。 |

| 實例 | A餐廳某年度資產負債表顯示：流動資產300,000；流動負債150,000；存貨30,000；預付款項20,000，該餐廳會計年度的速動比率多少？ |
|---|---|
| 解析 | 速動比率$=\dfrac{300,000-30,000-20,000}{150,000}=1.7$<br>（速動比率1.7較流動比率2為少，唯仍大於1，表示短期償債能力仍甚強） |

## 二、資產管理比率（Asset Management Ratios）

「資產管理比率」係作為評估餐廳是否能有效率去運用其現有資產的衡量指標。常見資產管理比率計有應收帳款週轉率及存貨週轉率等多種（**表15-6**、**表15-7**），茲說明如下：

### 表15-6　應收帳款週轉率（Account Receivable Turnover）

| 公式 | 應收帳款週轉率$=\dfrac{銷貨淨額}{平均應收帳款}$<br>$=\dfrac{銷貨淨額}{（上年度應收帳款＋本年度應收帳款）\div 2}$ |
|---|---|
| 說明 | 應收帳款週轉率顯示應收帳款循環的平均次數，週轉率愈高，表示餐廳收現速度愈快，其呆帳風險愈低。最理想為週轉率在10次以上。 |
| 實例 | A餐廳民國100年度資產負債表銷貨淨額360,000，應收帳款38,000，上年度應收帳款為62,000，試問該餐廳應收帳款週轉率多少？ |
| 解析 | 應收帳款週轉率$=\dfrac{360,000}{（62,000+38,000）\div 2}=7.2$<br>〔該餐廳應收帳款週轉率為7.2次。易言之，平均收回天數為50.7天（365天÷7.2），其標準為30～45天，該收款成效有待管理部門再加強〕 |

### 表15-7　存貨週轉率（Inventory Turnover）

| 公式 | 存貨週轉率$=\dfrac{銷貨成本}{平均存貨}$<br>$=\dfrac{銷貨成本}{（上年度存貨＋本年度存貨）\div 2}$ |
|---|---|
| 說明 | 存貨週轉率是顯示餐廳庫房存貨週轉的速度。存貨週轉率愈高，表示出貨速度快、銷售快，唯若太快，可能表示餐廳存貨量不足。一般食品存貨週轉率一年約50～70次；飲料約15～20次左右。 |
| 實例 | A餐廳民國100年財務報表中，銷貨成本2,250,000，食品存貨35,000，上年度食品存貨為55,000，其存貨週轉率為多少？ |

| 解析 | 1.食品存貨週轉率＝$\dfrac{2,250,000}{(55,000+35,000)\div2}$＝50（次）<br>2.通常標準食品存貨週轉率為50〜70次，因此該餐廳存貨週轉率符合標準，經營管理績效佳。<br>3.該餐廳食品存貨週轉天數為7.3天（365天÷50）。 |

## 三、負債管理比率（Debt Management Ratios）

負債管理比率另稱「長期償債能力比率」。如果此項比率愈高，則表示該餐廳無法償付負債的風險愈高。所以銀行在放款時，往往會要求餐廳的負債管理比率不得超出某一定水準。通常業界參考標準為40〜60%。其計算公式有：

### (一)負債比率（Debt Ratio）

$$負債比率＝\frac{負債總額}{資產總額}$$

### (二)負債對股東權益比（D／E）

$$負債對股東權益比＝\frac{負債總額}{股東權益總額}$$

## 四、獲利能力比率

餐廳係一種營利性的餐飲產業，所以其獲利能力為餐廳業者、管理者及股東等人所最關心者。關於餐廳的獲利能力，可藉由收益、費用分析，並配合資產運用效率來加以評估。常見的獲利能力衡量公式計有下列兩種：

## (一)獲利率（**Profit Margin**）

$$獲利率 = \frac{稅後淨利}{銷貨淨額（營業總收入）} \times 100\%$$

（通常餐飲業界的獲利率約5%～15%）

## (二)總資產報酬率（**Return On Total Assets, ROA**）

$$總資產報酬率 = \frac{稅後淨利}{（上年度總資產＋本年度總資產）\div 2} \times 100\%$$

（總資產報酬率可作為衡量餐廳使用所有資產的營運績效，故另稱之為管理效能比率）

### 餐飲小百科

**比率分析的省思**

目前餐飲業財務報表的分析，大部分均藉重流動性比率、資產管理比率、負債管理比率，以及獲利能力比率等各類比率來分析判斷一家餐廳的營運狀況。比率分析是一種非常有效的財務分析工具，唯仍需注意下列幾點，以免誤判或失焦。

1.比率分析所採用的數據，須注意其時間點，不同時間或期間的數據不可誤用，否則所得的資訊將會有誤。
2.比率分析計算時務必要謹慎，力求精確，始具意義。唯此比率僅是冰冷的數據，並不能影響管理的人性面。

## 一、解釋名詞

1. Balance Sheet
2. Current Liability
3. Owner's Equity
4. Income Statement
5. Current Ratio
6. Account Receivable Turnover

## 二、問答題

1. 何謂「財務管理」？試述之。

2. 財務管理的主要功能為何？試述之。

3. 資產負債表為何另稱之為「財務狀況表」？你知道其原因嗎？

4. 一份完整的資產負債表，係由哪三大部分所組合而成？

5. 資產負債表的主要功能有哪些？試述之。

6. 損益表對餐飲經營者有何重要性？試述之。

7. 餐廳財務報表分析的方法有哪些？

8. 何謂「流動性比率」？並請列舉其相關公式兩種。

9. 常見的資產管理比率有哪幾種？試述之。

10. 餐廳負債管理比率之高低，其代表的意義為何？試述之。

# 餐飲成本控制與分析

單元學習目標

- 瞭解餐飲成本控制的重要性
- 瞭解餐飲成本的類別
- 瞭解餐飲成本計算的方法
- 瞭解餐飲成本控制與分析的要領
- 培養餐飲成本分析的能力

餐飲成本控制的主要目的，乃在使餐廳有限的資源能在最經濟有效的運用下，提供顧客最高品質的服務，獲取最大合理的利潤，進而達到餐廳預期的營運目標。這種管理活動要發揮預期的功能，則需透過有效的系列成本控制，否則委實難以竟功。因此，如何防範不當支出之弊端及有效控制成本，乃當今現代餐飲企業經營管理最為重要的課題。本章將分別就餐飲成本控制的意義與範圍、餐飲成本的類別與控制方法，以及餐飲成本之計算與分析，逐節加以介紹，期使讀者對餐飲成本控制能建立基本的正確概念。

#  第一節　餐飲成本控制的意義與範圍

## 一、餐飲成本控制的意義

所謂「餐飲成本控制」，係指對餐飲成本的規定與限制而言。質言之，乃指餐飲企業運用完善的管制系統，將餐飲企業從先前準備、採購、製作生產直至銷售服務之整個營運作業，以系統管理方法作整體的分析與規劃，以避免不必要的耗損與浪費，藉以降低營運成本，並適時作必要即時的修正，以提升餐飲服務質量，確保餐廳有限的各項人力、物力資源，達到最大的效益。

事實上，餐飲成本控制就是一種事前控制、過程控制及事後控制之成本管理系統。尤其強調事前控制，透過此控制系統來掌控整個餐廳營運，確保餐飲質量減少錯誤與耗損，力求降低成本，提升品質，以提供物美價廉產品或服務給顧客，進而提高餐飲市場競爭力與占有率，此乃「餐飲成本控制」的意義與精髓。

## 二、餐飲成本控制的重要性

餐飲成本控制的良窳，不但影響到餐廳的利潤，更影響整個餐飲服務質量與營運的成敗，其重要性不言而喻。謹就其要說明如後：

1.能使餐廳有限資源，在最經濟有效的營運下，發揮最大的邊際效益，進而達到公司預期的營運目標。

2.能及時發現問題並加以適時修正，使餐廳營運避免不必要的浪費與耗損（圖16-1）。

3.成本控制是一種前瞻控制，也是一種預警系統，它可使餐飲管理者事前瞭解並掌控企業營運方針，並可使員工在工作之前即有明確目標，知道如何做，且可防患未然。

4.餐飲成本控制也是一種過程控制，它可使管理者在營運過程中，隨時清楚掌握及檢討修正偏差，減少錯誤之耗損與浪費。

5.餐飲成本控制也是一種事後控制，它可根據營運結果，對已經發生的偏差問題提出修正檢討，進而達到零缺點的高品質服務。

6.餐飲成本控制不但可避免不當支出的弊端，更可提升餐廳的形象與市場競爭力，有利於餐飲市場的重新定位。

**圖16-1　餐廳營運須避免浪費**

三、餐飲成本控制的範圍

　　餐飲管理者為有效控制成本，必須先完全瞭解成本內容與範圍，進而從成本發生部門去加以控制，否則將徒勞無功。餐飲成本控制的範圍係涵蓋整個餐飲營運作業每一環節，由於餐飲作業自採購、驗收、儲存、發放、製備、服務、銷售及結帳等業務均相當繁雜且重要，若不能加以合理規劃事先控制，勢必弊端叢生而招致虧損。因此如何有效管理控制成本，乃刻不容緩當務之急。

四、餐飲成本控制的基本原則

　　餐飲成本控制的基本原則有下列幾項：

(一)須有適當的成本紀錄

　　餐飲管理者在進行成本控制前，必須事先蒐集餐飲同業或公司內有關部門餐飲營運支出的各項報表、單據，如採購進貨單、銷貨憑證、帳單等資料，藉以分析規劃理想標準餐飲成本。

(二)須以成本產生部門為控制對象

　　成本控制最主要的是強調事前的控制，否則等到成本失控發生問題，再來控制已事過境遷，徒勞無功。

(三)須有明確之餐飲組織規章

　　餐飲管理者在進行成本控制前，必須先將營運工作之權責劃分清楚，以確認成本產生部門，始能有效授權並督導考核。

(四)須有標準參模作為成本控制的工具

　　餐飲成本控制是一種對餐飲成本的規定與限制，因此必須有「標準參

成本標準

　　餐飲成本控制是一種事前、過程及事後的控制。為求有效的營運成本控制，務必仰賴一套事先規劃完善且周詳的標準作業成本作為控管的工具。目前餐廳常見的成本控制工具，主要有下列幾種：標準預算、標準採購、標準得利、標準產量、標準分量及標準食譜等積極控管工具。此外，尚有各種服務標準作業、物料管理辦法及各類物品耗損率、遺失率及折舊率等消極面之控管工具。

模」，如標準成本、預算或規則，可用來作為進行成本控制之工具或依據，否則餐飲成本控制將無客觀的評核標準，則此欠缺參模對照之餐飲成本控制，當然也就失去其意義了。

## 五、餐飲成本控制的基本步驟

　　餐飲成本控制的程序，可分為下列四個基本步驟：

### (一)建立成本標準

　　所謂「建立成本標準」，即事先規範限制各項餐飲成本支出的比例。一般而言，菜單食物成本約占餐食售價的三至四成、飲料成本約占一至二成，至於薪資成本約占三成左右。

### (二)記錄實際營運成本

　　餐飲營運所發生的各項費用支出，如採購物料單據、進貨單，以及各項支出憑證的費用金額，均須詳加記錄並建檔存查，以便與原訂的成本標準對照比較，藉以掌握整個餐飲作業流程，並可協助管理者即時發現營運缺失，而予以立即修正改善。

(三)對照與評估

　　根據各項餐飲實際營運成本與事先所建立的成本標準加以對照比較。一般而言，實際營運成本可能會高於或低於所建立的標準成本，此時管理者必須針對此現象進行差異分析探討原因。

　　1.實際成本高於標準成本時，其原因可能有下列幾點：
　　　(1)操作不當。
　　　(2)物料浪費。
　　　(3)餐份不均。
　　　(4)現金短收。
　　　(5)員工偷竊。
　　　(6)進價偏高。
　　　(7)物價上漲。
　　　(8)設備陳舊。
　　2.實際成本低於標準成本時，其原因可能有下列幾點：
　　　(1)操作熟練。
　　　(2)標準分量（**圖16-2**）。
　　　(3)標準作業。
　　　(4)管理良好。
　　　(5)服務良好。
　　　(6)進價合理。
　　　(7)物價下跌。
　　　(8)設備新穎。

(四)修正回饋

　　有效的控制必須能儘早察覺問題，防患未然，及時改進不當缺失或弊端。至於績效的回饋也必須迅速回饋給員工，尤其是原先所設定的標準較高時，將績效回饋給員工知道，遠比設定一個較易達成的標準，或僅要求他們盡力而為更為重要。

**圖16-2　標準分量**

 第二節　餐飲成本的分類

### 一、餐飲成本的意義

所謂「餐飲成本」，係指餐飲業在某一定期間內所生產的菜餚、食品、飲料的原料成本即「直接成本」，以及在生產、銷售營運過程中所支出的相關費用即「間接成本」，此二者費用支出的總和謂之「餐飲成本」。

### 二、餐飲成本的類別

為了學術研究與計畫成本控制，並便於考核餐飲營運管理業績，謹將餐飲成本的類別，分述於後：

## (一)依屬性而分

### ◆直接成本（Direct Cost）

係指餐飲業直接採購物料所支出的資金與交通費用而言。易言之，即所謂的「物料成本」。

### ◆間接成本（Indirect Cost）

係指除了物料成本外，餐飲業在生產行銷餐飲產品等營運管理過程中所耗費占用的資金謂之。如員工薪資、勞健保費、水電瓦斯費、設備器材費、建築設備折舊費、租金、稅金、廣告行銷費、交際費及文具用品費等均屬之。

## (二)依彈性而分

### ◆固定成本（Fixed Cost）

此類成本無論餐廳銷售額多寡，所需支出的費用均固定不變，稱之為「固定成本」，如租金、房屋稅、地價稅、保險費等均屬之。

### ◆半固定成本（Semi-Fixed Cost）

此類成本又稱為「半變動成本」，係指當餐飲產量超過或降到某一範圍，其所需支出的費用即呈階梯形的增減。易言之，此類成本會因產品銷售變動而有所增減，但其增減並不呈正比，例如添購生財器具設備、燃料費、電話費或布巾、洗滌費等。

### ◆變動成本（Variable Cost）

此類成本之增減變化與銷售量的變化係略呈正比例，例如食品物料成本。

## (三)依結構而分

### ◆物料成本（**Material Cost**）

係指餐飲業製作菜餚（**圖16-3**）、食品、飲料等產品的材料成本而言。

### ◆薪資成本（**Compensation Cost**）

係指餐飲生產及營運過程中一切勞務支出費用，如薪津、勞健保費、加班費、退休金、紅利、職級津貼、員工伙食與旅遊津貼等。

### ◆費用成本（**Expense Cost**）

係指餐飲生產銷售及營運管理所需支出的原料、勞務等費用外之其他行政管理費用均屬之，如水電瓦斯費、營業稅、設備折舊、廣告行銷費等。

## (四)依成本分析而分

### ◆實際餐飲成本（**Actual Cost**）

所謂「實際餐飲成本」，係指餐飲經營過程中實際消耗支出的各項原

**圖16-3　物料為餐飲主要成本**

料、工資、費用等成本謂之。此種餐飲成本計算法，雖然可精確計算出實際餐飲成本，不過均是事後結算，無法預先管制。尤其是當發現某期間成本偏高時，想探究原因也緩不濟急，且事過境遷，很難即時找出原委加以防範修正，此為最大缺點。

### ◆標準餐飲成本（Standard Cost）

所謂「標準餐飲成本」，係指自物料採購、驗收、儲存、發放、製備、烹調，一直到餐廳外場銷售服務及結帳等餐飲作業流程中，就每一環節預先擬訂出在正常和高效率標準作業下的理想標準成本，並以此標準作為管制比較實際成本之參模。

(五)依成本控制而分

### ◆可控成本（Controllable Cost）

所謂「可控成本」，係指在短期間內，餐飲成本管制人員能加以控制或改變數額的成本。就餐飲成本而言，如食品飲料的材料成本、變動成本或半變動成本均屬可控成本。此外，某些費用成本如辦公費、行政費、差旅費、廣告費也屬可控成本。

### ◆不可控成本（Uncontrollable Cost）

所謂「不可控成本」，係指在短期內，餐飲成本管制人員無法改變或難以改變的成本，例如維修費、折舊費、利息支出、編制內職工固定薪資等均屬之。

## 第三節　餐飲成本的計算方法

餐飲成本之計算主要係以餐飲食品原料直接成本為主要探討範疇，因為餐飲成本之支出係以食品物料費用支出為最大宗，而此物料成本控制也是餐飲成本控制與餐飲管理之主軸，因此通常所謂的餐飲成本，大部分係指此直接成本而言。

## 一、餐廳食品原料成本計算的方法

餐廳食品原料至少每月會定期盤點一次，有些較小型的餐廳，因為物料不多，係採取每日或每週盤點。至於大型餐廳或觀光旅館餐廳，通常是每月月底定期盤點，以利成本控制。餐廳食品原料成本計算方法說明如下：

### (一)餐廳食品原料成本的計算

### ◆公式

食品原料成本＝期初存貨＋本月進貨－期末存貨±成本調整額－各項扣除額

### ◆說明

1.期初存貨：係指餐廳上個月期末盤點的庫存量。

2.本月進貨：係指餐廳本月進貨量，以及包含其他庫房撥入的物料。

3.期末存貨：係指本月底庫房盤點的庫存量。

4.成本調整額：係指各廚房或各營業單位向其他單位領用，或調撥出去的原料、成品或半成品的成本額，必須在各廚房或各營業單位的成本額中來作加減之調整，如此才可精確地計算出各廚房或各營業單位的淨成本。易言之，各單位如果自其他單位領用物料，須根據直撥物料採購之領料單上之金額加在本單位食品材料成本上作調整；反之，若係轉移物料至其他單位，則應該在本單位食品材料成本上減去該項金額以作調整。

5.各項扣除額：係指本項產品或原料成本，並不是花費在本單位生產營運所需之成本，而是其他業務活動所需或雜項支出，因此不應該計算在對客人銷售的餐飲食品成本項中。例如：

(1)貴賓贈品：客房內贈送住宿房客或貴賓所需的水果、食品（**圖16-4**）等開支，應移轉至推銷費用項下，而非餐廳生產成本。

(2)招待用餐成本：此費用應移轉到營業費用或管理項下。

(3)職工用餐成本：此費用屬人事成本之一，應從餐飲費用成本中減

圖16-4　客房貴賓贈品

去，再將這筆支出分別計入各單位之營業費用或企業管理費用中。

(4)其他雜項扣除：只要與生產銷售無關的成本支出均必須扣除之，並將該費用移轉至相關科目作調整。

◆範例

揚智觀光大飯店西餐廳三月底期末盤點得知庫存貨$50,000元，四月份西餐廚房進貨$100,000元，並且在四月初自酒吧酒庫調撥葡萄酒$24,000元，並提撥牛排$16,000元移轉到咖啡廳，四月底期末盤存得知庫存貨$45,000元，根據四月份營業報表顯示，招待貴賓$20,000元，贈送住店旅行團領隊水果籃$1,000元，試問該飯店西餐廳四月份淨食品原料成本多少？

【解答】

　　$ 50,000元（期初存貨）

＋$100,000元（本月進貨）

＋$ 24,000元（成本調整額）

－$ 16,000元（成本調整額）

－$ 45,000元（期末存貨）

$$-\$\ 20,000元（扣除額）$$
$$-\$\ \ \ 1,000元（扣除額）$$
$$\$\ 92,000元（淨食品原料成本）$$

## (二)餐廳食品原料成本率計算

### ◆公式

【公式1】月食品原料成本率

$$=\frac{月食品原料成本總額}{月銷售總額}\times100\%$$

【公式2】月食品原料成本率＝1－食品毛利率

### ◆說明

　　一般觀光旅館餐廳或大型豪華獨立餐廳均每月定期一次或二次作庫存量盤點，並編製月食品成本和營業分析報表，其中對於每月食品原料成本率與標準成本率均會作差異比較分析，以利成本管制。一般觀光旅館標準食品成本率為35%，如果實際食品成本高於35%，1.5個百分點以上，則須追究其原因；反之，若低於1.5百分點則算是正常。

### ◆範例

　　台北得意餐廳三月份食品原料進貨$150,000元，該月份營運銷售收入為$500,000元，試問：

1.該餐廳三月份食品原料成本率多少？
2.請分析該餐廳食品原料成本控制是否理想？
【解答】
1.食品原料成本率$=\dfrac{150,000}{500,000}\times100\%=30\%$

　食品毛利率$=1-30\%=70\%$
2.該餐廳三月份食品原料成本率為30%，低於標準成本率35%，由此可見

該餐廳食品成本控制相當理想，其毛利率高達70%。

## (三)單項食品淨料成本的計算方法

### ◆公式

【公式1】單項食品淨料成本 $=\dfrac{毛料總值}{淨料重量}$

【公式2】單項食品淨料成本

$$=\dfrac{毛料總值－下腳料總值－廢料總值}{淨料重量}$$

【公式3】單項食品耗損率（廢棄率）

$$=\dfrac{物料耗損重量}{物料（毛料）總重}\times 100\%$$

【公式4】單項食品淨料率（漲縮率、產出率）

$$=\dfrac{淨料重量}{毛料重量}\times 100\% \quad （淨料率＝1－耗損率）$$

【公式5】單項食品的售價

$$=\dfrac{該項食品的成本}{食品成本率}=\dfrac{該項食品的成本}{1－食品毛利率}$$

### ◆說明

1. 毛料：係指採購單位自市場所選購進貨的食品原料，通常這些選購進來的原料並不能直接配菜或作烹調，而須加以處理後才可供烹調使用，這些選購進來未經加工處理的原料稱之為「毛料」。

2. 淨料：係指菜餚或食品的原料，此原料係已歷經初步洗滌、切割或半加工處理完畢，可直接供作烹調食品的材料，也是組成菜餚、食品的直接原料稱之為「淨料」或「標準生產材料」，此淨料成本的高低將直接影響菜餚成本的高低。

3. 下腳料：係指原始材料經初步加工處理後，所切除或捨棄不用的材料，而這些材料仍可作為其他食品之用，它們仍具有相當程度營運銷售之價

值，吾人稱這些材料為「下腳料」。

4.廢料：係指採購進來的原料經初步加工或切割處理後所遺棄不用，但仍可以作為其他下游產業的殘料謂之。

5.毛料經切割處理或初步加工後，若無其他可再利用價值的下腳料或廢料時，可採用公式1，否則應該採用公式2的方式來計算成本，此時應該先由毛料總值扣除這些下腳料總值及廢料總值後，再除以淨料重量，如此才算是合理的食品原料淨料成本。在淨料處理技術相同，原材料規格、質量不變的情形下，原材料的淨料重量與毛料的比例大致不變，如果以這個比例作為標準來計算淨料重量，效率較高也較準確，因此「淨料率法」是成本控制與核算極為重要的一種方法。

◆範例

【例1】烏魚一條重2斤，每斤300元，經過刮鱗、去鰓、除腸，淨得烏魚子0.5斤，烏魚肉得90元，內臟得20元，試求烏魚子每斤成本多少？

$$烏魚子單位成本 = \frac{300（元）\times 2 - 90（元）- 20（元）}{0.5} = \frac{490}{0.5}$$

$$= 980（元／斤）$$

【例2】黃魚一條重2斤，經過刮鱗、去鰓、除腸、剪鰭、洗滌處理後，淨得黃魚1.8斤，試問黃魚淨料率？

$$淨料率 = \frac{1.8斤}{2斤} \times 100\% = 90\%$$

【例3】青椒肉片一客，需上肉0.4斤，每斤120元；青椒0.2斤，每斤20元；油、調味料8元，本產品標準毛利率設定為50%，則青椒肉片一客售價應多少錢？

$$單項食品售價 = \frac{120（元）\times 0.4 + 20（元）\times 0.2 + 8（元）}{1 - 50\%}$$

$$= 120（元）$$

註：單項菜食品成本＝A成分數量×單價＋B成分數量×單價＋C
成分數量×單價……

$$單項食品售價＝\frac{該項食品成本}{食品成本率}＝\frac{該項食品成本}{1－食品毛利率}$$

## 二、餐廳飲料成本計算的方法

飲料成本的計算可分日飲料成本計算與月飲料成本計算等兩種方法，謹就其計算公式分述如下：

### (一)日飲料成本計算公式

【公式1】 發料量＝各種飲料標準儲存量－庫存量

【公式2】 發料額＝每瓶進價成本×各種飲料發料瓶數

【公式3】 日飲料成本淨額＝飲料消耗總額±成本調整額－各項扣除額

【公式4】 本日飲料發料額
＋轉入飲料成本額
－移出飲料成本額
－招待用飲料成本
───────────
日飲料成本淨額

### (二)月飲料成本計算方法

月飲料成本與日飲料成本在計算方法上大同小異，唯一不同的是，月飲料成本計算須特別強調庫存盤點，也同時需要對各餐廳、酒吧所儲存的飲料予以盤點。

期末盤點除了要清點各種飲料、酒水的瓶罐數量外，對於不滿整瓶的結存量也要加以估計其剩餘量之價值或稱重量，來估計其殘存量，再核算為金額，以利精確計算出其成本。謹將月飲料成本計算方法以公式表示如下：

期初庫存額
＋本月採購額

```
  一期末總庫存額
  土調整額
  一各項扣除額
 ─────────────
  飲料淨成本額
```

## 三、餐廳產品價格與毛利率、成本率及利潤率的計算

目前大部分餐廳在計算餐飲產品的生產成本時，通常所強調的是直接成本——物料成本，而未將勞務成本與費用涵蓋在內，最主要原因是，若將薪資與費用成本分攤至每月菜餚或食品成本時的確相當困難，事實上也不容易做到，因此一般所謂餐飲食品成本均係指直接成本的原料成本而言。

不過，為達到餐飲成本控制的目的，大部分餐廳在擬訂價格時，均會將其標準成本率、標準毛利率與標準利潤率明確訂定出來，以作為該餐廳營運管制的目標。吾人深知，餐飲產品的毛利就是產品售價減去產品原料成本，毛利減去各項費用支出與稅金即為純利，也就是所謂的利潤。以公式表示則分別為：

【公式1】毛利＝產品售價－產品原料成本
【公式2】利潤＝毛利－（費用＋稅金）

此外，毛利與銷售價格之比稱為銷售毛利率，毛利與銷售成本之比例則稱為成本毛利率。同樣的產品利潤與產品成本之比稱為成本利潤率，產品利潤與產品銷售價格之比則稱為銷售利潤率。以公式表示則分別為：

【公式3】銷售毛利率＝$\dfrac{產品毛利}{產品售價}×100\%$

【公式4】成本毛利率＝$\dfrac{產品毛利}{銷售成本}×100\%$

【公式5】毛利率＋成本率＝1
【公式6】毛利率－費用率－稅率＝利潤率

## 第四節 餐飲成本分析研究

　　餐飲成本控制不僅關係到餐廳產品的規格、質量與售價，更影響到整個餐廳營運收入與成敗。雖然每家餐廳性質不一，營運項目也不同，但無論國內外任何現代企業化經營的餐廳，均以目標管理作為其餐飲成本控制的主要理論基礎。為達餐廳預期營運目標，必須先設定標準利潤率，或稱「目標利潤率」，通常係以餐廳總投資額的20%為標準，再據以決定標準成本、標準毛利與銷售價格。

　　為求有效管制整個餐廳營運活動，使其達到預期目標利潤，餐廳管理者必須事先擬定一套標準化作業，在生產或服務過程中，均應隨時注意對照比較實際操作成本與原訂標準成本二者間之差異，並即時予以評估分析。如果實際成本與標準成本之差異在1%～1.5%之間，可算是正常，假如超過此數據，則需要追究其原因，適時修正回饋，此乃當今世界各國餐飲成本控制分析之主要理論架構模式。謹將餐飲成本的結構與特性，以及產生成本差異的原因及控制方法，分述於後：

### 一、餐飲成本的結構分析

#### (一)物料成本

　　係指餐廳製備菜餚、食品、飲料等產品所需的食品、飲料材料成本，此項成本又稱為直接成本，這是餐廳費用支出最多，也是最主要的營運成本。通常高級餐廳原料成本約占總成本的30%～40%。至於一般餐廳則可能占總成本的50%～60%，所以是項成本之控制乃當今餐飲成本控制之主軸，唯最好控管在50%以下。

## (二)薪資成本

係指餐廳的人事成本而言，如餐廳在生產營運過程當中有關的一切勞務支出費用，例如薪資、工資、加班費、福利、勞健保費、退休金等均屬之。此項成本約占餐飲成本的20%～30%左右。

## (三)費用成本

係指餐廳在生產銷售及營運管理所需支付的原料成本、薪資勞務成本費用外的其他費用支出均屬之，如行政管理費、稅金、租金、水電瓦斯等費用。此項成本與薪資成本一樣，約占餐飲總成本的20%～30%。唯最好控管在10%左右較理想。

## 二、餐飲成本的特性分析

### (一)變動成本所占比例較大

餐廳營運所支出的費用當中，以食品飲料材料此類變動成本所占的比例最大。這些成本之增減變化係隨餐廳產品銷售量之增減而呈正比例的變動。易言之，觀光旅館餐飲部的價格折扣幅度，無法像客房部房價折扣那麼大。

### (二)可控成本所占比例較大

所謂「可控成本」，係指管制人員能加以控制，或改變費用支出數額的餐廳營運成本。餐飲部門除營運所需的設備維修修繕費、折舊費、利息支出及編制內員工固定工資外，其餘費用支出如物料成本（**圖16-5**）、食品飲料成本，大部分均能透過餐飲成本管制人員來加以有效監控管制，且此類成本費用占餐飲成本支出很大比例，因而此類成本控制的好壞，將影響整個餐廳營運的成敗。

事實上，餐飲成本控制，最主要的乃係針對餐飲成本比例甚大的可控成本如食品、飲料、原料等直接成本而言。

**圖16-5　物料成本為可控成本的最大宗**

### (三)餐飲產銷過程複雜，成本漏失點多

　　餐飲成本係包括餐飲部門整個營運操作過程中所需的任何開銷支出。易言之，自菜單設計、原料採購、驗收、儲存、發料、加工切配、餐飲烹調製備、餐飲服務、餐飲行銷、行銷控制及成本核算等環節，其過程甚繁雜且息息相關。

　　上述任一環節，若工作人員不負責任，工作怠惰，稍有疏失而控制不當，將極易招致餐飲成本及物料折損浪費，甚至影響整個餐飲的服務質量與營運成敗，因此餐飲成本的控制，對餐飲管理者而言是相當的重要。

## 三、餐飲成本差異原因分析

　　餐飲業所重視的餐飲成本控制分析，主要是針對實際操作成本與標準成本的比較，就兩者間之差異額來進行分析。如果差異額比例未達1%尚屬正常範圍，稍加注意即可；反之，若超過太多，則須追究造成此餐飲成本差異的部門與負責人的責任，藉以及時發現問題進而解決問題，以強化措施來加強

該環節的控制。謹將餐廳餐飲成本控制各環節所產生成本差異的主要原因摘述如下：

## (一)庫房庫存量短缺差異原因分析

1. 採購、驗收人員對新進物料的品名數量控制不嚴，以少報多，以劣級品充當高級品，會使庫房原料損耗率增加。
2. 物料剛驗收完，尚未及時發放入庫而被竊取，也會造成庫房耗損量增加。
3. 倉庫設施儲存管理控制不當，也會造成物料損耗失竊或員工私用浪費。
4. 物料發放控制不嚴，致使發料量超過領料單數額，也會造成庫存量短缺。

## (二)餐廳餐飲成本差異原因分析

1. 直撥廚房的採購物料或自庫房領用的物料，如果當初在驗收時未加注意，致使數量短缺或品質規格不符，均會造成廚房用料成本的增加及耗損率提高。
2. 廚房庫房管理若不嚴謹或庫房未上鎖，極可能物料會被員工私用或偷竊，同時廚房庫存品管理不善，也容易腐壞或損壞，凡此均會引起餐飲成本的增加。
3. 生產管理欠缺標準化作業，如標準分量、標準食譜、標準規格與刀工切割，均容易造成物料浪費及成本耗損。

## (三)餐廳銷售管理差異原因分析

1. 餐飲服務人員若對高價位高毛利的菜單或飲料推銷不力，致使毛利低的菜餚所占比例偏高，則會導致餐飲成本率的提升。
2. 影響餐飲營業收入高低的主要因素有二，即顧客人數與平均消費額多寡。因此當顧客人數或平均消費額減少，均會引起餐飲成本的增加，所以餐廳要想降低成本，提升餐飲毛利，就必須要加強來客數及平均客單價等餐飲的行銷與銷售管理。

(四)餐廳員工用餐成本控制差異原因分析

餐廳員工用餐成本若不加以控制，將會使食品飲料總消耗量徒增，同時員工用餐費用也會大幅提升。如果不加以嚴格規定平均每位職工每天用餐的標準成本而予以控制，極可能會使實際用餐成本，或超額部分被轉入客人用餐成本當中，此乃造成餐飲部餐飲成本增加的原因。

#  第五節　餐飲成本控制的方法

經由餐飲成本分析，瞭解產生餐飲成本差異原因之後，餐飲管理者應立即著手研擬如何予以修正，並提出有效的成本控制方法，期使餐廳營運能順利達到預期目標。謹就餐飲成本控制的方法臚列於後：

## 一、餐飲直接成本的控制方法

餐飲管理者可運用各種標準、制度、表格或激勵等方法，自下列各方面來著手：

### (一)菜單設計方面

菜單設計時除了要考慮廚房烹調設備外，尚須兼顧每道菜餚製備時所需的人力、時間、原料、數量及供需情形，因此菜單設計時，須慎重考慮菜色種類和數量，以免影響標準單價及標準成本（**圖16-6**）。

### (二)倉儲採購方面

原料採購方面要注意標準規格、合宜安全數量、合理進價，以免因數量過多，造成浪費、資金閒置及物料變質，尤其是生鮮食品尤最，也不至於因數量不足或採購品質不佳，而影響食物的生產與服務質量。

特上握壽司 七貫
320元

花卷壽司 四貫
160元

鰻太卷壽司 四貫
160元

握壽司 六貫
180元

鮭魚卵軍艦壽司

稻荷壽司

圖16-6　菜單設計須考慮菜色種類及單價

### (三)餐飲製備方面

為確保餐飲品質及做好成本控制，餐廳在餐飲製備上應訂有一套標準化作業，如標準食譜、標準分量、標準耗損額，以避免因人為疏忽，而造成食物原料的浪費以及成本的增加。

### (四)服務銷售方面

餐飲服務人員應事先加以教育訓練，妥善規劃餐飲服務作業流程，激勵並指導其如何以正確方法來促銷低成本高毛利的菜餚與飲料，同時使其能正確使用標準容器或器皿，來為客人提供迅速親切的服務。此外，對於餐廳銷售量與廚房出貨量，均應詳加記錄並予核對，以確實掌握餐飲銷售服務之成本控制。

## 二、餐飲間接成本的控制方法

所謂「間接成本」，係指餐飲生產銷售過程中，除了食品原料材料成本

外，所需支出的費用謂之。此類成本主要可區分為人事薪資成本與營運經常費用等兩大項。謹就此兩大項成本控制的方法摘述於後：

## (一)人事薪資成本的控制方法

所謂「人事薪資成本控制」，並非意指控制壓低給付員工的薪資，而是指在健全的人事制度編制下，加強培訓餐飲專業人才，以精簡優秀人力，透過標準化、自動化生產作業及工作簡化方法，來提升餐飲工作效率與生產率，減少無謂人事費用支出，增進餐飲營運收入，此乃餐飲人事薪資成本控制的真諦。

### ◆健全人事，安定員工

餐飲業是一個服務性的行業，唯有健全的人事制度才能穩定員工、激勵員工、提高工作效率與服務品質，如果員工無法安心工作或士氣低落，不但生產率難以提升，甚至也無法提供顧客滿意的服務，這不但會影響餐廳銷售收入，也會造成餐廳許多物料、器皿，甚至設備遭受到人為因素之耗損或浪費，這些不但會影響人事費用徒增，也會造成其他費用支出的增加。

### ◆精簡人力，加強培訓

餐飲從業人員如果缺乏專業訓練，不諳接待禮儀與服務技巧，即使餐廳設備裝潢如何高雅華麗、菜餚如何美味可口，不但無法帶給客人溫馨舒適的感覺，反而極可能由於服務人員因訓練不足或工作經驗缺乏，而遭致顧客反感或抱怨。反觀，一位訓練有素、經驗豐富的優秀餐飲從業人員，不但一人可充抵數人用，節省用人人數，且能贏得客人好評與激賞，所以企業化經營的餐廳，非常重視人力的培訓，實施新進人員的職前訓練與現職員工的在職訓練，以提升其正式編制固定員工的素質與能力。

### ◆實施標準化作業

擬訂標準化作業、簡化工作，並依據服務員每小時服務顧客數量，或每小時服務餐份數來決定標準生產率，以供將來排班及計算標準工時與工資之參考，藉以提升工作效率，精簡人力。

### ◆彈性排班，重點支援

餐廳人員排班與人力培訓，主要係依據其經營方針與營運風格而定。基本上，彈性排班應考慮餐廳每日營業量與工作時數是否恰當，以免影響工作及服務品質。另方面可以視實際工作需要，將正式編制之固定職工與臨時職工相互搭配，配合餐廳用餐人潮多寡，機動調節上班時間，以配合餐廳之營運，謂之「彈性排班」。目前最常見的餐廳彈性排班方式有重點排班、兩頭班、半天班、機動調班等四種（**表16-1**）。茲詳述如下：

1. 重點排班：係指將餐廳大部分從業人員均集中在餐廳營業的尖峰時段，以利紓解人潮，相互支援。一般餐廳尖峰時段均分別在早餐、中餐與晚餐為多，少部分以宵夜為主的餐廳如夜總會、酒吧等，其重點時段則應以宵夜時段為主。

**表16-1　彈性排班輪值表**

| 班別 | 姓名 | 時間 |
|------|------|------|
| | | 5　6　7　8　9　10　11　12　13　14　15　16　17　18　19　20　21　22　23　24 |
| 重點排班 | 服務員一 | ←————————————→（5～12） |
| | 服務員二 | 　←————————————→（6～13） |
| | 服務員三 | 　　　←————————————→（9～17） |
| | 服務員四 | 　　　←————————————→（9～18） |
| 半天班 | 服務員五 | 　　　←——————→（9～12） |
| | 服務員六 | 　←——————→　　　←——————→（6～11；15～19） |
| 兩頭班 | 服務員七 | 　　　　　　←————→（15～18） |
| | 服務員八 | 　　　←——————→　　　←——————→（9～12；15～20） |
| 機動調班 | 服務員九 | 　　　←————————————→（9～20） |
| | 服務員十 | 　　　　←————————————→（11～19） |
| | 服務員十一 | 　　　　　←————————————→（14～21） |
| | 服務員十二 | 　　　　←————————————→（11～18） |

2. 兩頭班：係指餐廳將其員工的工作時間分別集中在上、下午兩個時段，如午餐與晚餐時間，中間則留有空班時間可供員工休息，此排班方式比較適合於廚房工作人員。

3. 半天班：係指員工上班時間一半，僅上班四小時，至於上班時間，乃視餐廳營運需要而調配，如早餐班、午餐班或晚餐班（**圖16-7**）。

4. 機動調班：係指餐廳為充分運用人力資源，精簡人力，乃利用尖峰時段外的較空閒時間，將餐廳員工調到其他工作較忙的單位去幫忙協助，如餐務整理、器皿保養、庫房整理等工作。

5. 其他：有些餐廳為配合特殊時段工作需要，如旺季的喜宴、尾牙、年會等宴會活動，須大量員工連續上班數星期，無休假又得日夜加班，因此須事先儲備人力，以應此特殊宴會活動工作之需。

## (二)營運經常費的控制方法

餐飲成本支出除了食品原料成本與人事薪資成本外，尚有水電瓦斯費、設備維修折舊費、租稅金，以及各項文具用品、餐具器皿等消耗品及生財器

**圖16-7　餐廳排班須配合營運時段**

具等費用成本支出，雖然這些項目單價不高，但由於數量為數甚龐大，尤其是這些布巾、餐具、日用品、印刷品及文具紙張等消耗品，因分散在餐廳各角落，且體積小更容易失竊，若沒有妥善管理，必定會徒增許多費用支出，此無形的損失相當可觀。謹將主要經常費的控制方法介紹如下：

## ◆水電瓦斯費用的控制方法

1. 加強員工訓練，培養良好工作習慣，養成隨手關瓦斯、關燈、關水之良好工作安全習慣。雖然只是舉手之勞的小事，但是假如不加以控制，日積月累的結果，此水電瓦斯等燃料水電費之開支卻相當可觀。
2. 儘量採用節約能源的燈具及相關設備。目前市面上許多新產品能有效節約能源，因此對於較耗費能源的器皿設備應有計畫地予以汰舊換新。

## ◆設備維護費與折舊率的控制方法

餐廳應加強員工職前與在職訓練，使其熟練正確的操作方法及保養維護要領，不但可維護正常生產率，並可延緩設備器材的使用年限。

## ◆餐廳物料用品及消耗品的控制方法

餐廳所需物料用品及消耗品種類繁多，數量龐大，均遍布分散在餐廳各角落，雖然這些東西單價成本不高，如果不加以妥善管理，必定會徒增許多費用成本。

這些物料用品及消耗品的管理，最重要應先訂定物料用品補充耗損的管理辦法。例如將這些用品先予以分類編號管制，如布巾類、日用品類、餐廳用具類、廚房餐具類、水電燃料類與器材維修類等，並規定這些物料消耗定額、遺失率、破損率、補充量、耐用年限及安全使用量，加以嚴格管制，如果超過許可範圍或無廢品舊品可繳回時，則要求全額賠償；反之，若在規定許可範圍內如0.6%～1%之內，則只要繳回舊品換新品即可。由於上述物料用品類別不同，性質互異，因此用品的消耗定額也不盡相同，所以必須分別制定「標準消耗定額」，此點應特別注意。

## 一、解釋名詞

1. Direct Cost

2. Fixed Cost

3. Variable Cost

4. Compensation Cost

5. Standard Cost

6. Expense Cost

7. Uncontrollable Cost

8. Material Cost

## 二、問答題

1. 何謂「餐飲成本控制」？並請摘述其重要性。

2. 餐飲成本控制的程序與步驟，你知道嗎？請想一想。

3. 當你發現餐飲實際成本支出遠高於原訂的標準成本時，請問其可能原因為何？

4. 餐飲成本以彈性而分，可分為哪幾種？試述之。

5. 餐飲成本結構主要可分為哪三大類成本？試述之。

6. 餐飲成本具有哪些特性？試述之。

7. 如果你是餐飲管理專家，請問你將會採取何種方法來有效控管餐飲直接成本？

8. 餐廳人事成本居高不下，你認為餐廳經理該採取何種方法或措施來降低人事成本呢？

9. 如何有效控管餐廳消耗性備品的浪費？試述己見。

10. 揚智餐廳採購羊腿10公斤，每公斤成本新台幣300元，經切割去筋、去脂及去骨後，共剩8公斤。試問此羊腿的耗損率及淨料率為多少？

# 第三篇
## 二十一世紀餐飲業的發展趨勢

現代餐飲業在經營管理所面臨的課題

單元學習目標

- 瞭解現代餐飲業營運所面臨的環境問題
- 瞭解現代餐飲消費市場的變遷
- 瞭解目前餐飲營運所遭遇問題之解決方法
- 瞭解現代餐飲企業的社會責任
- 培養良好的餐飲經營管理能力

　　隨著時代的變遷，社會環境的改變，人們生活價值觀與消費型態也轉變，再加上資訊科技之衝擊與競爭市場之壓力，今日的餐飲業正面臨著前所未有的挑戰與經營管理上的問題。餐飲業者與所有從業人員務必拋開昔日的舊思維，以積極審慎的態度與前瞻性之眼光來面對此問題，尋求永續經營之道。謹將餐飲業經營管理上所遭遇的問題，分節逐加探討。

# 第一節　餐飲業經營環境的問題

　　餐飲企業為創造獨特的營運特色，提供顧客美好的體驗，務必要在服務產品、服務環境及服務傳遞系統等方面，針對其經營環境及目標市場顧客群之偏好或習性來規劃設計。易言之，餐飲企業的服務策略須先檢視其內外經營環境之變遷，再針對顧客需求而加以適時修正不斷調整，始能創造完美的顧客經驗。謹就現代餐飲企業營運所面臨的內部與外部環境問題，予以說明如後：

## 一、外部經營環境的問題

　　外部經營環境所面臨的問題，餐飲業者除了應就社會、科技、經濟與政府政策等層面考量外，尚需就其競爭環境所面臨的壓力來分析。

### (一)經濟不景氣，物價上漲，房租增加

　　由於全球經濟不景氣，經濟成長趨緩，再加上國際油價居高不下，使得物價不斷上漲，原料成本遞增，各項費用支出也相對地大幅激增。此外，消費者可支用消費支出卻不斷下滑。使得餐飲業不敢貿然提高售價。因此，餐飲業的經營須有效地做好成本控制，如物料管理、採購管理。此外，房租費用最好控制在餐廳總成本的8%～10%較理想，絕對不可超過總成本的20%，否則勢必造成虧損，將無利潤可圖。

## (二)環保意識崛起，企業社會責任之分擔

　　綠建築、綠標誌已成為現代餐飲企業之新興形象標籤。餐飲業者須加強能源管理、廢棄物之處理及汙水之排放管理，須共同分擔社會淨化環境、保護環境之責任。上述各項環保設施及設備之改善費用，對業者而言是一項很大的壓力。

　　例如：汙水排放需先經過截油槽後，始可排放到下水道；餐廳廚房油煙也需經油煙濾網處理後，始可排放到室外，否則將會違反環保法令而遭受取締。

　　早期餐飲企業的管理者，認為其社會責任是追求消費者及其公司股東的最大權益，並認為將餐飲企業資源用在「社會公益」是在浪費公司資金，徒增營運成本並減少股東及其消費者的利益。唯現代社會對餐飲企業的觀點及期望已有重大改變，認為餐飲企業不僅是追求利潤，而應兼顧保護與增進社會福祉，並以實際行動來購買該企業的產品服務，以支持該企業的存在。因此二十一世紀的餐飲企業，已開始正視它們所該負起的企業社會責任，如照顧弱勢團體、聘僱殘障人士或贊助公益活動等，均是現代餐飲企業對環境變動的一種回應。

## (三)餐飲市場消費型態的轉變

### ◆消費者的需求多樣化

　　年輕新貴上餐館並非完全為求填飽果腹而已，有些是為追求感官刺激與享受，有些是為滿足時尚需求或精神上的享受。因此，餐飲業者須針對其主要目標市場消費者之需求與偏好來研發具有特色的吸引力產品服務，以滿足消費者多樣化的需求。

### ◆重視餐飲服務品質，講究用餐環境氣氛

　　目前消費者生活價值觀改變，對餐飲品質之要求愈來愈高，他們懂得何謂「物超所值」。因此餐飲業者務必要調整往昔促銷之舊思維，要正視此世代消費者之價值觀，從產品精緻化（**圖17-1**）、服務人性化來加強營運管理。

圖17-1　餐飲產品力求精緻化

◆**重視健康美食與全方位之享受**

現代消費者十分重視健康美容養生，尤其是年長者或女性消費者，對於天然食品特別情有獨鍾。此外，更希望有提供加值服務之全方位享受，以滿足其多元化需求。

◆**重視精緻化、人性化的溫馨服務**

現代消費者除了對於健康美食之熱衷外，更重視進餐情境之氣氛與專注的親切服務，對於無形產品之需求大於有形產品。因此，餐飲業者除了須設法改善進餐環境之氣氛外，更要加強員工的培訓，培養服務人員的正確理念、態度與專精的實務運作能力。

◆**「一價吃到飽」的歐式自助餐供食方式**

由於經濟不景氣，工作賺錢不易，此類型供食方式之餐廳，深受一般消費大眾所喜愛。因此，餐飲業者須能靈活運用「價格策略」，提供各種不同價格的套裝組合產品，以滿足M型社會消費需求。

## (四)餐飲市場已逐漸進入完全競爭市場

現代化、大型化、國際性餐飲連鎖企業不斷登陸,目前國內餐飲連鎖企業正不斷成長,挾其雄厚資源與優勢行銷策略已搶占不少餐飲市場,未來獨立餐廳或本土化加盟連鎖企業,如果未做好市場區隔,或未在產品上力求創新改良,未來發展空間將愈來愈小,甚至會遭受市場淘汰。

例如:美國餐飲連鎖企業,如麥當勞、肯德基及星期五餐廳在民國73年之後即陸續進駐台灣;中國大陸知名餐飲集團如「俏江南」等美食特色餐廳也正式在台營業。

## (五)資訊科技及網際網路的衝擊

消費者之需求多樣化,但其共同需求為服務品質要求高,希望在最短的時間得到最溫馨、親切的服務,如餐食品質要鮮美可口衛生,購買要方便,不必排隊等候太久,因此,部分餐飲業者不惜鉅資採用電腦資訊科技於餐廳網路訂位與生產作業服務上。

目前許多餐廳都採用「銷售點作業」(Point of Sale, POS)系統,服務人員手持「個人數位助理」(Personal Digital Assistant, PDA)點菜設備,只要輕輕一按,廚房、吧檯、櫃檯出納均會出現點菜的內容,使餐廳服務與生產效率大為提升,且餐後結帳更迅速,不必讓客人無謂的等候太久。由於此類新科技需事先人員教育訓練與作業整合,其汰舊換新又快,對於餐飲經營者而言,其衝擊之大,自不待言。

## 二、內部經營環境的問題

餐飲企業若想在二十一世紀競爭激烈的環境中倖存,而免於遭受淘汰之命運,如果不能在「價格」上取勝,便是要以「服務」致勝。然而目前餐飲成本不斷上升,並壓縮餐飲獲利空間,除非做好成本控制,否則將無法在價格上來取勝;至於服務,若無優質人力資源來提供即時、親切與便利的個人化服務,則難以奢言創造美好的顧客經驗。因此,介於上述兩極端之間的大

眾餐飲企業,在未來的營運環境將面對巨大的挑戰。謹針對目前餐飲企業內部經營環境所面臨的問題,摘述如後:

## (一)人力短缺,人事流動率高;人力素質待提升

餐飲工作大部分為操作性工作(**圖17-2**),大多是屬於站立式或走動式的工作,其工作之辛勞可想而知。由於工時長、工作重,若非體力好、具服務熱忱、個性開朗、具正確工作價值觀之餐飲從業人員,恐不易勝任。因而餐飲業基層人力之流動率相當高,對於餐飲經營者而言是一種損失,也是一種警訊。因為人事流動率愈高,企業內部營運將會愈艱難,服務品質也會受影響。人事流動率的高低可作為餐飲企業營運評鑑的指標。

因此,餐飲管理者須能體恤並善待員工,唯有員工滿意才能令顧客滿意;唯有快樂的員工,才有快樂的顧客,因為員工才是真正站在第一線的服務人員。餐飲業可採用下列措施來降低人事流動率:

1.加強人力培訓,如輪調式交叉訓練,一人可兼多種工作。
2.以自動化設備來替代人力之不足。

**圖17-2　餐飲工作大部分為操作性工作**

3.採用輪班制,避免固定班之勞力過度負擔。

4.善待員工,增加員工福利,以及升遷、進修管道與機會。

## (二)營運成本增加,壓縮獲利空間

餐飲業主要成本為食物成本和人事成本此兩大項,為了獲取合理的投資報酬率,主要成本必須控制在營業額的60%～65%之內。

美國餐飲協會(NRA)在其餐館營運刊物中指出,若以經營一家休閒義大利餐廳而言,其成本控制須落在下列區間:

1.人事成本20%～24%。

2.食物成本28%～32%。

3.飲料成本18%～24%。

一般而言,人事成本往往是餐廳最大項的支出,愈高級的豪華餐廳其人事成本愈高,可達30%～35%;家庭式餐廳或各國料理、中西餐廳人事成本約22%～26%;至於速食店人事成本可降到16%～18%。

目前國內員工薪資成本逐年提升,再加上勞工退休撫恤法令之實施,使得原已負擔沉重的員工薪資成本,更是雪上加霜。此外,由於社會經濟不景氣,物價又上漲,通貨膨脹之壓力,使得物料成本又大幅提高,各項費用之支出相對地增加,餐飲業經營環境之困頓與營運壓力之大,可想而知。

## (三)房租及房價上漲,商圈店面難求

餐飲市場競爭激烈,商圈據點可謂一店難求,再加上同業競爭,為達開店目標,不惜互挖商圈門市,也推波助瀾使得房價節節升高。餐飲業往往因租金支出太高而導致週轉不靈者,為數不少。有時候由於營運績效不錯,生意興隆,卻引起屋主以各種理由擬提高租金或租期屆滿要收回之困擾。

餐廳開店地點的選擇係以目標消費群聚集的地方為訴求。此外,大都會的次商圈並不如次都會的主商圈有吸引力,房租價格也較合理。

(四)服務品質不穩，欠缺標準化作業

　　餐飲業從業人員由於缺乏一套完整周詳的「標準作業流程」（SOP）的教育與訓練，因此餐飲服務人員在整個餐飲生產製備及銷售服務上，往往無法提供顧客一致性水準的等值服務，再加上消費者本身的個別差異需求與主觀認知價值之不同，使得餐飲品質之控管益加困難。對於一家現代化餐飲企業而言，「標準化作業」能否順利貫徹執行，乃其營運品質穩定與否之關鍵因素。

(五)欠缺餐飲企業文化

　　所謂「企業文化」，係指餐飲企業組織的經營理念、行事風格、意識形態、價值觀、態度、信念及服務標準等交織而成的集合體。它也是餐飲組織成員在職場工作時的行為與思考模式。此企業文化不但受其組織成員之影響，也會影響其成員。

　　因此，卓越的餐飲經理人，會費神來建立「一切由顧客開始，一切由顧客作為終點的服務文化」，並傳達此企業文化，使員工知道該如何善待顧客及同事，如禮貌、熱心、效率及專注等企業價值觀與行事風格。當企業文化

餐飲小百科

GSP金牌服務認證

　　經濟部商業司為提升國內商業服務品質，使國內產業能達全球品牌之願景，乃在西元2004年即開始推動「優良服務」（Good Service Practice, GSP）的標章認證。

　　國內服務業者的標準作業，只要符合政府所訂定的「優良服務作業規範」，即可獲得GSP的金牌服務認證。事實上，此項服務認證乃在消除顧客的風險知覺，並滿足顧客三個願望：透明的價格、能放心購買及能多元的選擇。

深植員工內心後，員工將會主動認同並自我期許來達到此規範，而毋須再仰賴制式的管理及命令。屆時，此卓越的餐飲企業服務文化，將會成為餐飲企業在市場競爭的核心能力。

 # 第二節　餐飲業營運所衍生的問題

　　餐飲業經營管理除了面臨內外經營環境變化之壓力外，事實上也衍生不少令人詬病或違反法令規章之問題，如餐飲安全衛生、妨礙社區安寧及消防安全等問題。為避免影響餐飲業的營運發展，餐飲管理者務須正視此類相關課題，並事先做好周全的準備以防患未然。謹就目前餐飲業營運所衍生的問題，擇其要摘述如後：

## 一、未善盡保護消費者權益，罔顧社會安危之責

　　餐廳所發生的意外事件當中，最為嚴重者首推火災及食物中毒事件。究其原因，大部分乃由於人為疏失所造成，如果管理完善，維護良好，遵循「消防法」及「食品衛生管理法」等法規所訂定的各項標準與規範來操作，上述不幸事件是可以避免的。其有效因應措施分述如下：

### (一)火災事件的防範與應變措施

1. 依據「消防法」規定，營業公共場所必須要符合消防安全之設備檢查，每年兩次消防安檢，以確保營運場所之安全。
2. 餐廳、廚房需有完善消防設備（圖17-3）與防火措施，如自動火警警報器、自動灑水器、緊急安全逃生門梯、安全疏散圖以及各式消防器材。
3. 平時多加強全體員工的教育訓練，培養其防火、防災概念，並做好消防演練，以免一旦火警發生而驚慌失措，甚至造成人員與財產不必要的損傷。
4. 餐廳室內裝潢一米以上高度，禁止使用易燃建材，窗簾需有防火標示。

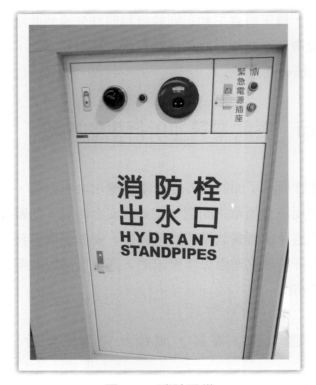

圖17-3　消防設備

5.滅火救災的黃金時間，為火災剛發生時最初的三至五分鐘，此時段所採取的滅火緊急行動最有效，也最為重要。若無法自行滅火，則需立即報警、廣播、協助疏散顧客。

6.防火勝於救火，防災勝於救災，餐飲管理者須有此正確體認與危機意識，始能有效防患未然。

(二)食品中毒事件與餐飲安全衛生的防範及管理措施

為提升餐飲安全衛生服務品質，維護消費者的權益，經營管理者務必加強下列幾項措施：

1.落實「危害分析重要管制點」（HACCP）的管理制度系統，建立食品安全管制標準。

2.加強員工餐飲衛生教育，培養良好安全衛生工作習慣。餐飲管理者每年

應定期舉辦員工餐飲安全衛生講習，期以培養員工個人衛生保健觀念，進而培養良好衛生安全工作習慣。

3. 提供員工一個安全無虞的良好工作環境，例如：適當空間格局規劃、分區明確、作業動線流暢、良好採光與通風等均是。

4. 餐飲業者須依食品良好衛生規範，自我訂定一套食品安全衛生管制的標準化作業，並嚴加控管，以提升產品安全衛生水準。

5. 為落實我國餐飲安全衛生之管理，除了有賴餐飲業者本身努力外，更須仰賴政府各級主管機關依其權責嚴加督導查核，對於績優業者予以公開表揚獎勵，而績效不彰或違反相關餐飲法令者，則視情節輕重予以警告、罰鍰處分，至於情節重大者，則依法勒令歇業或吊銷營業執照，以彰顯公權力維護餐飲安全衛生之精神。

### (三)濫用食品添加物、販賣黑心餐飲產品

有少數業者為避免食品腐敗或增加食材口感，而使用已被禁用且毒性強的硼砂（俗稱冰西）於香腸、火腿、魚丸或油條等食物。此外，曾經造成社會恐慌的毒油、毒奶、塑化劑、瘦肉精等事件，以及產品標示不清或販賣黑心產品等均是。

為有效解決此問題，除了加強業者衛生安全教育、提升消費者對食品衛生之認知，更要落實「食品衛生管理法」對於食品衛生標準之查驗督導，並加強輔導業者建立餐飲業食品安全管制系統，以提升產品之品質。對於少數不肖業者則應列管輔導、科以罰鍰或吊銷營業執照。

## 二、製造噪音，妨礙社區安寧

由於有部分餐廳所裝置的鼓風機、排油煙機、通風系統馬達欠缺隔音裝置，以致在營業時間發出轟隆隆的噪音。另外，有些燒烤餐廳或啤酒屋經常營業至凌晨，由於客人的喧譁嬉鬧，再加上油煙機與鼓風機之馬達聲，致使左鄰右舍備受干擾而難以安寧。

為有效解決此問題，餐飲業者應本著敦親睦鄰的理念，立即自我改善，

以善盡企業社會責任。若是未能自律自覺，則政府環保局稽查人員可依「噪音管制標準」實施現場音量量測，若夜間超過五十五分貝（連續二分鐘平均音量），則依「噪音管制法」第九條營業場所噪音管制標準予以管制，責其限期改善。若仍未見改善，則可依法科以新台幣三千元以上，三萬元以下的罰鍰。假如測得之音貝未達噪音取締之標準，若經道德勸說仍無效，則可會同警察人員依違反「社會秩序維護法」以製造噪音或深夜喧譁，妨害公眾安寧為由，科以新台幣六千元以下罰鍰。

## 三、餐廳未依規定張貼禁菸標示，並公然販賣菸品

政府為維護國人身心健康，建構無菸環境，已於民國98年1月11日起，全面實施餐廳與公共場所全面禁菸。唯仍有少數餐廳業者未依規定於餐廳入口處及適當明顯地點設置禁菸標示，甚至向公然販賣香菸或擺設菸灰缸。

為有效落實政府「菸害防制法」之政令，除了透過各大新聞媒體加強公共報導與宣傳外，也可透過學校等教育機構共同來宣導菸害防制之意義。此外，必須要求各地環保局會同警察人員加強督導查核，若經查獲且事證明確者，違反此法令的餐廳業者可科以新台幣一萬元以上，五萬元以下罰鍰，至於在餐廳公然吸菸者可科以新台幣二千元以上，一萬元以下的罰鍰。

## 四、任意排放未經處理的油煙、廢水而汙染環境

有少數餐飲業者，將未經截油槽處理的油水先分離後再排放至下水道，或將未經濾過的油煙直接排入水溝。久而久之，不僅會使排水系統阻塞，更會產生惡臭而汙染社區環境（**圖17-4**）。

為有效解決此問題，環保署可依「空氣汙染防制法」加強輔導業者改善，給予緩衝期裝置油煙防制設施或改善截油設施。若經輔導後仍未見改善者，則應科以罰鍰或勒令暫停營業。

圖17-4　餐廳油煙需先截油處理才可排出室外

五、未辦理營利事業登記，即非法營業

　　部分餐飲業者其店址係位在不准開店的純住宅區，如獨棟雙併住宅，或所在地段之巷弄寬度不足八米，依規定均不得開店。此外，有少數業者由於消防安檢不合格或故意想逃漏稅而成為非法營業。

　　為有效解決此非法營業的問題，除了加強政府政令宣導外，各相關主管機關如財政部國稅局，應責令各縣市稅務人員會同各地相關人員加強取締，依法究辦，落實土地使用分區管制。

# 星巴克的綠色環保品牌

　　星巴克（Starbucks）創始於西元1971年美國西雅圖，在1992年已成為股票上市的公司，目前在美國及世界各地已達三千多家分店。迄今，仍不斷擴充其咖啡王國的版圖。

　　星巴克總裁Howard Schultz在西元1984年引進義式濃縮咖啡吧（Italian Espresso Bar）之咖啡沖調技術，使得星巴克咖啡品牌呈直線上升。在產品組合上，咖啡等飲料占73%，食品占14%，咖啡豆占8%，其餘則為咖啡沖調器皿及設備等產品。

　　星巴克的企業文化可自該公司1990年提出的企業任務聲明（Mission Statement）中得悉概況，該公司為建立星巴克成為世界最好的咖啡供應商及永續發展，其所堅持的原則為：

1. 提供一個以有尊嚴、互敬互愛的工作環境。
2. 以多元化作為營運模式。
3. 堅持卓越的最高標準來採購咖啡豆等原料，並提供新鮮之產品。
4. 任何時間均以熱情回應顧客。
5. 積極貢獻所在地社區，幫助環境生態保育。
6. 追求盈利及對未來的成功為重要任務。

　　在星巴克企業文化之薰陶下，該公司本著照顧社區與善盡環保的企業社會責任之原則，特別向種植咖啡豆的農民提出承諾，只要農民所種植的咖啡係有機咖啡豆，星巴克願意以高價向他

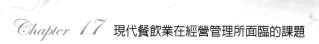
們採購。此措施不僅可激勵有機咖啡豆的農民大量生產，更可減少農民因濫用農藥而對大地環境所造成的汙染。此外，星巴克也在咖啡豆產區的衣索比亞協助當地修橋樑道路、設學校及農民支援中心等，以改善當地人們的生活。星巴克的行事風格不僅在當地贏得社會大眾的肯定與讚賞，更使星巴克咖啡成為世界知名的環保綠色咖啡品牌。

### 案例討論

1.你認為星巴克的企業文化與星巴克品牌的國際形象提升是否有關？
2.你認為星巴克咖啡的營運風格有何特色？

**一、解釋名詞**

1.POS

2.PDA

3.SOP

4.GSP

**二、問答題**

1.目前餐飲業所面臨的外部經營環境的問題很多，請就環境課題提出有效的因應措施。

2.餐飲消費市場在未來消費型態上有何重大的改變？試述之。

3.餐飲業者在內部經營環境上所面臨的問題，以人力問題為最困擾，請問針對此問題你認為該如何來解決？試申述己見。

4.餐飲營運成本增加將會壓縮餐廳獲利的空間，你認為最理想的標準營運成本須控制在多少百分率以下較適當？試述之。

5.何謂「企業文化」？並請說明其重要性。

6.為提升餐廳的安全衛生及服務品質，你認為餐飲管理者須採取並加強何種措施呢？試述之。

7.餐廳夜間營運若產生噪音而擾鄰，將會遭受多少罰鍰之處分？

8.餐廳立地位置之選擇，依規定在哪些地段是不准開店營業，你知道嗎？

# 二十一世紀餐飲業的發展趨勢

## 單元學習目標

- 瞭解二十一世紀餐廳經營管理的新思維
- 瞭解未來餐飲組織管理模式之發展
- 瞭解餐飲業營運型態之轉變
- 瞭解餐飲產品服務之創新理念
- 瞭解二十一世紀餐飲業應努力的方向
- 培養現代餐飲管理的能力

近年來，隨著社會變遷，教育文化水準提高，環保意識崛起，人們思想也隨之改變，對飲食之需求也不同：另方面由於社會結構的改變，對時間的價值觀也不同，基於這種種因素，導致今天餐飲市場之蛻變。為滿足消費市場之需求，餐飲業者須不斷求新求變，極力營造餐廳本身獨特的風格及經營型態，提供優質的餐飲服務，以因應未來市場之變遷。

# 第一節　二十一世紀餐飲業的發展趨勢

二十一世紀是資訊科技文明邁向生活化的e時代。餐飲企業為滿足市場消費大眾多元化的需求，除了在產品服務、經營型態及餐廳組織等方面求新求變外，為提供顧客更迅速的服務，更重視資訊科技在經營管理上的運用，期以提供優質的服務來創造顧客的滿意度。謹分別就二十一世紀餐飲業在經營管理、餐飲型態及產品服務等方面未來的發展趨勢，予以分別剖析探討。

## 一、經營管理方面

餐飲業為滿足e時代消費者的需求，並確保其在競爭激烈的餐飲市場上的優勢，在經營管理上也採取不少新思維與新策略。

### (一)餐飲經營方式

餐飲業未來的經營方向，逐漸走向企業化、連鎖化及國際化，並致力發展其品牌或餐廳特色。其營運發展趨勢摘述如下：

1. 傳統家族式經營的獨立餐廳，漸漸注重餐飲軟硬體服務品質，運用現代企業管理的方法，提供消費者營養衛生的美食，以及清爽、乾淨、貼心的用餐環境與服務。
2. 獨立餐廳力求發展餐廳特色、塑造企業形象、提升其品牌知名度，以朝向國際化發展。例如：鼎泰豐（**圖18-1**）、王品牛排及85度C咖啡等。
3. 加盟連鎖經營的餐廳，已成為時代潮流。此類連鎖餐廳主要可分為直營

**圖18-1　鼎泰豐餐廳**

　　店與加盟店等兩大類。

## (二)餐飲組織結構與管理模式

　　餐飲組織為因應所處的社會、經濟、政治及科技環境之變遷，為創新產品服務則必須在組織結構上採取適當的因應措施。現代餐飲組織已逐漸脫離傳統組織的舊思維，使得未來的餐飲組織更具彈性、更加開放，且更講究成本效率，如採用彈性的任務排班、開放的溝通系統與顧客導向，且具專業、活力、熱忱的工作團隊等均是。未來餐飲組織的特徵為：

1.組織架構呈扁平化，重視橫向溝通，逐漸取代階級式的上下管理模式。
2.組織規模朝極大化與極小化發展；決策模式由集權走向分權的參與決策。
3.人力編組是以能力、任務取代昔日的工作、職位。
4.重視團隊導向及員工參與決策，取代昔日主管個人導向的命令決策。
5.採責任制、榮譽制及彈性排班，取代固定工作、時間及地點之上下班制。
6.重視學習型的組織。餐飲企業管理者須領導其員工能勇於創新、敢接受

挑戰，且能適應外在環境變遷。

7.餐飲企業主管角色轉為團隊領導者。因此，若多花些時間在聆聽、鼓勵
及指導部屬，其成效會比告訴部屬該如何做還要有效率。

8.重視電腦資訊科技的應用及網路行銷管理。

## 二、餐飲營運型態方面

未來餐飲業的發展，將會以因應M型社會消費大眾對餐飲的需求而改變
現有的營運型態，即朝向實用型的平價餐廳及舒適型的美食豪華高檔餐廳等
來發展；餐廳規模也趨向極小化與極大化來發展。茲摘述如下：

### (一)速食餐廳、速簡餐廳、特色小吃

1.速食餐廳、速簡餐廳（Fast Food Restaurant／Quick Service Restaurant）
之特色為：供食迅速方便為最主要特色，強調點餐後一至三分鐘即送上
食物；內部陳設清爽明亮、乾淨衛生；菜單標準化、菜色固定、價格大
眾化。如三明治、炸雞、漢堡、披薩、麵食、點心等等速食餐廳，飲料
專賣店、咖啡簡餐、小吃店及各種外送或外帶餐飲服務均屬之，另稱
「半套服務餐廳」（Semi-Service Restaurant）。

2.速食餐廳未來經營方式以連鎖店、加盟店營運方式為未來營運之主流，
個人獨立經營之餐廳或美食小吃，須另尋利基，積極發展特色，始能面
對強勢競爭對手的壓力。

### (二)豪華精緻全套服務餐廳

1.豪華精緻全套服務餐廳（Deluxe Full Service Restaurant）係提供給那些
不趕時間、不想吃家常菜或速食簡餐的消費者，以及一些想追求品味、
享受悠閒用餐情趣與氣氛之美食主義者的進餐場所。因此，專業餐飲人
員與資深廚師之地位在此類餐廳格外有其舉足輕重地位。通常這類餐廳
可分為兩種，即可穿便服的休閒餐廳與正式服裝的美食特色餐廳。

2.全套服務之豪華精緻餐廳的特色，乃在於裝潢風格氣氛、主題、食物、

餐點盤飾以及餐廳服務等，有一致性之統整與和諧感，使客人留下難以忘懷的美好饗宴經驗。此類餐廳不但勞力密集，人員素質要求也高，因此需要更高的人事成本。

3. 此類餐廳由於講究精緻美食與精緻服務，因此為了要維持其品質之一貫性，難以量化或連鎖經營，故大部分為獨立經營。

4. 此類高級全套服務的餐廳（Full Service Restaurant），常見到的有：

(1)休閒式高級餐廳（Casual Upscale Restaurant）（圖18-2）。

(2)主題餐廳（Theme Restaurant）。

(3)名人餐廳（Celebrity Restaurant）。

(4)牛排館（Steak House）。

(5)休閒餐廳（Casual Dining Restaurant）。

(6)晚餐餐廳（Dinner House Restaurant）。

(7)美食餐廳（Gourmet Restaurant）。

**圖18-2 休閒式餐廳**

(8)複合式餐廳（Compound Restaurant）。

## 三、餐飲產品服務方面

餐飲市場消費者之需求，由昔日偏好的「量」，轉為追求「質」的享受，如自清潔、乾淨、安全、衛生及營養的基本生理需求，一直到講究氣氛、舒適、愉悅、溫馨及豪華氣派等之心理需求。餐飲業者為滿足顧客多元化的需求，乃不斷在其產品服務上，力求創新改良。茲摘述如下：

1. 產品重視形象包裝及特色研發，力求創新品牌。
2. 注重高品質、全方位的功能享受。如健康養生、美容瘦身食品，以及有機、低鹽、低糖、低脂、高鈣及高纖食品等各式天然素材的菜單研發及改良。
3. 研發優質的精緻產品與服務。如婚宴廣場、美食餐廳、主題餐廳及國際宴會廳等。有些餐廳尚提供年輕情侶求婚之產品服務。
4. 重視人性化、客製化、針對性的個別化服務，以滿足消費者之需求。

餐飲小百科

### 創造顧客滿意度的秘笈

為達到甚至超越顧客心目中的期望水準，務須遵循下列幾項原則，始能讓顧客產生一種難以忘懷的體驗。

1. 讓顧客贏，絕不責難顧客。
2. 務必要非常清楚地與顧客溝通，並能即時精確回應顧客的問題。
3. 講究作業效率，減少顧客浪費在等候的時間。
4. 凡事均須設身處地為顧客著想，設想在客人前面，勿使顧客困窘。
5. 絕不使用顧客不熟悉的商業術語。
6. 與顧客互動過程中的每個接觸點，必須表現出衷心誠摯的感謝。

5.產品除了重視衛生、安全、健康、趣味性外，尚兼顧綠色環保與品保之
社會責任。

6.重視產品服務的國際認證。如旅館業環保標章、綠建築標章、溫泉標
章、防火標章；餐旅業的國際品保認證（ISO認證）；餐飲業的「危害
分析重要管制點」（HACCP）認證等均是。

# 第二節　二十一世紀餐飲業應努力的方向

二十一世紀的餐飲業為滿足餐飲市場需求之變遷，無論在經營方式、餐
廳型態、經營管理或產品服務等方面均有不同的變革。在瞭解整個餐飲業發
展趨勢之後，今後餐飲經營者務須自下列幾方面來努力，始能在此日新月異
的競爭環境中脫穎而出，立於不敗之地。

## 一、餐飲經營管理方面

餐飲管理者在經營管理上，除了須先建立營運理念外，尚須重視服務管
理、人力培訓及企業社會責任。

### (一)建立正確餐飲經營哲學理念

餐飲企業在營運前，若沒有先建立起正確的「經營哲學理念」
（Operating Philosophy）作為未來餐廳發展的基本藍圖，則未來營運將無目標
與方向，更無願景可言。餐廳僅是一具無生命的軀殼，其凋零僅是時間早晚
的問題而已。國內餐飲業者之所以此起彼落，此乃最主要「關鍵因素」。

餐飲經營哲學理念包括下列幾項：

1.任務、目的與目標。
2.市場定位，符合市場需求。
3.餐飲經營方式。
4.地點。

5.菜單設計。

6.餐廳氣氛營造。

7.資金、成本。

8.相關法令、租約。

## (二)重視電腦資訊科技

為加強營運管理，提供優質快速的服務，餐飲業均不斷採用電腦資訊科技網路訂位、網路行銷、成本控制與帳務處理，如點餐系統（POS）的開發應用，以加速內部服務之效率，提供消費者更方便的服務。

## (三)重視服務管理，加強人力資源之培訓

餐飲服務品質的良窳將會影響未來整個餐飲企業之成敗，也攸關餐飲企業的品牌形象。如何有效提升餐飲企業的服務品質，則有賴優質的全體餐飲員工及餐飲服務管理。

餐飲企業最大且珍貴的資產為「人」，也就是站在第一線為顧客提供服務的員工。如果每位餐飲員工均有正確的服務意識、顧客意識及團隊意識，以服務顧客為榮，以創造顧客滿意度為己任，以贏得顧客掌聲為傲，則將能為餐飲企業營造出優質的品牌形象，此乃所謂的「服務管理」。

為確實做好服務管理，務須自「選才、育才、用才、留才」此人力資源管理範疇來努力。此外，餐飲企業管理者不僅要以身作則領導員工外，更要懂得激勵與溝通，以及善待員工。

## (四)重視企業社會責任，堅守企業倫理

所謂「企業社會責任」，係指餐飲企業為增進整體社會福祉，所應肩負的道德上義務而言。例如：餐飲企業須依法納稅、維護員工及消費大眾權益、做好環保工作，以及能照顧社會弱勢族群或參與社會公益活動。

此外，餐飲業營運須能堅守「誠信原則」，童叟無欺，不惡性競爭，不惡意攻訐同業。行事風格能本持守法、公平、無愧以及道德良知等基本企業倫理。

## 二、餐飲產品服務方面

未來餐飲產品服務的研發宜融入地方文化色彩或產品精神，並能兼顧環保及生態保育。茲分述如下：

### (一)研發精緻產品服務，發展餐廳特色

餐飲業者須依本身產品在市場上的定位，來研發顧客所喜歡的產品與服務，並透過產品的精緻包裝，將「無形產品」有形化。如經由用餐情境布置（**圖18-3**）、服務人員的服裝設計或餐桌椅桌巾及餐巾之花色變化等，使消費者有一種「認同感」與「幸福感」。此外，餐飲業者也可針對其主要目標市場消費群之喜好或利益來提供更貼心之超值服務，以營造餐廳的特色。

由於消費者之習性善變，喜歡新奇刺激的產品服務，尤其是年輕消費群這一代，其對品牌的忠誠度不高，因此餐飲業者必須針對市場消費者的生活習性與需求之變化，隨時加以留意，並據以研發及不斷推出新產品服務。唯

**圖18-3　餐廳用餐區情境布置**

有如此，始能不斷地吸引客人上門，營造出餐廳的特色。易言之，無吸引力的餐廳，也就無餐廳特色可言。

### (二)強化餐飲產品文化特色

餐飲產品服務需設法結合地方文化特色，將餐飲產品注入一股生命力。使得餐飲產品並非僅是單純的商業化產品，而是一種具人情味且充滿文化藝術氣息的作品，能提供顧客一種美食文化饗宴。例如：客家桐花祭所推出的客家創意美食及原住民部落餐廳的竹筒飯及石板烤山豬肉等均是。

### (三)餐飲產品之研發，須兼顧環保及生態保育

餐飲產品之研發，除了力求精緻美觀及色香味俱全的美食外，尚須避免過度包裝，減少二氧化碳排放。此外，儘量採用當地當季的食材，並禁止生產製備或販賣違反生態保育之野生動植物或漁獲海鮮，例如：熊掌、虎鞭、魚翅及保育類動物等，以善盡企業社會責任。

## 三、餐飲企業行銷方面

二十一世紀餐飲企業行銷，已逐漸走向以顧客為中心的服務行銷、體驗行銷及網路行銷。此外，餐飲企業也逐漸重視常客方案及品牌管理。茲分述如下：

### (一)重視餐飲服務行銷

餐飲企業行銷需先做好市場區隔，再選定主要目標市場，依市場需求與特性來研擬行銷策略與行銷組合，即產品（Product）、價格（Price）、通路（Place）、推廣促銷（Promotion）等所謂的4P來加強服務行銷，也就是外部行銷、內部行銷與互動行銷等所謂的「服務行銷三角形」。

### (二)重視顧客導向的體驗行銷

所謂「體驗行銷」，係指餐飲企業為創造顧客的滿意度，因而提供顧客

物超所值或超越顧客心中所期望值的產品服務，使顧客產生一種「哇塞」（Wow）之驚歎，而成為難以忘懷的美好回憶，進而提升顧客對餐飲產品的滿意度及忠誠度的行銷方法。

　　為確實做好體驗行銷，餐飲管理者必須先設法瞭解顧客的核心需求為何？再經由系列意見調查，來瞭解顧客對餐廳所提供的產品服務之知覺反應與評價。由上述資訊可窺伺出餐廳的產品服務組合在顧客心中的地位（**圖18-4**），並可據以發展出適切的體驗行銷策略。

## (三)重視餐飲網路行銷

　　所謂「網路行銷」（Internet Marketing），係指餐飲企業利用網際網路來進行餐飲產品服務之推廣促銷及訂席訂位的行銷手法。由於網路銷售服務不但不受時空及範圍的限制，且能與消費大眾或相關供應商進行便捷、快速的雙向溝通，提供一次購足的產品服務，並建立良好的互動關係。

**圖18-4　餐廳所提供的產品服務**

(四)重視常客方案之行銷策略

　　所謂「常客方案」（Frequency Program），係指餐飲企業為爭取並留住老顧客，而設計的系列優惠常客之措施或活動，期以獎勵常客並提升顧客的忠誠度。例如：餐飲業者所推出的集點優惠或贈送生日小禮物及貴賓卡等均是（圖18-5）。

圖18-5　貴賓卡

# 餐飲業的未來

　　餐飲業近年來成長迅速，如今已超越其他傳統產業之產值，但並非意味每一家餐廳都能順利成長。因為餐飲業是以「人」為中心的服務業，唯有能感動人心，符合顧客需求者始能成功發展。因為餐廳是為顧客而開；沒有顧客也無餐廳存在的空間。

　　餐飲業的類別很多，如速食餐廳、咖啡簡餐廳、美式咖啡店、家庭餐廳、美食特色餐廳、專賣店及小型小吃店等。上述不同業態的餐廳將是未來餐飲業發展的趨勢。唯若想要自競爭激烈的餐飲市場中脫穎而出，則必須在產品、服務或價格等三方面力求發展其「特色」，以差異化來出奇致勝。例如：提供有價值的商品、高水準的溫馨服務及安全衛生的服務品質等特色來吸引顧客上門。

　　未來餐飲業想要成功，務必自下列幾方面來著手：

1.地點：地點須以目標市場消費者所在地來考量，其次考慮租金，絕對不能超過每月營收總額20%，否則勢必血本無歸。

2.客層選擇：需考量客層消費能力、消費習性、客層的永久性，以及能否開拓新客人。

3.商品組合：此類商品及其售價能否被當地客人所接受。

4.服務方式：擬採用何種餐飲服務方式來發展特色？此服務方式能否符合當地消費者的需求，且其代價是否會太高？

5.人力需求：餐廳需聘用多少人力？工作如何分配？人事成本與利潤是否合宜。

6.未來展望：未來發展目標之願景，如何永續發展之藍圖。

　　餐飲業前景一片璀璨，適合一般年輕人創業，唯須具備上述理念外，更應具備專業能力、數據概念，以及創新服務之能力與毅力，才能避開失敗陷阱，走上真正成功之路。

## 一、解釋名詞

1.Fast Food Restaurant

2.Full Service Restaurant

3.Theme Restaurant

4.Gourmet Restaurant

5.ISO

6.Operating Philosophy

7.Internet Marketing

8.Frequency Program

## 二、問答題

1.餐飲業在未來營運之發展方面，其經營方式將有何改變？試述之。

2.為因應二十一世紀經營環境之變遷，你認為未來餐飲組織之發展特徵為何？試述之。

3.未來速食餐廳將是餐飲市場主流之一，你認為未來其經營方式將有何改變？試述之。

4.餐飲產品服務為滿足未來消費市場之需求，目前餐飲經營者應採取何種因應策略？

5.餐飲經營理念，通常包括哪些內涵？試列舉之。

6.試舉例說明下列名詞之意義：

(1)企業社會責任

(2)服務行銷三角形

(3)常客方案

(4)體驗行銷

# 參考文獻

## 一、中文部分

王士峰（2001）。《管理學》。新北市：新文京公司。

李培芬（2006）。《開店祕笈》。台北：聯經出版社。

李煥明（1989）。《企業人事管理》。台北：正中書局。

吳淑女譯，Robert Christie Mill原著（2000）。《餐飲管理》。台北：桂魯公司。

吳武忠（2008）。《餐飲管理》。台北：華泰文化。

林万登譯，John R. Walker原著（2010）。《餐飲管理》。台北：桂魯公司。

周明智（2008）。《餐飲管理》。台北：五南書局。

徐文燕（2011）。《餐飲管理》。上海：世紀出版社。

黃純德（2008）。《餐旅管理策略》。台北：培生教育出版社。

高秋英、林玥秀（2006）。《餐飲管理》。新北市：揚智文化。

楊宏雯、沈燕新（2004）。《餐旅服務業管理》。台北：桂魯公司。

鍾耀祥（1995）。《餐飲業的經營策略》。台北：漢宇出版公司。

蘇芳基（2008）。《餐旅服務管理與實務》。新北市：揚智文化。

蘇芳基（2011）。《觀光餐旅行銷》。新北市：揚智文化。

## 二、英文部分

Costas Katsigris, & Mary Porter (1983), *Pouring for Profit Beverage Management*. John Wiley & Sons.

Delfakis, Scanlon, & Van Buren (1992), *Food Services Management*, South Western Publishing Co.

Gates June C. (1987), *Basic Foods*, Holt, Rinehart, & Winston.

Harold E. Lane, & Mark van Hartesvelt (1983), *Essentials of Hospitality Administration*, Reston Publishing Co.

James R. Abbey (1989), *Hospitality and Travel Marketing*, Delmar Inc.

Thorner, & Manning (1983), *Quality Control in Food Service*, Ari Publishing Co.